U0178491

我们是

基因的奴隶吗？

[英]丹尼斯·亚历山大——著

仇全菊——译

浙江大学出版社
ZHEJIANG UNIVERSITY PRESS
·杭州

前　言

本书旨在探讨行为遗传学是否对人类自由感构成了任何威胁或挑战。我们真的是基因的奴隶吗？

本书灵感源于2012年我在圣安德鲁斯大学所做的吉福德讲座，2017年整理成《基因、决定论和上帝》一书，由剑桥大学出版社出版。鉴于此，读者要求出版此类主题的通俗易懂版本，这样，没有任何遗传学背景的普通读者也可以轻松阅读。于是，本书诞生了。曾读过《基因、决定论和上帝》的读者会发现两者之间有一些相似内容。然而，本书增加了全新的几章，如第1章，概述了DNA和遗传学；第5章，介绍了遗传学和心理健康领域的最新发现；以及第8章，研讨了遗传变异对我们身高和体型的影响。遗传学领域日新月异，数百部论文和图书不断出版，知识也在不断更新。对于那些希望进一步跟进研究的读者，我们提供了相关的参考文献资料。在解释某些概念时，使用术语在所难免，为便于读者理解，书中在第一次提到某个术语时，均作解释，书末还列有单独的术语表，并附有定义。

本书属于通俗遗传学，涵盖了人类遗传变异对人类心理健康、智力、受教育程度、个性、身高、体重、宗教信仰、政治抱负、性取向，以及其他很多方面的影响（或者说是所谓的影响），深刻触及了人类自身的身份，希望读者都能有所收获。在考察了人类福祉的方方面面后，我们接着来解决这个哲学问题：我们深层的自由意志是否受到基因决定论的威胁？

最后，根据行为遗传学的最新发现，本书概述了两种截然不同的世界观，这些世界观对我们人类身份的概念产生了巨大的影响。

感谢我的朋友和同事，他们对本书初稿的建议让我受益匪浅；我要特别感谢基思·福克斯（Keith Fox）、朱利安·里弗斯（Julian Rivers）和利兰·泰勒（Leland Taylor）。与往常一样，作者对书中所有错误负全部责任。同时，我也要感谢克里斯·阿克赫斯特（Chris Akhurst）的编辑校对，感谢剑桥大学出版社比阿特丽斯·雷尔（Beatrice Rehl）、卡罗琳·莫利（Caroline Morley）和加亚特里·塔米尔塞尔文（Gayathri Tamilselvan）的帮助和建议。

目录

图　表

图1.1　黎巴嫩某家族遗传图。该图显示了果糖1，6-二磷酸酶缺乏症的遗传过程。来自Alexander等人（1985）。

图2.1　DNA双螺旋结构。经坦普尔顿出版社许可转载。

图2.2　遗传密码。转载自OpenStax CNX。

图2.3　读取DNA。

图2.4　如何生成信使RNA（mRNA）。

图2.5　转录和翻译。经坦普尔顿出版社许可转载。

图5.1　UBE基因在孤独症和安格曼综合征中的作用。基于Yi等人的数据。（2015）

图7.1　23andMe个体与精神障碍之间的遗传相关性。来自Lo等人（2017）。

图7.2　一个荷兰家族的家谱，单胺氧化酶A基因突变导致单胺氧化酶蛋白完全缺失。来自Brunner等人（1993a）。

图9.1　同卵双胞胎（MZ=同卵双胞胎）和异卵双胞胎（DZ=异卵双胞胎）在接触频率（9.1a）和情感亲密度（9.1b）两方面的比较，改编自Neyer（2002）的图1。

图10.1　美国人口的SSA发展趋势。该数据经许可，改编自2013年皮尤研究中心发布的《一项针对美国LGBT群体的调查：时代变迁中的态度、经历和价值观》。华盛顿特区：皮尤研究中心。

第1章　基因困惑

病人是位新生儿，只有2天大，呼吸异常急促。经过治疗，新生儿症状缓解，被送回了家。但在接下来的几个月里，因为她呼吸困难，父母不断带她看急诊。医院每次都要抽取新生儿一小份血样进行检测，结果均显示其血液呈异常酸性。到底是哪里出了问题呢？

那是1984年，在黎巴嫩贝鲁特美国大学医院的国家人类遗传学研究中心（National Unit of Human Genetics）。几年前，我前往贝鲁特，新建了一所生化遗传学实验室，隶属国家人类遗传学研究中心。在黎巴嫩，表亲之间的近亲婚姻[1]很普遍。但这位新生儿的父母并非近亲，在家族史中也无法找到病因。血液出现异常酸性（乳酸酸中毒）的原因有很多。前两次该新生儿被送到急诊室时，血样检测显示酶含量正常。

接下来，我们在图书馆查阅了大量文献（当时没有在线数字资源）。会不会是一种非常少见的果糖1，6-二磷酸酶缺乏症？果糖是一种在蜂蜜和成熟水果中发现的糖，而这种酶可分解果糖，有助于果糖转化为细胞能量。没有果糖1，6-二磷酸酶，果糖会转化成乳酸，从而使血液酸化。我们使用对照血液中的白细胞来进行测试，等待下一次机会。不出所料，婴儿很快再次就诊。这一次，我们确定了答案：婴儿血液中的果糖1，6-二磷酸酶含量几乎无法被检测到——问题解决了，这是世界上报告的第39个病例（Alexander等，1985）。原来，由于这名婴儿精神不佳，心急如焚的亲人一直在喂她蜂蜜——这一行为几乎要了她的命。这个女婴只要做到低果糖饮食，一切都会好起来。

我有时会想，那个小女孩后来怎么样了？现在应该已经35岁左右了吧？她结婚生子了吗？她是否做到低果糖饮食了呢？是否一直健康呢？她来自逊尼派穆斯林家庭，但是由于她的血样都是匿名送检的（医院规定要求），所以我永远也不知道她后来的情况。与她一起入院的另外一名男婴就没这么幸运了，这名男婴18个月大，因惊厥入院，随后出现不可逆的昏迷，入院第6天后死亡。他来自黎巴嫩德鲁兹社区，父母属近亲婚姻，他是父母的第一个孩子。他也患上了果糖1，6-二磷酸酶缺乏症（Alexander等，1985）。他的两个表亲，也是近亲婚姻的产物，均在两岁时去世。如果出生后几个月内就能发现他们的缺陷，他们今天肯定还活着。

医院外，黎巴嫩内战继续肆虐，数百人死亡。在基因大战中，也有赢家和输家。至少在某些情况下，如果基因缺陷能够尽早被发现（在本例中，是缺少一种酶），那么这就意味着生存而不是死亡。

1.1 孟德尔定律

这些黎巴嫩婴儿身上检测到的酶缺乏症是如何在家族中遗传的呢？要了解这一遗传过程，我们需要求助于一位名叫格雷戈尔·孟德尔（Gregor Mendel）（1822—1884）的奥古斯丁派摩拉维亚修道士。孟德尔是布尔诺（Brno，今属捷克共和国）圣托马斯修道院的修道士，后来当选该修道院院长，他精心挑了近3万株豌豆，在修道院一块园地上进行了一系列艰辛的育种实验。

孟德尔的实验揭示了几条关键的遗传定律。一开始，孟德尔培育的豌豆品种可以繁育好几代而没有性状改变，如今，我们称之为基因纯系。

这是他成功的一个重要因素。孟德尔将不同品种的豌豆进行了杂交，第一代豌豆（杂交豌豆）继承的性状"非常典型"——种子要么有皱褶要么光滑，植株要么是高茎要么是矮茎。杂交后代仅表现出亲本中两种相对性状中的一种，这与当时流行的"混合遗传"（blending inheritance）观点不符。孟德尔还注意到有些性状是显性的，有些性状是隐性的。将高茎与矮茎杂交，两代后，高茎与矮茎的比例约为3∶1，显然，高茎为显性性状，矮茎为隐性性状。但是如果把高茎和高茎杂交，只能得到高茎豌豆；同样地，把矮茎和矮茎杂交，只能得到矮茎豌豆。对具有不同性状的豌豆进行的实验表明，每一种性状（高度、颜色、质地）在后代中都是独立遗传的。

孟德尔实验中"特殊的成分"导致了豌豆植株中离散特性的遗传，这就是我们现在所说的基因。"孟德尔定律"有助于我们理解上述黎巴嫩家庭的家族遗传。图1.1描绘了该家族缺陷基因的遗传模式。如今，已知的"孟德尔"家族遗传疾病[2]约有7000种，"孟德尔"家族遗传疾病指如图1.1所示的遗传模式中，由单个基因缺陷引起的疾病。但大多数情况下，

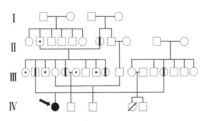

图1.1 黎巴嫩某家族遗传图

该图显示了果糖1，6-二磷酸酶缺乏症的遗传过程。罗马数字Ⅰ—Ⅳ指家族代数。圆形符号代表女性，方形符号代表男性。带有粗黑竖线的符号表示杂合子（携带者），实心黑圈表示纯合子（两个缺陷基因）。方形或圆形中间的点表示此人被检测出含有正常水平的果糖1，6-二磷酸酶。斜线穿过的符号表示"已故"。来自Alexander等人（1985）。

这类疾病非常少见，甚至极其少见，加在一起只占人类疾病的一小部分。

在现实中，影响我们生活的主要疾病（如心血管疾病、精神疾病和某些癌症）的发展，都受到数百种变异基因的影响，这些变异基因共同作用，产生了更高或更低的患病风险。正如孟德尔所述，每一个变异基因都是单独遗传的，但在实际生活中，它们互相协调，构成了更大的系统，对我们的身体产生了不同的影响。

这个系统就是我们现在所称的"基因组"。基因组是DNA中所有遗传信息的总和。我们将在第2章中讨论遗传信息如何编码。值得注意的是，基因组如同复杂的食谱，比如蛋糕的食谱，所有成分必须协调一致才能产生最终产品。我们不会说食谱中的某一特定成分使蛋糕变皱或变光滑（用孟德尔的话来说）；我们会说，整个食谱，加上烤箱特定的温度，都是诱因。

在学校生物课上学习孟德尔定律可能会产生一些误解。如果我们一开始学习遗传学时，就认为"一个基因导致一个特征"，这会误导我们对遗传学的总体看法。图1.1中所示的遗传情况恰恰强化了这种看法。单个基因的一个错误，即不能正常分解果糖，会导致潜在的致命疾病，这听起来像是一个基因导致了系统中的一个特定缺陷——在本例中的确如此，然而疾病系统是非常复杂的，涉及许多步骤。

我们再回到蛋糕的比喻上来，可能会有所帮助。例如，如果我们不小心在食谱中漏掉了小苏打，那么，烤箱烤出的将是厚实的饼子，而不是松软的蛋糕。因此，小小的错误就会导致复杂的发展过程产生不幸的结果。基因也是如此——单个基因的一个错误可以导致一系列复杂的事件，从而导致最终结果差异巨大。这里的关键词是"差异"。单一变异基因不会将最终结果的全部特征编码，但它确实会对结果产生很大的影响。我们稍后会看到，当谈到不同基因在人类变异行为中扮演的角色时，基因作为"差异制造者"是非常重要的概念。

不幸的是，学校教授生物学的方式影响了公众对遗传学的理解；一个基因导致，甚至决定一个人类特征，这种错误的看法在各类媒体上仍然屡见不鲜，正如下文将要论述的。

1.2 媒体眼中的遗传学

媒体经常混淆的一个观点是，一个"基因"可以决定某些复杂的人类特征。人类携带各种各样的基因：吝啬基因、暴饮暴食基因、流氓基因、喜欢阅读《卫报》的自由基因，甚至还有一种喜欢异想天开的"遗传主义基因"，让一些人认为行为是由基因引起的。一些典型的媒体标题有力地证明了这一点："快乐的理由：快乐基因存在于英国人的DNA中"（《泰晤士报》头版[3]）、"发现'酗酒基因'"（BBC新闻[4]）、"研究发现，宗教传播与'信徒基因'有密切联系"（《赫芬顿邮报》[5]）、"研究告诉你，如何判断生活中的男人是否具有关心他人的基因"（《数字期刊》[6]）、"青少年调查揭示快乐基因"（《新科学家》[7]）、"压力科学——你的孩子有'忧虑'基因吗？"（《泰晤士报》[8]）、"考试成功可能是由少数基因决定的"（《泰晤士报》[9]）等等。

爱尔兰歌手希妮德·奥康娜（Sinead O'Connor）曾接受《泰晤士报》采访，其新闻标题引用了这位歌手的话："我不感到尴尬。我没有尴尬基因。"（《泰晤士报》[10]）2006年，澳联社（Australian Associated Press）发表了一篇文章，文章开篇即指出："一位科学家声称，新西兰毛利人携带'尚武'基因，他们更容易诉诸暴力、更容易犯罪、更喜欢冒险。这位科学家的言论引起了一片争议。"（Kowal and Frederic，2012）。即使像《自然》（*Nature*）这样严肃的学术期刊，似乎也无法抵制诱惑，把复杂的基因发现凝练成吸引眼球的标题，使用诸如发现"无情基因"（Hopkin，2008）或"冲动基因"（Kelsoe，2010）此类的标题。当然啦，在那些公开发表研究成果的学术论文中，作者自然会刻意避免使用此类语言。《新闻周刊》（*Newsweek*）在谈到人们在压力下容易喝酒时，向读者保证，"如果你也这样，不要责怪自己。责怪你的DNA吧"[11]。另一份广为流传的报纸这样写道："难道暴饮暴食者真的无法控制自己？一项新的研究表明，基因薄弱——而不是意志力薄弱——可能是一些人强迫性暴饮暴食的原因。"[12]

这些媒体的言论给我们的印象是，这是基因在操纵，我们无能为力。虽然科学杂志通常在语言上更谨慎，但它们的新闻记者偶尔也会出错，给人留下类似的印象。发表在顶级科学杂志《自然》上的一篇新闻特写很好地诠释了这一点。该新闻特写题为"政治解剖学——从基因到激素水平，生理机制可能有助于塑造政治行为"（Buchen，2012）。作者写道，"越来越多的研究表明，生理机制可以对政治信仰和行为产生重大影响"，报告称，"基因可能对有关堕胎、移民、死刑及和平主义等话题的态度产生影响"。文章引用了内布拉斯加大学林肯分校（University of Nebraska-Lincoln）的政治学家约翰·希宾（John Hibbing）的话："我们很难改变一个人对政治问题的看法，因为他们的看法根植于他们的生理机制。"在这份报告中，基因和生理机制被视为与"我们"和"我们的思想"不同的东西。它们似乎控制着我们，我们甚至不能改变我们的思想。

政治评论员和历史学家常常用基因来解释文化和政治差异，也许这是因为与他们在其他学术领域的专长相比，他们对遗传学并不了解。经济历史学家格里高利·克拉克（Gregory Clark）在其2007年出版的《告别施舍》（*A Farewell to Alms*）一书中指出，英国人之所以统治世界，是因为富人的血统优于穷人，所以统治世界可以贡献更多的"优越"基因。2014

年，尼古拉斯·韦德（Nicholas Wade）出版了《天生的烦恼：基因、种族与人类历史》（*A Troublesome Inheritance Genes, Race and Human History*）一书，引起一片哗然。他提出，"三大种族"之间的基因差异有助于解释种族之间的经济差异和"西方的崛起"。[13]

但是，即使是遗传学领域的专家，其畅销书中的语言也可能在不经意间引起舆论哗然。2019年，伦敦精神病学研究所（Institute of Psychiatry，顺便说一下，我是在那里攻读博士学位的）的知名行为遗传学家罗伯特·普洛明（Robert Plomin）出版了《蓝图》（*Blueprint*）一书，引起争议。书中写道："DNA是铸就我们的主力，是蓝图。DNA对我们生活的方方面面——育儿、教育和社会——产生巨大的影响。"（Plomin，2018）普洛明的书中并没有详细说明DNA的社会影响，只是以一种推测和展望的方式描述了DNA的社会影响，但"蓝图"这一隐喻影响巨大，似乎暗示了基因遗传有着决定性地位。"优秀的父母有优秀的孩子，因为他们有优秀的基因""DNA并不决定一切，但它比其他一切因素之和还要重要"诸如此类的评论无疑强化了这一印象。这一切都导致《蓝图》的一名评论员在《自然》杂志上声称："宣扬基因决定论，永远不合时宜，特别是现在，没有比现在更糟糕的时候了。"（Comfort，2018）。这些言辞的确很强烈，但也表明了在这个特定领域，人们的情绪是多么高涨。《自然》杂志最近刊发的另一篇文章评论道："DNA作为蓝图的模型已经过时，甚至有些离奇古怪了。"（Comfort，2019）

我选择了"食谱"这个比喻，很容易被误解为基因决定论，尽管我的目的恰恰相反：在制作蛋糕的过程中（或被称为"烹饪"），配方成分和环境条件的微小变化将会导致最终产品的重大变化。但隐喻和图像的力量非常强大，可以对我们思考事物的方式产生重大影响。

2019年出版的另一本书，其标题也很容易让人从决定论的角度来看待基因的影响。汉娜·克里奇洛（Hannah Critchlow）出版的《命运的科学》（*The Science of Fate*）探讨了遗传变异对我们未来的影响，特别是对健康和疾病两方面的影响（Critchlow，2019）。这并没有错——这本书在人类行为的背景下也没有错——但问题在于，这本书的内容偏向了宿命论方向。难怪《泰晤士报》上有一篇书评的标题是"省省吧，你没有自由意志"，副标题是"科学表明，从大腹便便到政治观点，你的一切天注定"。[14]

21世纪初，人类DNA完整测序首次公布，也为其他极具影响力的比喻提供了沃土。诸如"圣杯""生命之书"和"密码中的密码"等比喻，都被使用过。沃特·吉尔伯特（Walter Gilbert）是人类基因组计划主要倡导者之一，1986年，在洛斯阿拉莫斯（Los Alamos）召开的会议上，沃特·吉尔伯特第一次使用"圣杯"这个词来描述基因组，其描述如下："我们会从口袋里拿出一张CD，说：'这是人；就是我的基因组！'……认识到我们在某种意义上是由有限可知的基因所决定的，将会改变我们对自己的看法。这相当于我们关闭了该领域的知识边界，将不得不对基因妥协。"（Gilbert，1992）吉尔伯特表达得非常明确了。2012年，ENCODE项目第一批成果发表，共30篇论文。ENCODE项目全称为"DNA元素百科全书"，是Encyclopedia of DNA elements的缩写，旨在绘制人类基因组的所有功能序列。一篇介绍性论文在摘要伊始，强调了"人类基因组编码了生命的蓝图"（Dunham等，2012），接着用同样有力的比喻描述了DNA是如何工作的。在通俗科学文献中，基因组通常被称为"说明书"。这一比喻留给人们的印象是，人体是根据说明书组装起来的，就像我们可以用商家提供的工具包组装家具一样。

与此同时，我们还注意到，"流淌在他/她的DNA里"在各种语境中被广泛使用，甚至是在很奇怪的语境里。布拉德·皮特（Brad Pitt）在讨论美国枪支管制时告诉《每日邮报》（*Daily Mail*）："美国是一个建立在枪支基础上的国家。枪支流淌在我们的DNA里。"[15]安特卫普一家出售钻石的网站宣称："钻石和安特卫普，流淌在我们的DNA里。"[16]云计算服务提供商Oxygen公司向我们保证："对Oxygen公司来说，数据安全流淌在我们的DNA里。客户和公司数据的安全，永远是我们的头等大事。"[17]在评论一部新上映的电视剧时，英国广播公司（BBC）总裁曾说："戏剧是英国的生命线，也流淌在BBC的DNA中。"[18]此类表达的预设很清楚：流淌在DNA中的东西一定永恒不变，不可改变——但此类表达忽略了一点，即我们的DNA也经历着不断变化和多样化的过程。

1.3 基因检测和基因决定论

直接面向消费者（direct-to-consumer，简称DTC）的基因检测公司如雨后春笋般涌现，这一现象也促使人们认为，正是我们的基因操纵着人类的命运。2019年，英国《卫报》（*The Guardian*）头版报道称："试管婴儿夫妇可以选择'最聪明'的胚胎：美国科学家称，未来10年内，人类有望按'潜在智商'对胚胎排名。"[19]这是基于密歇根州立大学（Michigan State University）主管科研的副校长斯蒂芬·徐（Stephen Hsu）的研究，斯蒂芬·徐同时也是Genomic Prediction公司的联合创始人，毫无疑问，该公司很可能在未来几年内提供此类服务。稍后我们将看到的，遗传变异与智力之间的关系（智力本身有许多不同的定义）非常复杂，《卫报》文章标题所提出的观点值得怀疑，但就目前而言，我们只是注意到，这些观点仍摆脱不了基因决定论。

现在，二十五分之一的美国人进行过个性化基因检测，这些检测报告预测了他们一生中出现各种疾病的可能性。[20]仅2017年一年，接受基因检测的人数就超过了这项技术问世以来十年内的人数总和。人们可能会天真地认为，根据基因检测结果，当他们被告知他们患某种疾病的可能性增加时，他们可以采取额外的预防措施，比如调整饮食、增加锻炼等，以避免患病的风险。但调查结果恰恰相反———一旦人们知道他们患病的可能性，或者像超重这样的特征，更多地取决于基因而不是环境时，他们就会更加相信宿命论（Dar-Nimrod等，2014；Persky等，2017）。基因似乎比人们更能左右人类的健康状况。这也就解释了为什么许多人在得知罹患某种疾病的遗传风险较高时，会经历更多负面情绪和痛苦（Green等，2009；Bloss等，2011；Dar-Nimrod等，2013）。

DTC公司的网站也很明智，它们会发表有关遗传与环境关系的声明。但偶尔有时候，它们的声明也带有明显的宿命论语调。正如Map My Gene网站所言："DNA是你生命的蓝图。它决定了一切，从外表到行为……Map My Gene的目标是向您揭示这些秘密。"[21]基因测序公司23andMe的DNA检测试剂盒标有"欢迎你"字样。精子库建议潜在使用者应该考虑捐献者的教育背景、运动能力、爱好和喜欢的食物，好像这些都以某种方式写进了精子提供的基因脚本。精子库的这一行为进一步强化了基因决定论。同样地，人们也可以在网上购买人体卵子，这些卵子附有捐赠者的详细信息。

DTC基因检测结果面临的问题是，检测数据可能会被传送至第三方应用程序提供商，后者会根据这些数据，推断出比原始数据更广泛的数据。例如，2019年，住在乌干达坎帕拉的美国企业家乔尔·贝伦森（Joel Bellenson）发布了一款APP，可以估算个人的同性魅力指数（Maxmen，2019）。值得注意的是，在乌干达，一旦被发现同性恋性行为，同性恋者很可能面临监禁。根据贝伦森的说法，他花了一个周末的时间开发了这款APP，其依据为一篇论文的发现（将在第10章进一步讨论）：有几个变异基因与那些有同性吸引倾向的人密切相关，尽管该论文的作者努力强调基因不能预测个人的性取向（Ganna等，2019）。贝伦森在线上基因测试工具商店GenePlaza公布了他的APP，但几周后遭到用户一致反对，GenePlaza不得不下架了该APP。多达62%的客户将他们的基因数据上传到第三方网站，以寻求更多的解释（Moscarello等，2019）。与此同时，对这些数据的误读也在不断扩大，这往往给那些上传数据的人带来不必要的恐慌和担忧。

尤其引人注目的是斯坦福大学一个心理学研究小组的发现，该发现认为：仅仅告诉人们他们更有可能因为遗传体质而患上某种疾病，人们就会表现出这种疾病的症状来（Turnwald等，2019）。例如，仅仅是收到基因风险信息就足以提高人们的心率，改变人们在锻炼过程中对跑步毅力的理解，改变人们在进食后对饱腹感的感知。因此，基因信息改变了被研究对象的思维方式，当告知他们有更大的基因风险患病时，也增加了他们表现出该病综合征的风险。事实上，在某些情况下，告知后的风险比实际基因预测的风险还要大，所以最好不要告诉人们他们有患病的基因风险！这类似于告诉人们药物有副作用——与没有被告知的人相比，被告知的人普遍感受到更多的副作用。人类很容易受心理因素影响。

流行文化中大量涌现DNA语言，以及人们对基因测试热情高涨，这是否证明我们真的是基因的奴隶呢？很难说。但这至少提醒人们，科学语言可以融入公共话语中，并以远远超出科学的方式加以运用。考虑到意识形态滥用基因的历史悠久，人们不能想当然地认为这种语言滥用是善意的。文化渗透是形成态度的强有力的过程，无论是政治态度、社会态度、经济态度、体育态度或宗教态度。1923年，加州大学伯克利分校动物学教授塞缪尔·J. 霍尔姆斯（Samuel J. Holmes）出版了《进化和优生学研究》（*Studies in Evolution and Eugenics*）一书，在书中他告诉读者，熟悉遗传学的人可以在几代内培育出白痴种族、侏儒种族、巨人种族、白化种族、疯狂种族、低能种族……智力卓越的种族，或艺术天赋非凡的种族。霍尔姆斯宣称，没有任何理由允许"退化的人类"繁殖（Paul，1995）。

本书的主要目的是探讨遗传多样性在不同的人类行为中的作用，以及现有数据是否证实了其所声称的作用，但我们应警惕这类评估过程中容易出现的大量意识形态倾向，即在遗传学这一科学分支中，滥用这些数据的可能性仍然特别大。本书涉及不同的主题，将列举更多的例子，这些例子涉及智力、攻击性、性取向、宗教信仰和政治抱负等方面。关于"外交政策偏好的遗传力"（Cranmer and Dawes，2012）的研究者也不可能期望他们的论文被视为"纯科学"。

因此，总体来讲，"基因决定论"及其各种影响仍然是公共话语中活跃的话题，讨论的结果不仅仅具有学术意义。基因决定论的信念往往与非平等主义的态度相关联，而且有大量证据表明，关于人类身份决定论的信念，无论是出于已知的遗传原因还是环境原因，都对人类的繁荣产生了显著的负面影响。当然，信念的真理或谬误并不取决于它们的后果，即使这些后果可能是负面的。然而，考虑到意识形态滥用遗传学的历史，我们应该支持科学的主张，并坚定地公开传播科学的主张。

1.4 学校里是如何教授遗传学的?

大多数人在接受早期教育时就开始了解遗传学。将孟德尔定律作为遗传学的入门课可能会产生一些问题，我们已经指出了这些问题。但是，学校里教授遗传学的方式，远远不止在基因决定论的框架内描述基因。一项研究对比了16个不同国家的50本生物学教科书，得出了一些有趣的结论（Castera等，2008）。学习人类遗传学的学生年龄从11岁（马耳他）

到18～19岁（许多国家）不等。该研究通过计算像"遗传规划"（genetic programme）这样的短语出现的次数，以及描述同卵双胞胎穿相同的衣服、留相同的发型等的程度，来评估教科书在多大程度上倾向于基因决定论。传统上，许多语言（如法语）采用"遗传规划"这个术语来强调基因的控制作用。事实上，研究人员发现，该术语仍然经常出现在法国、摩洛哥、黎巴嫩和芬兰的教科书中。然而，在德国的教科书中，该术语却没有出现，这无疑与历史上纳粹的优生学和遗传学的影响有关，这种联系至今影响着德国对遗传学的态度和政策。该项研究的作者总结道："……教科书的内容不仅仅是科学知识，还可能传达一些与价值观相关的隐含信息。"例如，他们心中的价值观就是相信每个人的身份是从父母那里继承来的（Castera等，2008）。另一项针对芬兰4本主要生物学教科书的独立研究与这些作者的观点一致，指出"这些教科书有时甚至表达了强烈的基因决定论……"（Aivelo and Uitto，2015）

一份针对美国学校遗传学教学现状的综述也揭示了一些值得关注的问题（Dougherty，2009）。作者指出，关注单基因疾病的遗传（如图1.1所示）"可能会不经意间导致学生不能充分理解遗传学，并助长了遗传决定论"。对学生论文中对遗传学的误解的分析显示，"许多误解都源于决定论思维和过于简单地理解遗传的模式"。总体来讲，作者总结道："遗传学教学的主要模式使许多学生先入为主地接受了决定论思维方式，并对风险产生了错误的理解。"

如果用不同的教学方法来教授本科生遗传学，会怎么样呢？已有人做过这样的实验（Radick，2016）。英国利兹大学（Leeds University）的一个研究小组教授的遗传学课程并非从孟德尔定律开始，而是从拉斐尔·韦尔登（Raphael Weldon）的观点入手。拉斐尔·韦尔登默默无闻，很少有人（反正也不是很多人）听说过他，他是20世纪早期牛津大学的教授。他的观点与孟德尔观点相左,这使他与孟德尔的狂热支持者发生了激烈的冲突。孟德尔的狂热支持者在当时十分活跃,他们重点关注新发现的基因的控制作用。"不,"韦尔登说,"事物是如何发展的,是在什么样的环境中发展的,这些与基因一样重要。"如今,这种观点已成为公认的生物学观点,也确实是本书的核心观点。遗憾的是,1906年,韦尔登突然死于肺炎,否则在20世纪早期,优生学将书写另外一个精彩的故事。

因此,这个由格雷格·拉迪克(Greg Radick)领导的利兹大学研究小组,决定不从图1.1所示的孟德尔定律开始教授学生遗传学,而是一开始就展示了数百种变异基因是如何导致重大疾病逐步发展的,以及它们的影响是如何与环境和人们的成长完全结合的,特别是在疾病的早期。相比接受传统教学模式(以孟德尔定律引入)的本科生,"实验组"学生不会认为基因起着决定性作用,并能细致描述遗传变异对人类差异的影响(Radick,2016),这一点也不令人惊讶。

1.5 这有什么关系吗?

如果人们认为自己是基因的奴隶,这有什么关系吗?很明显,就准确地传达当今生物学知识而言,这真的有关系。除了一些特立独行的人的信念,以及一些我们稍后讲述的有趣而惊人的特例外,就人类行为来看,我们是基因的奴隶这一说法,并不是当代生物学的观点。

但有些人可能仍会争辩说,如果人们认为自己是基因的奴隶,这也无关紧要,因为现实生活中他们不是基因的奴隶。这种观点的问题在于,有相当多的证据表明,拥有决定论的信念会产生严重的负面社会后果。

心理学家已经进行了很多实验,实验以间接或直接的方式来影响被试者,使其不相信自由意志,然后在受控条件下测量其社会后果。在一项研究中，被试者首先阅读了一篇宣扬决定论的文章，该文章声称科学家现在认识到自由意志只是幻觉，或者阅读一篇中立的文章，然后进行被动作弊和主动作弊测试（Vohs and Schooler，2008）。被动作弊的机会来自实验设置，其中一个数学问题的正确答案出现在电脑屏幕上。主动作弊的测量方法是，被试者在无人注视的情况下，如果通过一项难度较大的认知测试，可获得金钱奖励。在这两种情况下，那些之前阅读过"自由意志是幻觉"文章的被试者作弊程度都较高。在另一项研究中，三种不同的实验方案显示，之前阅读过支持决定论文章而非支持自由意志文章的被试者更可能反社会，更可能进行反社会行为（Baumeister等，2009；Stillman and Baumeister，2010）。在另一项进一步研究中，两组受试者分别阅读支持决定论或支持自由意志的文章，研究人员记录了这两组受试者的大脑活动，以测量与决策过程相关的大脑准备电位（Rigoni等，2011）。研究发现，那些阅读"自由意志是幻觉"文章的被试者，其早期大脑准备电位降低了，这与测量到的行为变化一致。此外，削弱自由意志会降低自我控制能力，这或许是反社会行为不断增加的原因吧（Rigoni等，2012）。

可能有人认为，受控的实验室实验并不能准确反映日常生活中持决定论和自由意志论两种不同信念带来的社会后果。然而，关于自由意志信念的研究常常证实，自由意志论与日常生活中积极的社会影响普遍相关。例如，根据上司的评估，拥有自由意志的信念，而不是其他社会信念的员工，其职业态度和实际工作表现会更好（Stillman等，2011）。也有人发现，越相信自由意志的人，越相信自身生活在公平世界中，他们固有的宗教信仰和对自我和他人的判断更加基于道德的层面（Baumeister and Brewer，2012；Carey and Paulhus，2013）。如果父母认为其教养方式对孩子的成长没有太大影响，那么他们的孩子往往会表现得很糟（Baumrind，1993）。但相关性并不意味着因果关系，合理的解释是，如果一个人相信自由意志，那么他就能接受不一样的信念，并负有个人道德责任，具体表现在工作时和教养子女时，他们的责任心会增加，正义感会增强。

如果人们真的相信他们的行为是由基因或环境，或两者共同决定的，而且他们不止停留在口头表达上，而是体现在实际行动中，那么很明显，社会凝聚力将烟消云散。法律体系所承担的道德责任在评估个人是否犯罪方面起着核心作用。爱是人类关系的核心概念。如果我们只是根据基因和环境决定是否爱一个人，那么爱就毫无意义。在宗教或非宗教领域内，无论我们相信无神论，或者不可知论，或者有神论，或者任何一种信仰，我们的选择都意义不大，除非这是我们自己选择的信仰。我们是否真的是基因的奴隶? 这个问题不仅仅是理论问题。

1.6 往前一步

本书的目的是绘制更有建设性的框架，它更符合当代生物学知识，并避免使用情绪化的短语，避免"非此即彼"的二分法。

在人类遗传学发展的早期，像拉斐尔·韦尔登这样的人试图将人类遗传学的讨论引向更有益的方向。他们强调在人类发展过程中，基因提供的信息与其他类型的输入信息是完全融合在一起的。除了拉斐尔·韦尔登，另外一名知名的科学家是列奥纳多·卡迈克尔（Leonard Carmichael），他在心理学和生物学方面的学术造诣深厚，曾于1938—1952年担任美国塔夫斯大学（Tufts University）校长。近一个世纪前，卡迈克尔（1925）写道：

> 对于人类来说，从受精卵第一次感受环境的刺激到活到70多岁，人类个体并不是由两种因素组成的：一种是后天的，另一种是先天

的。相反，人类有机体和人类性格是这两种因素的统一体。人类的发展结果不可能用二分法……分为部分先天和部分后天……人类哪些反应属于先天？哪些反应属于后天？这一问题不可能有答案，因为这个问题难以理解，无法回答。

这里有两个关键观点需要进一步解读。第一个观点是遗传信息是不断发展的。从生物学的角度来看，从卵子受精那一刻到死亡那一刻，我们都处于持续的发展过程中。在这一发展过程中，我们的遗传信息与数以百万计的环境输入信息交织在一起，有些信息来自我们体内，有些信息来自体外。整个发展系统生存在一定的制约条件下：地球有万有引力，空气中含21%的氧气，昼夜交替。至于人类是如何发展的，我们将在第3章具体讨论。值得注意的是，就人类行为的差异而言，基因对我们日常生活的影响，并不是在人类行为发生时施加的，而是始于人类早期的发育。遗传学和个人履历紧密交织在一起。

卡迈克尔提出的第二个观点是：在现实中，我们不能将人类一分为二，好像人类是由两种因素组成的，一种是先天因素（遗传因素），一种是后天因素（环境因素）。所有生物系统都错综复杂，由数以百万计的成分组成。生物有机体要想繁荣发展，这些组成成分就必须综合协调，共同运作。显然，在进行生物学研究时，我们必须研究所有不同的组成成分对整体做出的不同贡献。然后，我们再对各个组成成分的重要性进行数值估计——这是本书其余章节的主题——但实际上，正是所有不同组成成分之间的相互作用促使人类发展系统发挥作用。这就是为什么卡迈克尔断言遗传与环境的分离"难以理解"，不是因为我们不能给各因素分配比值，以达到研究的目的——我们一直在这样做——而是因为这些不同的因素是完全交织在一起的（Keller，2010）。

举个简单的例子可能会有所帮助。空中客车A380型飞机是目前最大的民用飞机，最多可搭载853名乘客。空客A380由大约400万个独立部件组成，这些部件由30个国家的1500家公司生产制造[22]。组装时间长达数月（目前的最快纪录为80天）。显然，单个部件的质量对空客A380的飞行能力至关重要。正确的组装同样至关重要——不管单个部件的质量有多好，如果安装不正确，飞机就不能正常飞行。真正重要的是，这400万个独立部件如何相互配合才能使复杂的系统发挥作用。只有部件相互配合，飞机才能正常飞行，否则飞机无法正常工作。

我们可以说得再详细一点。现在，把空客系统看作一架可操作的飞机，它的总体方向和"行为"不是由其组成部件控制的（虽然这些部件也很重要），而是由整体运行的系统控制。它的飞行能力——例如，以1185千米/时的最高速度飞行，在不着陆的情况下飞行15000千米——完全由系统决定。但它的飞行航班是由一系列因素决定的，主要是经济因素，这远远超出了对机翼强度和飞机刹车制动能力的考虑。重要的环境因素——如航空公司的决定——影响着飞机每天停在哪里，但飞机能飞到哪里绝对受飞机机型的限制。如果跑道太短，那么飞机就不能飞到那里。同时，飞机也在不断发展中，如定期维修和更换零件。

举例到此为止，我们不难发现飞机与人类有相似之处。与空客相比，人类要复杂得多，人类体内大约有37万亿个细胞。对人类来说，人类的发展也至关重要：人类各部分如何有机结合在一起？所有这些数以亿万计的组件如何相互作用，形成统一的系统？是互相作用和互相融合造就了我们。从更高的功能性层面上看，我们去哪里、做什么都是我们作为代理人的选择（我们是航空公司的高管！）是的，这些选择受生物存在形式的严格限制——我们不能在水上行走，我们需要氧气，我们需要睡眠——但人类这个复杂的系统是如何作为一个整体运作的，这才是最重要的问题。

让这一切成为可能的基因信息从何而来将是下一章的主题。

第2章 基因信息及其流动

　　第1章一开始，我们讲述了一个来自贝鲁特美国大学医院国家人类遗传学研究中心的故事。接下来我要讲的故事也来自该研究中心，但要早一点——是在1981年底，那时我刚开始在那里工作。这个故事说明了基因信息有时会导致身体出现状况，我们容易检测出来，却很难解释清楚。

　　犹太社区流行一种疾病，叫作泰－萨克斯病（Tay–Sachs）。患者大脑和脊髓中细胞逐渐死亡，所以患病儿童通常在3～5岁时死亡。泰－萨克斯病是由编码一种酶的基因出现缺陷引起的，这种酶是细胞废物处理单元溶酶体的一部分。溶酶体是细胞内的小细胞器，包含60多种不同的酶，所有这些酶都有分解细胞内不再需要的化学物质的作用。这些化学物质一旦被分解，就会从细胞中释放出来，最终进入尿液。每一种酶都由不同的基因编码。如果编码一种酶的基因存在缺陷，疾病就出现了。因为没有特定的酶来分解，这些特定的废物就会在细胞内堆积，于是就杀死了细胞。这太让人讨厌了。

　　在黎巴嫩人中，临床上症状相同的疾病是山德霍夫病（Sandhoff disease），它也是由基因缺陷引起的，与泰－萨克斯病的成因非常相似。这两种疾病的早期症状之一是在眼睛中可见樱桃红色斑点。1981年底，我到达贝鲁特，培训一名优秀的黎巴嫩检验员检测血浆（去除血红细胞的血液）中溶酶体酶的正常水平。在黎巴嫩人的血液中，这些酶含量通常较低。在这名女检验员接受培训后几周，医院的一名临床医生在一名8天大的患病男婴的眼睛里发现了一个樱桃红点。于是，第一个血液样本被送进了实验室，检验是不是山德霍夫病引起的疾病。这名检验员检测了相关酶的水平，面露困惑。血浆中的酶含量不但不缺乏，反而远远高于对照血浆中的酶含量。她向我请教怎么办？嗯，我礼貌地说，我想我们可能需要再检测一次。她照做了，结果数值还是太高。最后她从同一个血浆样本中测量了七种不同的溶酶体酶，结果都比对照值高很多。一定是哪里出错了，但是错在哪里呢？

下一步显然是去检测家族成员的溶酶体各项酶的含量。幸运的是，黎巴嫩人往往家庭成员较多，这个来自巴勒斯坦的家庭也不例外。他们都住在萨布拉巴勒斯坦难民营，就在几个月后，那里发生了最可怕的大屠杀。我们找到了婴儿的祖母，他们三代人都住在难民营。当时，祖母是解决问题的关键人物。她欣然同意，让我们抽取了血液样本，然后要求家里的其他人抽血化验。他们也都照做了，于是，我们获取了来自家庭不同成员的13个血液样本，其中5人的溶酶体酶含量超高，其中之一便是婴儿的祖母。然而，所有血液检测异常的人身体均健康。长话短说，最后证明，该婴儿的病症是源于一种以前从未被发现过的基因突变（Alexander等，1984；1986）。那位以为看到樱桃红点的临床医生说他弄错了，这个婴儿没有患山德霍夫病。实际上，这5个人的某个关键基因的两个拷贝中只有一个有缺陷，而好的拷贝足以控制疾病，但不足以防止过多的溶酶体酶泄漏到血液中。如果这个家族的表亲结婚，那么他们的后代就有四分之一的机会携带双倍的缺陷基因，在这种情况下，婴儿几乎会因溶酶体内的酶缺陷而死亡。后来，萨布拉难民营发生了大屠杀，随后内战爆发，我们就没有机会再为这个家庭提供进一步的基因咨询。我一直很感激那位临床医生，是他误以为婴儿的眼睛里有一个樱桃红点，才促使我们发现了一种全新的人类基因突变。据我所知，这种基因突变从未在世界上其他任何家族中被发现过。

为什么要在这里讲这个故事呢？因为这个故事有力地证明了基因信息在个体和家庭成员之间的遗传。基因信息在造成差异时，往往不为人知，但经适当检验后，结果就一目了然了。正如这个故事所述，从基因缺陷到明显的差异表达，这个过程漫长而曲折，需要经过许多相当复杂的生物化学过程。最终，单个基因的微小差异会在整个生物体中显现出来。但是基因信息是如何流动的呢？我们所说的"基因"到底是什么意思呢？

2.1 什么是基因？

过去，基因的定义很简单，即编码蛋白质的一段DNA。DNA是编码基因的化学物质，它存在于细胞核中。细胞核是由膜包裹的细胞器，它将宝贵的遗传信息与细胞的其他主要职责（如产生能量和处理废物）分隔开来。

DNA由数个亚基组成，这些亚基被称为核苷酸，每个核苷酸分别由一个糖分子、一个磷酸基团和四个化学基团（碱基）中的一个组成；这四个碱基分别是腺嘌呤（以字母A表示）、胸腺嘧啶（以字母T表示）、鸟嘌呤（以字母G表示）和胞嘧啶（以字母C表示），我们称之为"遗传字母"。G只与C配对，A只与T配对，这就是DNA双螺旋存在的方式，如图2.1所示。如果你发现助记符有用，那么请记住a Good Cup of Asian Tea（一杯亚洲好茶），这样你就很容易记住DNA的结构了：G与C配对，A与T配对。每个DNA分子与一些蛋白质组合在一起，形成染色体。蛋白质有助于DNA发挥其功能。

幸运的是，DNA结构简单，看上去优雅，也很容易解释。1953年，沃森（Watson）和克里克（Crick）在《自然》杂志上仅用一页纸就将DNA介绍得明明白白。试想一下，你站在螺旋楼梯的底部。每层台阶的高度是3.4英尺（1英尺约合0.305米），比1码（1码约合0.914米）多一点，所以你必须迈大步才能踏上这些台阶。每层台阶都很宽——实际上，有20英尺宽——每次向上迈一步，你就开始绕中心旋转34°（稍后我们会解释为什么台阶会这么宽这么高）。每上一层，你会注意到每层都被标记为"氢键"，所以它们看起来很整齐。氢键就是固定这些台阶的化学键。随后你会发现规律：如果台阶右边为G，那么左边总是为C。再上一层台阶，可能右边为A，而左边总是为T。

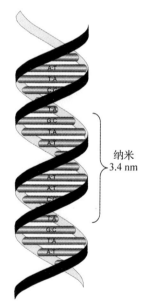

纳米
3.4 nm

图2.1　DNA双螺旋结构

　　四个化学遗传字母——腺嘌呤（A）、胸腺嘧啶（T）、鸟嘌呤（G）和胞嘧啶（C）是遗传密码的基础。A只与T配对，C与G配对，允许DNA忠实复制。经坦普尔顿出版社（Templeton Press）许可转载。

现在拿出记事本，在爬台阶过程中记下不同基因字母的标签。从楼梯底部开始，右边的是ATGTACAAGGATGTGCTATTGTAA等等，左边的是TACATGTTCCTACACGATAACATT。这些字母的顺序似乎并不押韵，没有规律可循。走过正好十层台阶之后，或者说刚好34英尺之后，这个螺旋正好转了一圈。换句话说，当你从第10层台阶的右端往下看时，你可以看到另一个人站在第1层台阶的右端。

到目前为止，你应该已经得到了图2.1所示的DNA双螺旋结构图。唯一不同的是，为了让想象螺旋楼梯更容易一点，我们假设1埃（1Å）等于1英尺。一埃实际上非常小，只有一亿分之一厘米，也就是0.000000004英寸（1英寸约合0.025米）。所以实际上，组成双螺旋两侧的基因字母之间的垂直距离只有3.4埃，氢键将它们连接在一起（就像台阶），总直径是20埃。为了使每层台阶长度相等，G必须和C配对，A必须和T配对。G和A形状不同，无法配对，C和T形状不同，也无法配对。

人类有23对染色体，第23对染色体编码性别：男性（XY）或女性（XX）。每条染色体包含一个螺旋梯，为一个长长的双螺旋DNA分子。人类有成对的染色体这一事实非常重要，因为这意味着由两个DNA分子（每条染色体一个）编码的基因，我们有两份拷贝。如果一个基因有缺陷，我们还有备份基因。这就解释了为什么贝鲁特患者的5个家族成员的血液中溶酶体酶的水平异常高，但他们看起来很健康——他们的备份功能基因仍然能确保他们的溶酶体中含有足够的酶。如果没有备份，他们就麻烦了。

按照惯例，人类的染色体按大小从1到22进行编号，其中1号染色体最大，22号染色体最小。染色体1包含了大约2.48亿个基因字母，用我们楼梯的类比来讲，染色体1包含了大约2.48亿层台阶。如果要爬上楼梯，将是一段很长很长的路。按照每步3.4埃计算，这段楼梯长3英寸多一点；如果把所有染色体加在一起，可能超过1码长。这段楼梯总共有32亿个基因字母，相当于2000本《战争与和平》的字母数。你可能想知道这么多的染色体是如何挤进一个微小的细胞核的，答案是压缩带来的奇迹。实际上，染色体并没有像图中那样被纵向拉伸，而是被紧紧地折叠起来。相比染色体的压缩，外出旅行时，你把车塞得多满，都显得微不足道。

在DNA双螺旋结构中，氢键的强度正好适合。这就像夹克上的拉链——牢固得足以把整件衣服固定在一起，但又不会牢固得无法拉开拉链。正如沃森和克里克在1953年《自然》杂志上的论文中指出的那样，DNA结构简单，便于自身复制。复制时，DNA分子简单地从中间断裂，然后每条螺旋链根据GC和AT配对原则，形成互补链，复制信息，结果便是形成两个相同的子代DNA分子。基因信息就是这么流动的。

这就是编码遗传信息的基因字母的精确序列。爬螺旋楼梯时，你在笔记本上写下的基因字母序列，确实编码了一部分蛋白质的真实序列。20种不同的氨基酸组成了不同的蛋白质，这些氨基酸的特定序列赋予了蛋白质独特的性质。每个氨基酸由DNA序列中的三联体基因（相邻的三个碱基）字母编码，称为"密码子"（codon），密码手册如图2.2所示。密码手册以RNA序列为基础，用尿嘧啶（U）代替胸腺嘧啶（T）。根据密码手册，我们可以取出其中一个序列，现在把它分离成三联体：

ATG-TAC-AAG-GAT-GTG-CTA-TTG-TAA

然后我们可以立即把这个序列翻译成：

开始（START）-酪氨酸-赖氨酸-天冬氨酸盐-缬氨酸-亮氨酸-亮氨酸-终止（STOP）

其中每个名称都指一种特定的氨基酸，START和STOP信号显示代码复制机制从何处开始和终止。CTA和TTG都编码了氨基酸中的亮氨酸，这说明了代码产生了冗余：在某些情况下，多个三联体密码子会编码相同的

第二个字母

第一个字母	U	C	A	G	第三个字母
U	UUU Phe	UCU Ser	UAU Tyr	UGU Cys	U
U	UUC Phe	UCC Ser	UAC Tyr	UGC Cys	C
U	UUA Leu	UCA Ser	**UAA Stop**	**UGA Stop**	A
U	UUG Leu	UCG Ser	**UAG Stop**	UGG Trp	G
C	CUU Leu	CCU Pro	CAU His	CGU Arg	U
C	CUC Leu	CCC Pro	CAC His	CGC Arg	C
C	CUA Leu	CCA Pro	CAA Gln	CGA Arg	A
C	CUG Leu	CCG Pro	CAG Gln	CGG Arg	G
A	AUU Ile	ACU Thr	AAU Asn	AGU Ser	U
A	AUC Ile	ACC Thr	AAC Asn	AGC Ser	C
A	AUA Ile	ACA Thr	AAA Lys	AGA Arg	A
A	AUG Met	ACG Thr	AAG Lys	AGG Arg	G
G	GUU Val	GCU Ala	GAU Asp	GGU Gly	U
G	GUC Val	GCC Ala	GAC Asp	GGC Gly	C
G	GUA Val	GCA Ala	GAA Glu	GGA Gly	A
G	GUG Val	GCG Ala	GAG Glu	GGG Gly	G

图2.2　遗传密码

每个密码子由三个“字母”组成，编码一种氨基酸。DNA中有四个不同的字母，称为碱基：T=胸腺嘧啶（转录到RNA中为U=尿嘧啶），C=胞嘧啶，A=腺嘌呤，G=鸟嘌呤。在双链DNA螺旋结构中，G与C配对，A与T配对（或与RNA中的U）。DNA中的蛋白质编码基因转录成信使RNA（mRNA）。这里显示的是信使RNA中的三联体密码子序列。RNA使用与DNA相同的核苷酸，只是尿嘧啶取代了胸腺嘧啶。这20种氨基酸的缩写形式如下：Tyr=酪氨酸（Tyrosine）；Ser=丝氨酸（Serine）；Gly=甘氨酸（Glycine）；等。转载自OpenStax CNX。

氨基酸。这个序列只显示了6个氨基酸，远远少于常见的蛋白质中发现的氨基酸数量。常见的蛋白质可能包含数百个或更多个氨基酸。但是这个例子说明了一个重要的原理：DNA序列是如何转化为蛋白质中的氨基酸序列的。由于蛋白质赋予生物体结构和功能，我们现在可以明白DNA作为信息仓库是如何帮助生物构建身体的。

20世纪60年代中期，我第一次看到如图2.2所示的三联体密码子手册，时至今日，它仍然让我兴奋激动、崇拜不已——或许不是每个人都对此感兴趣，但是希望本书能激发你的热情。现在，我们再回顾一下，"基因"这个词到底是什么意思。

21世纪初，人类DNA（也即"人类基因组"）首次完成完全测序，当时每个人都认为计算蛋白质编码基因的数量会很简单，但实际上，由于技术原因，计算这个数量非常困难，这些技术原因不在我们的讨论范围内。目前科学家们一直在使用的主要在线基因信息数据库有4个，这4个数据库仍未就具体数量达成一致。但目前人们认为，蛋白质编码基因的数量在20000～20500之间[1]。这仅仅是人类DNA中发现的32亿个基因字母的一小部分。DNA的其他部分有着很多其他功能。

其中一个功能是制造另一种基因：RNA基因。事实上，DNA是模板，可以用来制造各种形式的RNA。RNA这种化学物质在结构上与DNA非常相似，只是它用遗传字母U（尿嘧啶）取代了DNA中的T。在下一节中，我们将讨论信息是如何通过信使RNA（mRNA）流动的。信使RNA参与蛋白质合成。我们注意到，DNA不仅编码蛋白质，而且还编码其他的RNA分子，这些RNA分子扮演着调节者和通信者的角色，所以这些序列现在被称为RNA基因。这种类型的基因的完整数量尚不清楚，但至撰写本书时，Gencode数据库列出了25528个"非编码RNA基因"[2]。由此可知，RNA基因比蛋白编码基因更多，因此我们需要重新定义基因：基因是指DNA序列，该序列可转录成RNA分子，或转录成RNA，然后翻译成有功能的蛋白质（Salzberg，2018）。我们注意到，DNA序列仍然是这两种基因信息的主要来源。接下来我们探讨"转录"和"翻译"是什么意思。

2.2 基因信息流

信息流出DNA，合成构成我们身体的蛋白质的精致结构，这种转换方式真的很吸引人，我们将简单概述它的工作原理。此处，它指的是来自蛋白质编码基因的信息。正如前文所述，RNA可以像DNA一样，通过特定的遗传字母序列来包含信息。RNA也可以像DNA一样形成双螺旋结构，但在本节中，我们只涉及单链RNA。

事实上，细胞核中，双螺旋DNA任一链上特定的基因字母序列都被"转录"到单链RNA分子中，这种分子被称为信使RNA，或简称为mRNA。被编码在RNA的信息随后被"翻译"成特定蛋白质的氨基酸。请注意，在谈论信息流动的方式时，我们频繁使用了术语。"转录"听起来就像是在细胞核中有一个非常小的DNA职员，负责呼叫RNA职员复制序列。现实可要比这复杂得多。

回想一下DNA螺旋形楼梯。右边向上的那条链称为"有义链"，在这条链中，遗传密码从下往上读有意义。另一条链称为"反义链"。DNA面临的挑战是如何最好地将信息从细胞核传递到细胞质中，因为在细胞质中合成新蛋白质需要这些信息。DNA使用一种"读取"反义链的聚合酶，优雅而简单地完成了这项任务。如图2.3所示，基因的前端是"启动子区域"，它告诉聚合酶什么时候开始读取。

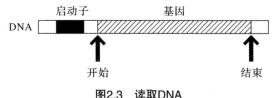

图2.3 读取DNA

一旦某些调控因子，即"转录因子"，与启动子区域结合，基因就准备好转录了；聚合酶从一个特定的识别序列开始把DNA信息复制到mRNA。这就产生了一个与之互补的mRNA基因字母序列，使用同样的配对规则：DNA中的G在mRNA中生成C，而A生成U（不是T，因为RNA用

U代替T）。一旦聚合酶读取到另一个识别序列，它就会停止工作并开始读取另一个基因。根据上图所示的相同的示例序列，我们现在可以看到mRNA的样子，如图2.4所示。

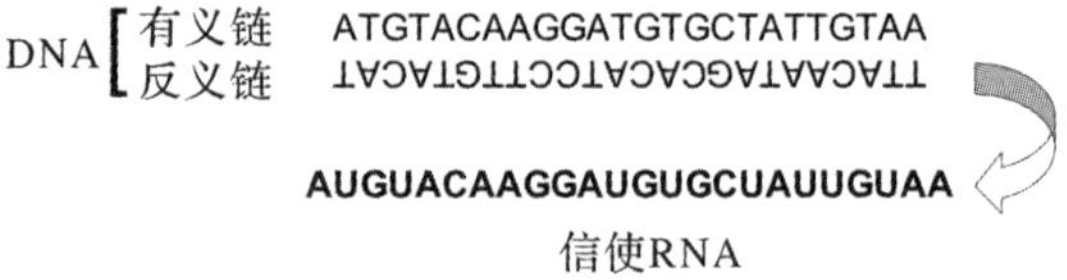

DNA [有义链　ATGTACAAGGATGTGCTATTGTAA
反义链　TTACATGTTCCTACACGATAACATT

AUGUACAAGGAUGUGCUAUUGUAA
信使RNA

图2.4　如何生成信使RNA（mRNA）

对mRNA的分析显示，它的序列与DNA的有义链完全相同，只是DNA中的每个T，被mRNA中的U取代。一旦完成mRNA转录，该基因就被称为"被表达"了。mRNA转录现在可以工作了——利用它的信息产生蛋白质的氨基酸序列，这个过程被称为"翻译"，具体过程描述如下。

首先，请注意，图2.4中的示例并不是完整的基因，只是基因的一部分，用于演示。事实上，基因编码的蛋白质有几百个有时甚至超过1000个氨基酸。一种被叫作肌联蛋白（Titin）的人类肌肉蛋白质，有34350个氨基酸，这太出人意料了，所以编码肌联蛋白需要$3 \times 34350 = 103050$个核苷酸。每一时刻，细胞核中都会产生数百个不同大小的mRNA分子。转录速度非常快，平均来说，聚合酶每秒钟会转录到mRNA40个新的基因字母。这意味着，一个有1000个基因字母的基因，25秒内就可以被转录成一个新的mRNA分子，令人印象深刻。

下一个挑战，如图2.5所示，是将mRNA序列翻译成精确的氨基酸序列，这些氨基酸是被合成的蛋白质的主要组成部分。这一过程涉及非常酷的小分子生产线。首先，完成转录的mRNA通过小孔离开细胞核，进入"细胞质"——细胞质指细胞内除细胞核外的所有物质。在细胞质中，mRNA被用作模板，在被称为"核糖体"（ribosomes）的复杂分子机制的

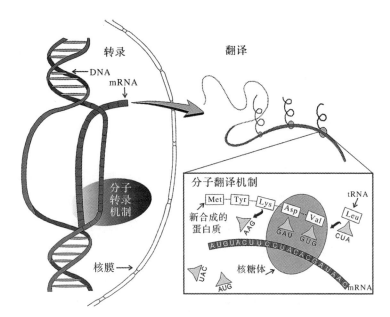

图2.5 转录和翻译

转录是通过DNA模板合成mRNA的过程。转录发生在细胞核中，mRNA分子然后进入占据细胞主体的细胞质中，在那里被翻译成蛋白质。翻译是通过mRNA模板，将单个氨基酸合成蛋白质的过程。翻译发生在核糖体上，核糖体把mRNA和氨基酸与转运RNA（tRNA）结合。经坦普尔顿出版社许可转载。

帮助下，构建新的蛋白质。

显然，翻译过程要想正常工作，就需要一个翻译器。此时，一组被称为转运RNA（tRNA）的聪明的结合器分子完成了这项工作。tRNA包含与其他类型的RNA（如mRNA）相同的4个基因字母。但它们与mRNA的不同之处在于它们更短，其长度标准通常是含74到95个基因字母。每个tRNA与一个特定的氨基酸结合，同时包含一个三联体遗传字母序列，其被称为反密码子。反密码子序列与mRNA的密码子序列完全对应，如同插头和插座互补对应一样。所以tRNA给生产线转运来正确的氨基酸，把三联体密码子氨基酸转运至DNA，如图2.2的基因代码所示。

聪明的核糖体与下一个tRNA结合，它的反密码子对应着mRNA中的下一个密码子。这就合成了下一个氨基酸。新蛋白质的前两个氨基酸现在紧挨着，就像两艘船并排停泊在一起。然后，一种酶催化两个氨基酸之间的键合，将它们紧密地结合在一起，核糖体继续前进，捕捉生长链中的下一个氨基酸，直到到达STOP信号，蛋白质合成完成。

此时，蛋白质已经折叠成其氨基酸序列所指定的形状，而这种特定的构造赋予了蛋白质特殊的特性；它可能是一种酶、一种结构蛋白、一种调节蛋白、一种特殊的肌肉蛋白或身体特定时刻可能需要的任何其他东西。

所有生物（细菌、植物和动物）都遵循这一程序：转录、翻译，以及最后生成相同的遗传密码。只是细菌不同于植物和动物，因为它们没有细胞核，所以mRNA不会从细胞核进入细胞质。它们通常只有一条主染色体，所以过程比较简单，而我们人类有23对染色体。有没有细胞核，对系统的工作方式还有其他细微的影响，但总体来讲，工作原理是相同的。

2.3　编辑遗传信息流

如果这就是整个过程，那么看起来确实像是单向信息流：从DNA到RNA再到蛋白质，这些信息流造就了我们的身体。事实上，在人类早期对基因组作为"蓝图"的理解中，基因产物被"读出"的方式，好像每个基因都会产生固定和确定的产物。这听起来更像决定论的论调。现在我们知道事实并非如此：大多数基因可以产生几种不同的蛋白质，它们的氨基酸序列并非一成不变地由DNA中的遗传字母序列指定。以前，基因组被视为一个静态的信息存储库，是"只读"模式。而如今我们对基因组的理解发生了翻天覆地的变化，基因组是"读写"模式，在这个模式中，基因组处于不断的动态调节和修改中（Shapiro，2013）。事实上，据估计，因为包含了所有的编辑过程，我们的20500个蛋白质编码基因产生了超过100万种不同的蛋白质。在本节中，我们不讲述完整的编辑过程——这个过程很复杂，需要整本书来讲述[3]——而是讲述几个关键的例子。

2.3.1 一个基因可以产生许多不同的蛋白质

对于那些还记得生物学知识的人来说，很容易记住"一个基因一种蛋白质"这个说法。问题是，这种说法是完全错误的。一个原因是发生在细胞核中的"选择性剪接"（Sulakhe等，2018）。蛋白质编码基因既编码内含子（基因内区域）又编码外显子（表达区域）。外显子指的是基因内参与编码蛋白质的DNA序列，而内含子则被"剪接"，内含子序列不编码任何蛋白质。

通过外显子的重组，一个基因可以产生许多不同类型的mRNA，而每一种都会编码不同的蛋白质。大约95%的蛋白质编码基因经历了选择性剪接，我们的20500个基因中产生了大约10万种不同的蛋白质。事实上，某研究小组估计，我们的20500个基因中产生了多达205000个具有合成蛋白质潜力的不同类型的mRNA，尽管迄今为止只有大约100000个mRNA被认为能够真正合成蛋白质（Hu等，2015）。个体之间的剪接存在差异，因此增加了人类群体中的遗传变异的数量。剪接还会影响到哪些转录因子被合成。至此，我们开始明白复杂的加/减基因信号的网络是如何利用这些不同的剪接产物建立起来的。不出意料，异常剪接会导致许多不同的遗传疾病和癌症。事实上，在所有致病突变中，约有三分之一是由剪接错误引起的，其中一个突变例子就是地中海贫血。

从某种意义上说，基因组密码中包含了一个密码，在剪接时可识别内含子和外显子。但是这个密码比编码氨基酸的64个三联体核苷酸要复杂得多。它由复杂的算法组成，包括超过200种不同的DNA结构特征，这使其能预判剪接会在哪里发生（Barash等，2010；Ledford，2010）。另外，有一个复杂的分子机制实际执行剪接，这个机制的组成取决于细胞的特定环境。这种变化反过来又会影响剪接是否发生。这是环境影响最终合成哪种蛋白质的众多例子中的一个。

2.3.2 RNA编辑

选择性剪接通过重组和交换DNA序列片段来实现，而RNA编辑在某种意义上更激进，它在转录过程中或转录之后改变了mRNA的实际序列。RNA编辑也可以发生在许多其他类型的RNA中。

RNA编辑是在RNA中选定的位置插入、删除或替换四个基因字母中的一个。编辑后产生的RNA被称为"隐蔽基因"。之所以这样称呼，是因为其产物——DNA中的"图像"在DNA中不再被识别。RNA编辑不如选择性剪接那么为人所知，但它也绝不是罕见的深奥机制，而是反映了植物和动物细胞的正常功能。据报道，人类RNA中有超过1亿个编辑位点（Bazak等，2014），尽管只有相对较少的几个位点会导致翻译后氨基酸序列的改变（Ulbricht and Emeson，2014）。其中一些变化可能会对蛋白质功能产生巨大的潜在影响，包括大脑和免疫系统（保护我们免受细菌、病毒等入侵的系统）中的蛋白质功能。

RNA编辑的真正赢家是像鱿鱼和章鱼这样的动物（Liscovitch-Brauer等，2017）。它们非常擅长编辑自己的RNA，特别是它们的神经系统。章鱼的蛋白质编码基因几乎没有像人类那么多的变异，只是因为它们可以自己编辑RNA，适应环境。也许这就是它们如此聪明的原因——它们有很多不同的方法来增强它们的脑力。大黄蜂为适应孵育和觅食行为的需要，也非常擅长编辑RNA（Porath等，2019）。

人类不太使用RNA编辑来产生变异，但RNA编辑仍然全关重要。一些孤独症患者（将在第5章进一步讨论）大脑中普遍存在RNA编辑功能障碍，这证明了RNA编辑这种机制在大脑发育中的重要性（Tran等，2019）。想象一下，一个记者写了一篇新闻（DNA），然后交给一位精力充沛的编辑，这位编辑大刀阔斧，对记者的书稿进行了相当大的修改（RNA编辑）。读者永远不会知道记者写了什么，他只会看到最终产生的书稿。事实上，每位报纸读者读到的都是经过编辑的新闻。所以要记住，不是所有的信息都能在DNA中找到。我们正在阅读的是被编辑过的文本。

2.3.3 转录因子

如前所述，调节基因表达——基因的开启和关闭——的蛋白质被称为"转录因子"。顾名思义，它们将调节选择哪些基因被转录成mRNA。人体细胞中有多达2600个不同的转录因子，任何时候，每个转录因子中都约含30万个转录因子分子。人类的方方面面都受到复杂的基因调控网络的调控，转录因子在其中扮演着至关重要的角色，无论是身体发育、大脑发挥功能、繁殖、消化、肌肉活动，还是免疫系统的运行。

来自环境的信息交流持续不断，外界传来的信号影响着少数高度选择性基因或数百个基因的表达。我们的各种身体状态，如睡眠不足、运动过多或过少、大吃大喝、饥饿、由于不良卫生习惯而冒着感染的风险、生性易怒等，实际上都在影响着我们的基因组系统的状态。例如，在一项研究中，参与者经历一周的睡眠不足（平均每晚5.7小时），对照组每晚有8.5小时睡眠。与对照组相比，睡眠不足组至少有711个基因以更高或更低的水平被表达出来（Möller-Levet等，2013）。受影响的基因包括许多与昼夜节律、新陈代谢、应激和免疫反应有关的基因。类似的研究发现，并不是所有的基因表达调节都可以单独归因于转录因子——其他类型的分子也参与了复杂的调节网络，调节基因开启和关闭。

第二个例子也将有助于说明环境如何通过转录因子与基因组"对话"。假设你选择在城市里从事一份高薪但压力很大的工作。因此，位于肾脏上方的肾上腺皮质很可能会开始分泌更多的类固醇激素——皮质醇。大脑中一个被称为下丘脑的区域控制着皮质醇的分泌水平，压力增大时，下丘脑增加皮质醇的分泌。皮质醇对身体产生各种影响，包括提高血糖、调节新陈代谢、抑制免疫系统。从进化论的角度而言，皮质醇对身体有用，可使身体适应压力环境，因为压力环境下身体需要更充足的能量供应。但对于在办公室工作了一天的员工来讲，用处不大，尤其是考虑到皮质醇可导致血压升高。皮质醇进入目标细胞并与一个本身是转录因子的受体结合，从而激活该转录因子，并使其与一系列基因启动子结合——从而产生了许多效应。

因此，在城市里接受这份压力很大的工作，会对你的基因组调节产生重大影响，进而导致体内数十亿细胞发生变化。这样的例子不计其数，说明了环境信息有各种方式，通过无数转录因子和其他类型的分子微观调控基因表达，进而影响基因组。庞大的通信网络相互作用，调节基因组，而整个系统就像一个管弦乐队，只有互相合作才能奏出"悦耳"的音乐。

让我们再回到报纸这个类比上，所有文章的作者代表基因组，不同板块的编辑代表转录因子，编辑决定哪些文章最终能发表。结果，这些可怜的记者写的大部分东西都没有在当天的报纸上发表。所以，当你阅读基因组报纸的时候，你并不是真的在读基因组，你选择阅读的只是其中的一部分。这种选择因人而异，根据你在做的事，即使是在一天的不同时间里，你的选择也会不同。所以，并不是DNA说了算，而是整个分子系统参与其中，与外界输入的信息紧密结合在一起。

2.3.4　遗传信息的表观遗传控制

也许最重要的信息输入是导致"表观遗传"变化的信息输入——在这一过程中，DNA本身，或者染色体中与DNA紧密结合在一起的蛋白质，受到了化学调节，从而开启或关闭了基因功能。"表观遗传学"（epigenetics）一词来源于希腊词epi（意为"超过"或"高于"）和genetics（遗传学）的结合，所涉及的化学变化不会改变DNA基因字母序列。因此，表观遗传的变化被称为"标记"（marks），就像编辑在记者的文章上做标记，以表明哪篇文章应该在当天的报纸上出现。如果DNA序列是乐谱，那么表观遗传学就是乐谱上的意大利语，像fortissimo（用极高音演奏）之类的，它们指示音符应该如何演奏。

与转录因子不同的是，表观遗传的变化是可以遗传的。换句话说，DNA开始复制，一个细胞形成两个细胞时，每个新细胞都包含相同的DNA分子，并带有它们的表观遗传标记。在发育的早期，身体的不同细胞功能被细化了，以执行不同的功能，我们将在第3章中重点讨论这方面的内容。虽然所有的细胞都含有完全相同的DNA，但由于表观遗传的变化，大量的DNA被打开或关闭，从而导致细胞功能发生了专门化分工。幸运的是，表观遗传的变化在DNA复制过程中从一个细胞传递到另一个细胞，细胞专门化分工是不可逆的。否则，我们可能会看到肝细胞生长在手臂上，或者脑细胞出现在鼻尖上，这至少会很不方便。话虽如此，我们也要记住，当DNA自我复制，由一个细胞变成两个细胞时，基因字母的错误复制率约为百万分之一；当细胞分裂时，表观遗传的转运出错率是千分之一。这已经很准确了，足以让肝脏、大脑、肾脏或其他地方的细胞不断分裂，同时又完成各自的使命。

表观遗传"标记"负责维持细胞专门化，使DNA和细胞经过多轮复制，因此，基因表达的表观遗传调控也是动态的、受环境影响的过程。乍一看似乎不太明显，但事实确实如此。第一，胎儿的发育涉及一系列表观遗传修饰，这些修饰可以通过环境输入进行调节，从而影响个人余生的健康和幸福。本书第3章在讨论人类早期的发展时将提供一些例子。第二，由于环境输入，基因表达的动态表观遗传调控在我们的日常生活中非常重要。第三，环境诱导的个体生物的表观遗传修饰可以跨代传播，在某些动物和植物中可以传播许多代，在人类中跨代传播则受到一定限制。

幼鼠母亲对幼鼠的照料这一实例，就很好地说明了通过表观遗传调节，出生后的环境差异可导致成年老鼠永久性的行为变化（Meaney，2010）。出生后第一周，老鼠幼仔喜欢母亲经常舔舐和梳洗。更令人惊讶的是，出生后一周的经历会对老鼠的余生产生影响。有些母亲天生擅长照顾幼崽，有些则不然。当老鼠成年之后，暴露在适度紧张的环境中时，那些在出生后第一周常常受到母亲舔舐和梳洗的老鼠，反应镇定，惊吓反应较少，皮质醇分泌较少（与人类一样，皮质醇的增加表示老鼠面临了压力）。相反，那些得到较少照料的老鼠对这种压力刺激反应过度。研究人员在幼鼠出生后第一天，在"关爱"和"不关爱"的老鼠母亲之间交换了幼鼠，结果表明，老鼠成年后的这种行为特征是由出生后第一周受到的舔舐和梳洗所决定的，而不是由父母那里得到的遗传基因决定的。到了第二周，母亲照料的影响就消失了——第一周的舔舐和梳洗才是重要的，而不是第二周的舔舐和梳洗。这种"关爱"或"不关爱"的特征会延续到下一代，因为雌性老鼠会依据自己的经历对自己的幼崽表现出"关爱"或"不关爱"的反应。

出生后第一周，母亲是否照料有加与老鼠在以后生活中对压力的反应密切相关，这表明，表观遗传学似乎在其中发挥了关键作用。但需要强调的是，这里涉及的关键基因的表达有很多变化——并没有"舔舐反应基因"改变了幼鼠的行为！事实上，研究表明，在多受照料和少受照料的老鼠后代之间，数百个基因的表达是不同的，在DNA的多个调控位点上存在着可测量的表观遗传变化（McGowan等，2011；Bagot等，2012）。

人类呢？这里也有一些有趣的研究表明，环境对父母的影响不仅会影响到他们自己的孩子，而且可能还会影响到他们的孙辈。其中最著名的例子研究了胎儿时期遭受营养不良的父母生育的儿童。由于1944—1945年荷兰的冬日饥荒，很多胎儿在子宫内遭受营养不良。该实验以这些胎儿成年后生育的儿童为研究对象，研究结果发现，与对照组相比，这些儿童在童年时期更易发胖，在以后的生活中更容易遇到健康问题（Painter等，2008）。胎儿期遭受营养不良的父亲，而不是母亲，其后代比胎儿期没有遭受营养不良的父母的后代体重更重、更易肥胖（Veenendaal等，2013）。胎儿期遭受饥荒的人，在60年后，与未遭受饥荒的同性兄弟姐妹相比，其与健康相关的特定基因的表观遗传标志发生了改变（Heijmans等2008；Tobi等，2009），但我们不确定这种差异是否会遗传给下一代。

另一项研究调查了美国内战（1861—1865）退伍军人的后代，这些军人被抓为战俘（POWs）时遭受了严重的饥荒和物资匮乏。该研究旨在调查与那些父母没有遭受这种匮乏的人相比，这些退伍军人后代的晚年生活如何（Costa等，2018）。该研究涵盖面广，涉及了1407名战俘的4593名子女和4960名非战俘的15310名子女，该研究全面调查了这些子女的社会经济和家庭结构的详细信息。在孕中期出生的儿子中，当母亲营养不足时，相比非战俘的儿子和在囚禁时生活得更好的战俘的儿子，经历过严重物资匮乏的战俘的儿子，其死亡的可能性高出1.2倍。这意味着在对照组中，如果某年有100个儿子死亡，那么同年，就有120个战俘的儿子死亡。女儿的死亡率没有差别。这项研究没有直接观察后代的表观遗传差异，但通过排除其他解释可推断，表观遗传差异最有可能是死亡率上升的原因。为什么只有男性的寿命受到影响而女性没有呢? 男性有Y染色体, 而女性没有。正如这项研究的作者所言, 在其他研究中, 已经观察到成年男性的精子由于年龄、饮食、吸烟、酒精和接触毒素(毒品)而发生改变(Bromfield, 2014)。因此, 一种可能是, 由于缺乏足够的营养, 战俘的精子发生了表观遗传变化, 这后来影响了他们儿子的健康。

还有很多类似的研究表明, 环境对父母的影响会对子女甚至孙辈的健康产生影响, 正如多项针对"奥佛卡利克斯(Overkalix)人群"的研究所证实的。奥佛卡利克斯是瑞典北部的城市, "奥佛卡利克斯人群"指一群来自瑞典北部三代同堂的家庭, 其祖父母经历过食物充沛和饥荒的交替。研究表明, 祖父母的经历对子女及孙辈产生了明显的影响。(Alexander, 2017; Vagero等, 2018)。虽然在一些研究中——比如对荷兰冬日饥荒的研究, 遭受饥荒的孕妇, 其后代的表观遗传差异被测量, 但现在还没有完全清楚这些变化之间的联系和后代所面临的健康问题。老鼠繁殖速度快, 因此常用于实验室研究, 与之相比, 人类的繁殖速度慢一些, 这使得这类研究更具有挑战性。一些媒体报道过分夸大了结果——宣称我们的表观遗传变化会反过来影响我们的孙辈和他们的孩子。这可能是真的, 但目前的数据还不是很清楚, 植物和动物的实验表明, 这确实会发生在我们周围的许多其他物种身上。

2.4 各方面的信息

到目前为止, 已经有足够的研究表明, 不存在线性的"DNA指挥所"来指挥身体的其他部位该做什么、如何做。是的, 信息的主要来源是在DNA中, 但它不像建筑师的建筑图纸, 它是关键的信息来源, 需要复杂的分子机制来解释信息。如果没有这些分子机制, DNA就会像CD或记忆棒一样，里面虽然有电脑程序或应用程序，但没有任何电脑或手机来运行。随着DNA信息的流动，信息会被编辑，有时甚至会完全改变。环境信息随时都在影响基因的开启或关闭，有时会带来长期的后果，有时会让我们的身体状态及时调整，为下一个挑战做好准备。

从受精卵到死亡的时刻，人类在不停发展。第3章将讨论信息流是如何参与到我们的发展中，从而造就我们的。

第3章 人类发展过程中的基因及环境

当我们读到基因"信息流"时，我们的印象是，现在信息也在流动了。据我们所知，这是正确的，针对不同的环境——压力太大、睡眠太少、运动量大等等——身体会做出不同反应。但当涉及基因在不同人类行为差异间所起的作用时，大部分时间我们应该考虑的是我们的早期发育，特别是9个月的胎儿期及出生后几年的生活。遗传信息与人类早期发育时的其他信息互相影响，对我们一生的个性产生了影响，并使我们不同于周围的人。我们的早期发育证明了"基因型"（所有储存在DNA中的信息）对"表现型"（我们现在的样子和我们是谁）做出的至关重要的贡献。

3.1 胎儿发育

发育始于受精，而受精又始于一场浩大的竞赛。几亿个精子开始卖力游向子宫。精子由5μm（0.0002英寸）长的头部和一个左右摇摆、50μm（0.002英寸）长的尾部构成。精子头部是人类卵子的二十分之一。精子游动时看起来有点像蝌蚪，只是蝌蚪要比精子大1000多倍。你可以很容易地用肉眼看到蝌蚪，甚至是人类的卵子，但如果没有显微镜，你就无法看到单个精子。

在这场浩大的比赛中，损失率非常高。比赛开始时，有2亿个精子起跑，只有大约100万精子进入子宫，大多数精子在比赛过程中被酸性分泌物杀死，或者被一股将它们推出子宫的水流杀死。在进入子宫的精子中，只有10000个到达子宫顶部，其他精子被保护我们身体免受外来入侵的白细胞攻击而死。然后，精子面临痛苦的选择：两根输卵管，游向哪个呢？因为卵子在其中一根输卵管尽头。只有1000个精子游过输卵管，最后真正到达卵子的精子大约只有200个。精子有嗅觉，来自卵子的诱人气味分子给了它们逆水游动的动力。一接近卵子，它们就争先恐后地想钻入卵子，完成受精，但只有一个能获胜。卵子由一层果冻状的薄膜保护着，精子注入的顶体酶帮助它们破门而入。一旦有一个精子成功与卵子结合，卵子立即形成一层坚硬的外壳，这样就可以阻止其他精子进入。在受精卵内，来自父亲的宝贵的23条染色体和来自母亲的23条染色体完成配对。

与微小的精子相比，卵子承载了大量的信息，而且不仅仅是基因信息。受精前，人类卵子包含至少3000个不同的蛋白质、7500个不同的mRNA分子，以及数千个参与调节基因表达的非编码小RNA分子。卵子呈现出一个非常复杂的系统——这是我们从母亲那里继承来的。单凭其本身的话，DNA就像一个没有计算机运行的软件一样毫无用处。

卵子的X染色体DNA也包含比精子多得多的遗传信息，总共有800～900个蛋白质编码基因。精子含有X或Y染色体。如果卵子与包含Y染色体的精子结合，那么受精卵将发育成男孩（XY）；如果卵子与包含X染色体的精子结合，那么受精卵将发育成女孩（XX）。Y染色体只包含50～60个蛋白质编码基因，但其中一个基因，即SRY基因，相当重要，因为它能促进男性发育。

受精后的卵子被称为"受精卵"。刚受精时，促使受精卵发育的，不是DNA，而是遗传自母亲卵子的蛋白质，这些蛋白质调节DNA中基因的开启和关闭。从父母双方遗传来的新DNA需要几天的时间才开始产生确保自身持续调控的蛋白质。成百上千的基因和蛋白质参与到从卵子到受精卵的生命转变过程。在转变过程中，细胞的快速复制由父母双方染色体配对产生的新基因组系统调控。蛋白质是DNA乐队的演奏者，它能使基因演奏出完整的生命交响曲。基因网络互相影响，协调运作。

受精后6～12天，正在发育的胚胎（现在称为"囊胚"）植入子宫壁。囊胚是一个中空的细胞球，在一端有一组特殊的细胞，称为内细胞团。这些细胞被称为干细胞，将发育为婴儿的大部分组织；囊胚中的其他细胞主要用于产生特殊的支持组织，使哺乳动物的胎盘（如人类）能够附着在母亲的子宫上。一旦植入子宫壁，内细胞团的细胞会变平，形成胚胎盘，直径约1毫米，其外层细胞称为外胚层。接下来的几天里，外胚层开始接收来自胚胎附近细胞的化学信号，从而形成"神经板"。随着胚胎的继续发育，神经板的边缘卷曲形成管状结构，最终形成一端是大脑、另一端是脊髓的神经系统。此时形成了非常早期的神经系统，包含大约125000个细胞，但这些细胞还不是神经元，也不是成熟的脑细胞，而是未成熟的前体细胞，将来有望发育成神经元或神经胶质细胞（中枢神经系统中至关重要的细胞支持组织）。

一旦微小的胚胎通过胎盘与母亲的血液相连，这组迅速生长的细胞群就可以从母亲的血液中获得营养和氧气。这时，负面的环境因素，如酒精、尼古丁、毒品或用药错误等，都会对发育中的胚胎产生深远的影响，会让孩子在出生后面临终身学习障碍，或其他更微妙的行为差异。

此时，我们可以停下来，探讨一下发育完善的成人大脑结构，我们就会对这个神奇的发育转变惊叹不已，从125000个前体细胞发育成1000亿（10^{11}）个神经元和1万亿（10^{12}）个神经胶质细胞。如果我们把目前的世界人口计算为75亿，这意味着你有足够的神经元和胶质细胞，可以分别给每个人大约13个神经元和130个胶质细胞。神经元是构成大脑信号网络的脑细胞，就是人们所说的"硬连线"，但这个比喻不太好，因为这个比喻意味着来自硬连线系统的固定输出，而事实远非如此。神经元通过被称为"突触"的小连接单元与其他神经元通信。突触间有小小的间隙，所以神经元之间实际上并不直接接触，而是通过弥漫在间隙中的化学物质（"神经递质"）进行交流。神经胶质细胞主要是在我们睡觉的时候为神经元提供能量，修复和清洁神经元，但它们也参与一些形式的信号传递。

神经元拥有的突触数量不等，成年人大脑中的每个神经元平均有5000个突触，而一些神经元与其他神经元之间的突触连接多达20万个。成年人的大脑中大约有1000亿个神经元，这意味着大脑约有数量惊人的500万亿（5×10^{14}）个突触，这样，人类大脑就成为宇宙中已知的最复杂的实体。

从一个直径1毫米的神经板发育为一个拥有500万亿个突触的大脑，这一发育过程为遗传和环境信息的整合提供了大量的机会。事实上，这500万亿个连接单位中的大多数都是在出生后的几年里对环境输入作出的反应，下文将对此加以说明。但是在早期阶段，发育中的胎儿大脑中的神经元是如何"知道"怎样与怀孕期间每天产生的数百万其他神经元相连接的呢？如前所述，人类编码蛋白质的基因仅有区区20500个，然而根据第2章中已经描述的机制，功能不同的蛋白质的最终数量很可能超过100万个。即便如此，基因组本身显然没有足够的信息来具体说明构成成熟大脑结构的数十亿个特定突触连接。许多细节尚待探明，但大致轮廓人们现在已经很清楚了。在胎儿发育的最初几个月，遗传信息与胎儿微环境的输入相协调，影响了大脑结构和大脑分区。但在孕期最后3个月（此时胎儿可以听到和感知到）甚至在出生后几年内，新生儿直接面临的环境，在大脑发育中起着至关重要的作用，尤其是在细化突触结构的功能方面。胎儿大脑发育的早期到中期形成了内在的"学习结构"，在随后的特定敏感时期，这些结构做好了准备，随时对环境输入作出反应。这些学习结构反过来又会促使下一个阶段的发育，即大脑区域细化。妊娠18～23周时，76%的蛋白质编码基因在胎儿大脑中表达出来，44%的蛋白质编码基因是动态调控的，而不是永久处于"开启"状态的（Johnson等，2009）。在人类发育的每一个阶段，遗传信息和环境信息都是互相作用、互相影响的。

因此，胚胎时期大脑发育的重点是建立正确的大脑结构和连接，但个体之间的遗传变异一直在起作用。事实上，成人个体间的大脑结构和功能差异如此之大，某研究小组只需要检查心理活动时活跃的脑电图，就能够识别某个群体中的个人，准确率超过90%。如同人的指纹一般（Finn等，2015）。

受精后大约1个月，新生儿的胚胎神经系统以惊人的速度生长：在妊娠的前半个阶段，每分钟大约产生25万个新细胞。怀孕6个月时，胎儿大脑的表面仍很光滑，但在怀孕最后三个月，胎儿大脑表面开始出现褶皱，这样可以增加大脑皮层的表面积。有了强大的大脑皮层，我们才可以思考、学习和拥有更强的功能，使我们成为我们。如果把成人大脑的表面展开，足足有一到两页大开本报纸那么大，明显比我们的头部大得多，但褶皱（"褶皱"和"凹槽"）使大脑将其计算能力压缩到我们头骨有限的空间中。

可悲的是，当怀孕期间发生不好的事情时，我们才真正认识到环境输入如何影响出生后成年人的行为特征。一般来说，孕期前三个月，神经系统的发育如遭到破坏，比在妊娠的最后三个月遭到破坏更有害。原子弹落在广岛后，妊娠10—20周的胎儿出现了严重的大脑发育问题，而在胎龄较早或较晚的胎儿中，这些问题并不那么明显（Klingberg，2013）。孕妇摄入某些药物、过量饮酒或吸烟，或有严重的炎症反应，都会对胎儿神经系统产生负面影响，从而影响胎儿成人后的行为发展。就辐射而言，也有敏感期，在此期间，孕妇暴露丁致畸原巾对胎儿的损害特别大。

药物很容易通过胎盘屏障，出现于母乳中，因此可以影响产前胎儿和产后婴儿的发育。产前药物的影响是长期的，并持续到成年期（Šlamberová，2012）。事实上，孕妇服用药物时，必须考虑对三代人的影响：首先是孕妇自己，其次是她的后代，最后是她的孙辈，因为胎儿的生殖细胞可能发生DNA突变或表观遗传改变，从而影响她的后代（Escher and Robotti，2019）。

如果孕妇家境贫困，其怀孕过程和婴儿的早期发育会对婴儿的大脑结构和功能产生重大影响。此处我们指的贫困不是高收入国家定义的贫困，即怀孕期间不能有足够的营养，而是指孟加拉国达卡贫民窟那种令人难以忍受的贫困，贫民窟的孩子在污水河周围玩耍。目前，比尔和梅林达·盖茨基金会资助的一项研究正在进行，并提供了一些惊人的观察数据（Storrs，2017）。发育不良的婴儿是人们关注的焦点，他们的灰质体积比发育良好的婴儿要小，6个月大时在语言和视觉记忆测试中得分常常较低。进而，这些变化与脑成像结果的差异相关（Jensen等，2019a）。在这类研究中，要找出因果关系是出了名的困难，但在达卡的研究中，营养不良、炎症和护理都被确定为重要的环境因素（Jensen等，2019b）。

"母亲忧虑"是一个广义术语，包括焦虑和抑郁等广泛的心理压力源，它对胎儿神经系统发育的影响已经得到了广泛关注，已有很多论文描述了这种影响。埃文郡纵向亲子研究（ALSPAC）在这类研究中继续发挥着重要作用（Pearson，2012），并已发表了200多篇研究论文。1990年，研究人员开始在英国西部埃文郡收集14500名孕妇的样本和社会、医疗数据，跟踪她们后代的健康和社会学特征，目前这项研究仍在进行中。AL-SPAC研究的众多发现之一是，在排除了产科风险、社会心理不利因素，以及产后焦虑和抑郁等因素之后，曾面临产前应激的4—7岁儿童，出现了更高的反社会行为和更多的焦虑（O'Connor等，2003）。这种影响在4—7岁持续存在，这表明，虽然4—7岁的儿童开始接受正式学校教育，但这种影响并没有因儿童的生活压力的改变而改变。

这些现象是什么原因造成的呢？一个显而易见的原因是基因图谱，有焦虑或抑郁倾向的母亲生出的后代具有相似的倾向。另一项研究发现，通过体外受精（IVF）出生的产前应激儿童在4—10岁时的焦虑和反社会行为也有所增加（Rice等，2010）。这项研究检查了亲生母亲所生的孩子，并将其与卵子和胚胎捐赠而来的孩子作比较，后者有子宫成长环境，但与母亲没有基因联系。研究发现，无论孩子是否与母亲有基因上的联系，母亲的应激与孩子的反应之间的联系没有改变，这表明，胎儿发育期间的环境压力起了关键作用。

在此类研究中，我们必须清楚，相关性不等于因果关系，即使数据的统计分析排除了其他混杂因素，也很难排除可能涉及的已知或未知的其他因果性的因素。例如，营养不良类似于产前应激，会影响胎儿的大脑结构和功能。产妇在怀孕期间营养不良通常会导致焦虑和抑郁，所以在一些关于产妇应激的研究中，营养不良带来的影响可能会被误认为是应激带来的影响。（Monk等，2013）。

一般来讲，媒体常常夸大孕期状况所导致的产后负面结果的风险，而忘记了影响新生儿状况的其他无数因素：父亲的精子质量、遗传变异、社会期望和传统习俗、贫困和许多其他因素。以下是媒体的报道："母亲在怀孕期间的饮食会改变婴儿的DNA"[1]，"祖母的经历会在你的基因上留下印记"[2]，"9·11幸存者怀孕后会给他们的孩子带来创伤"[3]。需要强调的是，绝大多数产前环境因素的影响相对较小。但总的来说，环境因素对胎儿神经系统发育的影响很好地说明了环境因素和遗传输入因素是如何相互作用，从而塑造人类个体的。

许多说法可以互相补充，描述这一影响过程。有一种说法是关于母亲生活习惯的：母亲是否在怀孕期间过量吸烟和饮酒？有一种说法是，如果夫妇在怀孕期间离婚，那么离婚会导致母亲痛苦，并更有可能导致后代在以后的生活中产生负面的行为和精神后果。还有一种说法：在战争或自然灾害期间，母亲的应激又一次被作用到胎儿身上，而这并非母亲的过错。另一种补充说法（我们将在下文进一步讨论）涉及一系列表观遗传变化：从母亲那里来的最新信息，触动了基因开关，这往往会导致后代长期表观遗传差异。重要的是，虽然这些说法以及其他许多故事来自不同的学科，在对它们的调查中使用了不同的研究方法，但它们都不存在任何形式的矛盾。无论是社会学层面、解剖学层面、激素层面、遗传层面还是表观遗传层面，都是信号与影响的完全整合，因此，个体间胎儿发育的差异就像演奏贝多芬交响乐时的上千种细微差别，完全取决于乐谱上的音符如何用不同的乐器演奏，以及指挥家如何指挥。

提到贝多芬，我想提醒读者，到了妊娠晚期，胎儿既有听觉又有知觉。听觉系统的发育在妊娠早期就开始了。到23—25周时，耳朵的主要结构都已经发育完全，到26周时，胎儿就可以感知声音并对其做出反应。从26—30周开始，耳蜗（内耳的听觉部分）的毛细胞会根据特定的频率进行微调，并能将听觉刺激转化为神经元信号，发送到大脑。30周后，听觉系统发育完善，足以对音乐做出反应，并能区分不同的语音，语言习得的最初阶段可能就开始了。对早产儿（胎龄在28—32周）的研究表明，在28—32周，尽管神经元仍在迁移到指定位置的过程中，大脑皮层的构造才刚刚开始，但早产儿可区分人类言语音节的细微差别。这一发现表明，大脑在重要的学习机会出现之前，就已经具备处理听觉信息的先天能力（Mahmoudzadeh等，2013）。在新生儿重症监护病房为早产儿播放音乐对正常大脑结构的发育产生的有益影响，与播放音乐对足月新生儿产生的影响类似（Lordier等，2019）。新生儿在出生后不久就能够区分母亲的声音（他们更喜欢）与陌生的女性声音，母亲的声音与父亲的声音，母亲的语言与外语，并表现出对母亲讲母语的偏爱（McMahon等，2012）。有人声称，播放莫扎特或其他振奋人心的音乐可能对胎儿出生后的智力或总体健康有益，然而遗憾的是，这一说法尚未得到证实。

3.2 产后发育

新生儿一出生，会面对一系列全新的景象、声音、气味、触觉、语言、人、狗、猫和其他迷人的环境现象。新生儿还会得各种疾病——由数十亿的细菌、病毒和真菌引起——这对未来的健康有很大影响（Charbonneau等，2016）。婴儿出生时经过阴道会遇到细菌。母乳喂养时母亲的皮肤上会有细菌，母亲的乳汁里会有细菌，更不用说与家里的猫或狗的拥抱了。许多细菌对未来的健康是有益的，通过剖宫产出生的早产儿因此错过了机会，尤其是没有母乳喂养的婴儿。早产儿更容易患上严重的肠道炎症，有时不得不做手术，切除部分肠道，这种干预可能会带来影响终身的后果。母乳似乎能提供一些保护，防止这种炎症，可能是因为母乳中含有的化学物质优先帮助"好"细菌在与"坏"细菌的竞争中茁壮成长吧（DeWeerdt，2018）。

撇开我们身体中细菌的特殊情况不谈，不同的环境与基因信息的相互作用对新生儿的影响，在出生后和出生前一样重要，尤其是在新生儿大脑发育方面。婴儿的大脑不是成人大脑的微型版本，而是一个持续的自我组织系统，只有在正确的时间有正确的环境信息输入时才能正确地自我组装。婴儿大脑的生理发育高度依赖于这种环境接触。

如前所述，成人大脑包含大约 10^{11} 个神经元，但发育中的胎儿大脑中产生的脑细胞总数是这一数目的两倍，其中一半在发育过程中被修剪掉了。出生时，许多胎儿的脑细胞仍然是未成熟的脑细胞，尚未发育成熟的神经元。正是成长中的经历帮助婴儿塑造了大脑的突触结构。人类大脑的平均重量有力证明了这一现象：婴儿出生一年后，大脑的平均重量增加了3倍，从300克增加到了900克。在此之后，大脑重量增长缓慢，到5岁时达到成人大脑重量的90%（成年男性大脑平均重量为1400克，成年女性大脑平均重量为1250克）。这种增长并不主要是由于细胞数量的增加，而是反映了脑细胞成熟过程中突触连接数量的增长和其他变化。在大脑的某些区域，突触不断分支的过程会一直持续到青春期，尽管其速度比新生儿时期要低。事实上，甚至在成年人时，有些大脑区域的突触分支过程也从未完全停止（Dahl等，2018）。

大脑的突触结构的发育遵循"使用或失去"的原则。没有神经元的激活，脑细胞会死亡，这一过程被称为"程序性细胞死亡"。随着大脑的成熟，胎儿体内形成的脑细胞大约有一半会被修剪掉。被修剪掉的细胞是那些与相邻细胞相比，无法产生有效突触连接的细胞。继续活跃的神经元是那些通过不断增加突触连接，接收到强烈信号的神经元，而在这些信号中就有抑制细胞程序性死亡的信号。所以神经元结构的发育，类似于自然选择，在这个过程中，"成功的神经元"生存下来，而"不成功的神经元"则被摈弃了。

婴儿敏感期的存在很好地说明了环境在促进婴儿出生后大脑发育的作用。在敏感时期，感觉输入对大脑特定区域的发育至关重要。在婴儿期早期，这些输入影响了婴儿的视力、听力和平衡感。在关键时刻错过了环境输入，就会对婴儿产生长期的影响，其中一些影响可能会伴随一生。

面部识别和辨认是婴儿出生后最早的环境输入。新生儿更喜欢人脸刺激而不是非人脸刺激，更喜欢熟悉的面孔而不是陌生的面孔，更喜欢有吸引力的面孔而不是没有吸引力的面孔。3—4个月时，婴儿会对人脸中的性别信息做出反应。具体来说，如果是由女性抚养的婴儿，他们在视觉上更喜欢女性的面孔，而如果是由男性抚养的婴儿，他们在视觉上更喜欢男性的面孔。白内障导致的早期视力损害会导致持续性的面部识别缺陷，即使在出生后的头几个月就治好了白内障。

婴儿是如何学习辨别面孔的呢？例如，6个月大的婴儿对不同的人脸以及不同的猴脸都有识别记忆。然而，这种对猴脸的识别记忆在9个月大时消失了，除非有这样的面孔刺激（Pascalis等，2011）。事实上，选择性地被暴露在人脸环境中的猴子只能分辨人脸，而不能分辨猴脸，而选择性地暴露在猴脸下的猴子只能分辨猴脸，而不能分辨人脸（Sugita，2008）。综上所述，这些数据表明，在婴儿3个月大的时候，自身经历会影响他们的面部处理能力，而正是这些经历塑造了他们随后识别面部的能力。这种早期能力在儿童发育过程中进一步细化，直至成年（Pascalis等，2011）。正如该领域的一位评论家所言："在新生儿的视觉系统识别周围环境中的面孔方面，尽管生物学因素最初可能发挥了一定作用，但现有证据压倒性地表明，在面孔处理能力的发展中，经验发挥了重要作用。"（Pascalis等，2011）

总体来讲，研究者已经彻底研究了大脑后部视觉皮层应对视觉输入的突触结构的构建。如果婴儿一出生就失明，那么视觉皮层就不会正常发育，婴儿可能会出现永久性视力障碍。事实上，即使在正常发育的情况下，成年人的视觉皮层的大小也有很大的差异。婴儿发育过程中有一系列的"敏感期"，在此期间，视觉输入对于正在发育的视觉皮层的神经元构造是必需的。在人类新生儿中，有的婴儿出生时缺失双目视觉，但在4个月大时就恢复了：视觉刺激是其恢复的关键（Birch，2012）。新生儿出生后9个月后实施双眼白内障治疗术和视力矫正，其视力——例如区分不同大小条纹的能力——显著较低（Lewis and Maurer，2005）。然而，在经过1小时的模式化视觉输入后，婴儿的视力有了改善，随着视觉输入的进一步加强，婴儿的视力继续改善，但在2岁时仍低于正常水平，在5～18岁时依然低于正常水平。因此，缺少前9个月的关键视觉输入，似乎会对婴儿正常的视觉发育造成永久性的损害。然而，如果白内障在出生后10天内得到治疗，婴儿的视力就会得到改善，在有些情况下，视力最终会随着年龄的增长而恢复正常。

先天失聪的人的听觉皮层（位于大脑两侧）也会发生明显变化。对出生时就先天性失聪的成年人进行的脑成像和尸检研究表明，视觉皮层的神经元也可以在听觉皮层中找到（Linden，2007）。在正常的发育过程中，少数视觉神经元可能会游离到听觉皮层，但它们会逐渐消失。但对于先天失聪的人来说，这些神经元不仅被保留下来，还会产生新的突触连接。这似乎说明，如果缺少听觉输入，听觉神经元因被废弃而逐渐消失，大脑中邻近的感觉区域就会利用这一缺陷。同样，那些先天失明的人，大部分视觉皮层对听觉和触觉输入反应强烈，而不是视觉刺激。大脑的感觉区域显示出了可塑性——一种根据接收到的或没有接收到的输入信息来适应其发展的能力。然而，随着大脑的成熟，这种可塑性最终会下降或消失，然而我们将在下文看到，在其他方面，大脑一生中仍然保持可塑性——能够调整改变。

大脑发育敏感期的重要性可以在遭受严重情感剥夺和身体缺陷的婴儿身上得到显著体现，这也是最悲哀的。最近关于这类群体的研究中规模最大、资料最丰富的是关于罗马尼亚孤儿的研究。罗马尼亚的孤儿危机始于1965年，当时尼古拉·齐奥赛斯库（Nicolae Ceauşescu）担任领导人。在他统治的24年内，齐奥赛斯库禁止避孕和堕胎，这增加了孤儿数量，其目的是创造出一批忠于国家、依赖于国家的人口。1989年圣诞节，革命者将齐奥赛斯库和他的妻子处决了，那时，大约有17万名孤儿生活在700多家孤儿院中。

2000年，哈佛大学神经系统科学家查尔斯·尼尔森（Charles Nelson）开始了布加勒斯特早期干预项目，他的研究小组招募了136名孤儿，年龄在6—31个月，其中一半被随机寄养，一半留在孤儿院，随后跟踪两组孤儿的身体、心理和神经发育（Nelson等，2013）。研究小组还招募了第三组孤儿，他们从未被收容过。项目开始时，布加勒斯特几乎没有寄养家庭，研究团队不得不招募一群全新的寄养家庭。从那时起，研究小组发表了许多论文，描述他们的发现。结果很清楚。如果这些孩子在两岁时被安置在寄养家庭，那么与孤儿院的对照组相比，他们在心理发展、智商和运动技能方面获得了更显著的进步。30个月、40个月及52个月时，孤儿院孤儿的平均智商水平较低，最高可达75左右，而寄养儿童较之平均高出10分，而从未被收容过的孤儿平均智商为100（Nelson等，2013）。到8岁左右，研究人员发现，与那些寄养家庭的孩子相比，在孤儿院中长大的孩子大脑中的白质（连接神经元的有髓鞘的轴突鞘）更少。这或许可以解释为什么孤儿院8～16岁的孩子的脑电图扫描显示有明显的特点，而放置在寄养家庭的孤儿在2岁之前的脑电图与从未被收容的孤儿的脑电图没有区别（Vanderwert等，2016；Debnath等，2019）。

与产前研究的结果一样，出生后的发育也受环境因素的影响，甚至受到更大的影响。从本质上讲，这些不同层面上的各种说法都是互补的，并且对发育中的婴儿来说都是事实。罗马尼亚领导人的政治决策、对婴儿的忽视、双眼白内障、大脑关键区域的正常突触连接失效、遗传变异或多或少有助于抵抗应激——这些研究和许多其他层次的理解都互相印证，有助于我们充分了解人类发展的复杂性。

3.3　成人发展

成人的发展永远不会结束，而是贯穿整个人的生命，直到最终死亡。不同类型的细胞发生突变，有些突变会导致疾病，因此遗传信息也在发生变化。人类的行为影响了基因表达，从而改变了个体的成长环境。饮食、吸烟、锻炼、吸毒、酗酒、压力、对居住地的选择、日常生活中对孤独环境或社交环境的选择，以及许多其他从表观遗传学角度改变我们的基因组的因素，这些因素不仅会改变我们，也可能会改变我们的孩子，就像第2章提到的，甚至我们孩子的孩子——这个发现发人深省。

从生物学角度看，人是一个动态的、不断适应、不断变化的有机体。这在大脑中体现得最为明显。人们曾一度认为，我们在出生时就被赋予了固定数量的神经元和一组预先确定的突触连接。之后，随着年龄的增长，神经元将不可避免地消失，而没有任何更新的可能。过去几十年的大脑研究彻底改变了这一看法。海马体就是一个典型的例子。海马体由位于大脑两侧的两个相当大的脑叶组成，与学习、记忆和情感尤其相关。海马体的早期发育与其他大脑区域相似：神经元数量在产前增加，出生后突触连接增加，2岁时达到最大值，然后在5岁左右完成修剪过程。

海马体是大脑中已知的一个区域，在整个生命过程中，会产生新的神经元，这一过程被称为"成年神经发生"（adult neurogenesis）（Christian等，2014）。多年来，这个说法一直备受争议，但随着新技术的发展，研究已经清楚地证明，神经发生会持续到成年，甚至在90岁的人身上，但在阿尔茨海默病患者中会急剧下降（Boldrini等，2018；Moreno Jiménez等，2019）。成年人的海马体每天增加大约700个新神经元，相当于每年可再生1.75%的海马体细胞，随着年龄的增长，海马体细胞更新会略有下降（Spalding等，2013）。新的神经元与那些已经存在的神经元连接，并具有不同于那些已经存在的神经元的特殊功能，促进大脑功能（Christian 等，2014）。动物研究表明，成年神经发生与长期记忆有关。动物的强化学习对新形成的神经元的存活有影响。一个有趣的理论表明（有一些实验支持），新形成的神经元有助于存储记忆，并使之与已经形成的早期记忆区分开来（Kheirbek and Hen，2014）。经验、情绪、行为状态和抗抑郁药物都影响海马体调节成年神经发生。

学习和记忆有效证明了大脑的可塑性。记忆是一个多阶段的过程，最初需要在海马体中巩固记忆。一旦这一过程完成，记忆就会被下载到大脑皮层，这一过程被称为系统巩固。大脑皮层长期记忆的核心是通过调节神经元接收到的突触输入来增强神经元回路，从而使神经元更有可能"放电"。所以在一天中的任何时候，一些突触连接会减弱，而另一些突触连接却增强了。在每节课上，老师的目标应该是到下课的时候能改变学生的大脑。然后，学生就可以通过有效复习来强化与记忆有关的突触连接。

据报道，通过各种大脑成像技术获得的数据表明，不同爱好或不同职业的人在执行不同任务时，大脑的不同区域存在一些显著差异。研究发现，与相关对照组相比，伦敦出租车司机的海马体后部区域增大了，这与他们驾驶出租车的时长相关（Maguire等，2000）。进一步研究证实了这一发现，同时也发现，伦敦公交司机没有发生这种变化（Wang等，2015）。

学习如何玩杂耍似乎也会对大脑解剖结构产生影响。研究人员将一组以前从未玩过杂耍的人分成两组，其中一组学习如何玩杂耍，包括3个月的日常练习，然后再休息3个月，在此期间他们不玩杂耍。脑成像显示，与对照组相比，杂耍组的两个不同大脑区域显示出灰质扩张，但这种扩张在休息3个月后已经下降，这证明大脑结构有可塑性，能根据环境输入做出调整（Draganski等，2004）。弹奏乐器同样会产生大脑解剖结构的特定变化（Hudziak等，2014），学习第二语言也是如此（Legault等，2019）。我们可以举出许多其他的例子，但最重要的信息很明确：发展贯穿整个成年期，而发展的方向掌握在我们手中。

通过对人类发展的简要梳理，我们现在就可以明白为什么采用"先天"和"后天"的二分法无法理解人类身份。实际上，所有的环境和基因信号都汇集在一起，形成了一个完整的产品——人。人类这一复杂系统的所有不同组成部分之间不断进行相互作用。关于这些组成部分，我们可以讲述许多不同的故事，但它们是互补的，而不是竞争的故事，我们需要这些故事来证明人类生活的复杂性。基因输入是这一复杂系统的组成部分，接下来我们将分析，基因输入在整个发展过程中是如何提供重要信息的。

3.4 环境输入如何与遗传相结合？

第2章中介绍了与人类发展特别相关的两个基因信息流动系统：转录因子和表观遗传。常见的模式是，环境输入通过表观遗传机制调控转录因子的表达，转录因子反过来开启一组复杂的蛋白质和信号分子，从而产生新的结构，如更多的突触连接。现在，当你读到这里时，我正在改变你的"表观基因组"，也就是我们所说的DNA上所有表观遗传特征的总和。其中一些新特征将参与建立新的突触连接，或加强旧的突触连接，以便在阅读过程结束后记忆痕迹依然存在。要全面描述人类发展过程中在表观遗传和转录因子调控方面的所有变化，就需要一本书的篇幅，所以这里仅提供一些来自表观遗传学领域的例子。

请读者记住，DNA的表观遗传修饰可以用于永久性的长期变化，这些变化可以在细胞复制过程中从一个细胞传递到另一个细胞，或者这些变化具有开关功能，可以或多或少开启附近的基因。在胎儿发育的早期，有一些相当引人注目的表观DNA修饰会持续一生。例如，正如我们所知，如果一个卵子（包含X染色体）与一个携带X染色体的精子受精，那么开始分裂产生的细胞将携带XX染色体，并最终发育为一名女婴。但没有必要有两个X染色体——事实上，因编码与X相关的蛋白质的基因数量翻倍而产生的两个相同类型的蛋白质有太多的风险。因此，当早期胚胎大约只有32个细胞时，每个细胞中某一条X染色体中大约85%的基因被关闭——终身不再启用。这意味着成年女性的身体是父母X染色体细胞的混合物（"马赛克"）。大多数情况下，这没什么关系，但偶尔也会导致一些毫不起眼的结果，比如女性有部分皮肤上没有任何汗腺，或者她们所看到的红色没有大多数人看到的那么鲜亮。最初，人们认为这种所谓的X染色体是完全失活的——染色体上的所有基因都被完全关闭了。然而，现在人们了解到，大约15%的蛋白质编码基因在某种程度上仍然活跃，有时甚至会对人类健康产生重要影响（Ainsworth，2017）。

X染色体失活也解释了为什么玳瑁猫的颜色是混杂的。有些猫的皮肤细胞使用从父亲那里遗传来的X染色体上的遗传指令来制造皮毛色素，而有些猫则使用从母亲那里遗传来的X染色体上的指令。所以下次看到玳瑁猫时，告诉自己这是"表观遗传学"的作用，因为表观遗传学机制和其他分子机制在X染色体失活中起着关键作用（Gendrel and Heard，2014）。一些表观遗传变化可以使一些基因终身不表达，X染色体失活就是一个很好的例子。

顺便提一下，值得强调的是，是英国遗传学家玛丽·里昂（Mary Lyon）在1961年首次提出了X染色体失活这一概念，以解释她对携带性关联颜色基因的小鼠皮毛颜色的发现（Lyon，1961）。几年后，在一次关于该主题的研讨会上，这一过程被称为"里昂化"（Lyonisation），但20世纪80年代中期之后，这个术语开始在文献中淡出，现在只偶尔使用。里昂在剑桥大学攻读本科时，剑桥大学只招收500名女学生，而相比之下，该校的男学生有5000多名。里昂80多岁时仍很活跃，每周仍有几天在牛津附近哈维尔的旧实验室里做研究。2014年，里昂去世后不久，遗传学学会开始每年颁发玛丽·里昂奖章，以纪念她做出的杰出贡献。很遗憾，"里昂化"这个词现在已经不常用了——我同意这个词有点拗口，但是让那些为科学进步做出重要贡献的女科学家先驱们的名字流传下来是件好事。

回到早期胎儿发育的问题上，将干细胞转变为身体的专门细胞需要经过永久性表观遗传转变，这已经在第2章中提到。同样，这些变化的稳定性是关键。除了将氧气从肺部运送到身体各个组织的红细胞外，我们身体的每一个细胞都包含整个人类基因组。所以很明显，在我们的发育过程中产生了超过220种不同的细胞类型，必须关闭大量的DNA信息才能让细胞发挥它们的特殊功能。如果所有基因信息都一直处于开启状态，那么我们的身体将只是一团由干细胞组成的巨大的物体，这一点都不有趣。

表观遗传特征的变化也非常引人注目——不是生成细胞类型的永久性差异，而是暂时改变了基因表达的差异，或者在早期发育过程中，改变了个体的某个特征，这样他们的未来生活将在某些方面不同于他们的兄弟姐妹。

每个人类精子和卵子在表观遗传学上都是独一无二的，显示出的表观遗传差异远多于遗传变异（Petronis，2010）。因此，受不同环境因素的影响，随着妊娠的继续，表观遗传差异继续增多，这并不令人惊讶。孕妇在怀孕期间的饮食足以改变婴儿的基因表达方式。在一项研究中，研究人员考察了237名婴儿的DNA表观遗传变化，发现了1423个高变区（Teh等，2014）。研究人员估计，可变区中25%的差异由DNA序列的潜在差异导致，而75%的差异是由DNA与子宫内不同环境的相互作用导致，包括母亲吸烟、母亲抑郁、母亲体质指数、婴儿出生体重、胎龄、出生顺序。

本章前面提到的ALSPAC研究中有一个例子，证明了孕妇的选择对后代的表观遗传状态有长期影响。研究人员研究了800位母亲及其子女，发现母亲在怀孕期间吸烟会影响胎儿发育过程中基因的表观遗传修饰（Richmond等，2015）。在7岁和17岁时进行对比研究，表观遗传差异仍然存在。通过比较父亲吸烟和母亲吸烟与后代DNA表观遗传变化的关系，研究结果显示，后代DNA表观遗传变化与母亲吸烟的关系始终更强，这为因果子宫内机制（causal intrauterine mechanism）提供了进一步的证据。很多研究表明，产前暴露在吸烟环境中与婴儿出生体重下降、发育不良和心理障碍，以及以后生活中疾病和行为障碍的风险增加有关（Knopik等，2012）。

尽管异卵双胞胎之间的差异性大于同卵双胞胎之间的差异性，但同卵双胞胎之间出生时表现出的显著遗传特征差异表明，表观遗传差异并不是与生俱来的（Ollikainen等，2010；Gordon等，2012）。其中一些差异可能源于子宫内资源的竞争。大约三分之二的同卵双胞胎是在受精后5～9天由受精卵分裂为两个胚胎形成的，所以这些双胞胎最终共用一个胎盘。大约三分之一的同卵双胞胎是在受精后5天之内由受精卵分裂为两个胚胎形成的，所以这些双胞胎最终都有自己的胎盘，就像异卵双胞胎一样。因此，不同的双胞胎在子宫中会有不同的经历，比如感染、血液供应和生长空间的差异。到出生时，有很多原因可以解释为什么同卵双胞胎并不完全一样，更不用说在以后的生活中了。

随着个体的不断成长，即使是来自同一个家庭的个体，他们的表观基因组也会随着他们不断暴露在不同的环境中而出现不同。比如，罗马尼亚孤儿的研究揭示了许多令人悲伤的例子。童年时进入孤儿院表现出不同的表观遗传特征。一个著名的表观遗传"标记"主要负责将化学甲基转运到DNA遗传字母胞嘧啶上。这种表观遗传过程被称为"甲基化"，通常导致特定基因表达减弱。与同亲生父母生活在一起的儿童相比，孤儿院儿童身上被检测到的甲基化基因多出了800个（Naumova等，2012）。童年遭受虐待并随后自杀的个体与童年没有遭受虐待但因其他原因突然死亡的对照组相比，其基因甲基化特征也有所不同（Lutz and Turecki，2014）。这类研究还有很多。将这种表观遗传差异转化为相关基因调控的详细说明是巨大的挑战，动物模拟研究在很大程度上帮助了我们。

欧洲四大群体的测量检测结果显示，男性和女性的基因组表观遗传修饰表现出显著的差异。事实上，在这项大型研究中，男性和女性基因组中有1184个不同的位点存在表观遗传差异（Singmann等，2015）。这说明什么呢？几乎可以肯定的是，一些变化具有因果关系，而另一些变化是生活方式偏好和其他因素影响的结果。有趣的是：我们的基因组处于表观遗传调控之下，它在多大程度是持续不断动态变化的？

例如，小小的饮食习惯的变化，可以对表观基因组产生重大影响。举例而言，一名患者每28天服用一剂维生素D_3，这足以使他血液水平中的维生素含量适度提高，但他的白细胞样本检测显示，仅这一剂量就足以引起DNA中的数百个位点的表观基因组变化（Carlberg等，2018）。这并不意味着我们应该冲出去开始服用维生素D（尽管在一些缺少阳光的地区，人们应该认真对待这件事），但它确实证明，微小的环境变化可以引发巨大的表观遗传变化（Martin and Fry，2018）。

在人的一生中，表观遗传的时钟一直在滴答作响，一刻不停。一个有趣的观察发现，人类基因组特定区域的表观遗传变化与被研究对象的实际年龄有96%的相关性。这意味着，如果我们得到一份匿名的人体组织的小样本，我们就可以通过测量他们部分DNA的表观遗传修饰状态，相当准确地估计他们的年龄（Simpkin等，2017）。

但最令人印象深刻的是成年个体之间表观遗传差异的多样性。例如，一项（众多研究之一）旨在研究人类表观基因组的研究选取了4位死者的18处人体组织，结果发现，在26474560个表观遗传修饰位点中，这4个人有不少于4073896（15.4%）个位点存在不同（30%以上不同），而这只是表观遗传的冰山一角（Schultz等，2015）。

正是人类的多样性带给我们下一个大问题：遗传变异与人类行为差异（如果有的话）之间有什么关系呢？我们怎么确定这种关系？幸运的是，DNA的多样性远不如表观遗传的多样性，所以这个问题可以回答，但比乍看起来要复杂一些。

第4章 什么是行为遗传学？

从DNA水平上讲，我们的基因组有32亿个基因字母。那么，从DNA水平上看，我们彼此之间有何不同呢？答案是：你根本想象不出。正如我们刚刚所言，当我们开始比较我们的表观基因组时，我们就表现出不同了。本章的重点是介绍DNA序列。正是由于人类基因组测序价格的大幅下降，我们才有可能探明我们之间的DNA差异。第一个完整的人类基因组测序花费了近30亿美元，如今，测序价格降到了不到1000美元——这一切都发生在短短的20年内。当然，要分析测序结果的花费则远超1000美元，但这主要由计算机执行，这一特定学科被称为"生物信息学"。

到目前为止，我们了解到了什么呢？人类基因组序列草图最早于2001年绘制完成（Lander等，2001），从那以后，科学家年复一年，日复一日地改进和修正，这一过程一直持续到今天，并最终形成"标准的人类参考基因组"，世界上所有其他基因组序列都可以与之比较。问题是，该"标准"很大程度上是基于某一个体的DNA序列。进一步的研究表明，世界上不同的群体存在许多人类参考基因组找不到的差异。例如，910名非洲后裔的DNA测序结果表明，这个群体共有"额外"10%的DNA遗传字母序列无法在参考基因组中找到（Sherman等，2019）。这些基因字母中的绝大多数并不代表任何编码蛋白质的基因，但该研究者认为，在未来，这些字母序列可能为世界上每个主要群体构建"参考基因组"。这一观点得到了另一项研究的支持，该研究发现，在5万名非欧洲人中，有27个变异基因组区域在欧洲DNA序列数据库中没有被发现（Wojcik等，2019）。

至此，大家不必担忧这些研究存在种族主义倾向。从地理角度来看，总体上讲，人们更倾向于与来自自己所在地区的人结婚——这并不奇怪。但这也意味着他们的基因组中更有可能积累相似的变异基因，而这些变异基因会以各种有趣的混合形式代代相传。如果情况不是这样，那么那些喜欢研究地理起源的DNA公司都将面临倒闭。据估计，截至2019年初，已有2600万人向4家一流的DNA公司提供了自己的DNA信息。不幸的是，一些公司容易夸大和过度解释一些数据（被一些人[1]称为"遗传占星术"），但显而易见，你的地理血统可能会衍生出一些泛泛的推论。此外，众所周知，与医学遗传学相关的某些基因变体往往在某些群体中比在其他群体中更常见——这是因为，正如前文提及的，人们倾向于与来自相似地理区域和背景的人一起生儿育女。

因此，我们客观地总结一下：基因测序工作仍在进行中，随着世界范围内人类序列的数量从数千上升到数百万，这些数字将变得更加精确。个体间最常见的变异类型是在基因组中精确位点上发现的个体遗传字母的差异，这被称为"单核苷酸多态性"（single nucleotide polymorphisms），简称SNPs，读为"snips"。"核苷酸"是我们所称的"遗传字母"的化学名称（见第2章），而遗传术语"多态性"只是指在基因组的一个特定位点上存在"不止一种类型"的遗传字母。

我们每个人的基因组中都包含400万到500万个不同的SNPs，而每1000个SNPs[2]中约有一个存在差异。全世界大约有1亿个SNPs，随着基因组序列数据库越来越能代表不同的群体，这个数字还在继续增长。大部分SNPs很常见，只有小部分SNPs很罕见。绝大多数SNPs并不位于DNA的蛋白质编码区或调控区，因此，在一个特定位点上而不是另一个位点上有一个基因字母，对DNA表现型没有影响。然而，少数SNPs则在引发疾病方面有着显著差异：第1章中介绍的遗传疾病是由单个基因突变导致的疾病；更常见的情况是，多个SNPs互相作用，共同导致某种疾病发生，如心脏病和糖尿病。此外，在已知的基因组调控区域中发现了大约50万个或更多的SNPs，因此SNPs在基因组中产生影响的可能相当大。

我们的基因组中大约有500万个SNPs，这个数字听起来很大，确实如此，因为这意味着平均每个人有500万个基因字母与隔壁的人不同。但事实上，这500万个基因字母，与其他类型的变异数量相比，黯然失色了不少。例如，DNA小片段有很多插入或删除，通常涉及6个或更少的基因字母，称为"插入或缺失"（indels），代表"插入－删除"（insertions-deletions）的意思。对来自26个不同群体的2504个个体的全基因组序列进行的分析表明，有360万个不同的indels（1000 Genomes Project Consortium，2015）。另一项研究调查了6万多人的"外显子组"（转化为mRNA的蛋白编码基因）的变异量，研究发现了超过30万个indels（Lek等，2016），这个数量已经很庞大了，别忘了，外显子组代表了1.5%的编码蛋白质的人类基因组。

但与所谓的"结构变体"（structural variants）相比，所有这些差异依然显得微不足道。"结构变体"指的是大块的序列差异，通常比indels大得多。例如，一个典型的人类基因组包含多达2500个结构变体，总计约2000万个不同的基因字母（1000 Genomes Project Consortium，2015），但在一些不同的个体中，这个数量可能是相同的。因此，如果我们把这些结构变体与500万个不同的SNPs以及一些indels加在一起考虑，似乎世界上的每个个体的基因组，平均来说，与其他个体基因组之间存在着大致0.5%的差异，比我们最近意识到的差异要大得多。另一项研究也证实约0.5%这一数据：对单个个体的染色体对进行测序时（记住23对染色体每一对都包含完整的基因组，有32亿个基因字母）发现，两条染色体序列约有0.5%的差异（Levy等，2007）。这时请记住，在一对染色体中，一条来自母亲，一条来自父亲，因此它们来自不同的祖先。还有一种情况是，来自母亲和父亲的染色体在进入卵子或精子之前交换了一些DNA片段，所以0.5%的差异是对双亲基因组差异的近似估计。

人类所有的遗传变异从何而来呢？答案是：遗传变异是许多不同机制互相作用的结果。大多数突变是由于细胞分裂、DNA复制时出现错误而导致的，所以我们的很多遗传变异是从祖先那里继承来的。几千年来，数百万人的种系DNA发生了突变，这些突变一代一代遗传给了我们。如果不是这样的话，我们人人都是巨大的、基因完全相同的克隆人，生活将会非常无聊。事实上，通过基因组测序，我们现在知道每个新生儿都有一整组新的突变，而这些突变在他们父母的基因中都没有被发现。在冰岛的一项研究中，据估计，一个新生儿的基因平均包含60个在父母双方的基因中都没有被发现的新突变。确切的数字因父亲的年龄而异。在这项研究中，母亲平均导致15个新突变，母亲的年龄对新生儿突变数量没有影响；而20岁的父亲平均导致25个新突变，40岁的父亲大约导致65个新突变（Kondrashov，2012）。

在荷兰一项类似的研究中，研究人员对250个家庭"三人组"——母亲、父亲和新生儿——进行了DNA测序（Francioli等，2015）。研究发现，每个新生儿平均有38个突变。总的来说，78%的突变来自父亲，其余来自母亲。平均而言，40岁的荷兰父亲所生的后代比20岁父亲所生的后代多一倍的突变。事实上，据估计，父亲的年龄差异导致了人类群体中全球约95%的突变率（Kong等，2012）。父亲导致的基因突变多于母亲导致的基因突变这一事实并不令人意外，因为女性出生时就携带了她们一生的所有卵子，而男性通过一系列的发育步骤，不断产生精子，直至进入老年。

到70岁时，男性的精子细胞已经经历了大约1400次细胞分裂。每当细胞和它的DNA在进行复制（分裂成两个新细胞）时，就有可能出现错误。因此，由于复制错误导致的突变要比众所周知的原因（比如辐射或环境中有害的化学物质）多得多。新生儿有38个突变，这听起来让人惶恐不安，但不用太担心这个数字，因为在绝大多数情况下，这些突变发生在DNA不起作用的区域。话虽如此，如果你想成为父亲，从遗传学的角度来看，如果条件允许，你最好早点成家。

在了解了我们所有人的基因差异之后，行为遗传学的任务就是找出这些差异对我们的行为造成了多大的影响。有些人本能地对这个问题敏感，似乎这个问题的提出会对我们的自由感构成威胁。但我们真的没有理由感到受到威胁。毕竟，正如第3章所述，在早期发育中，我们至少有一半的基因参与了大脑的构建过程，所以，如果我们在遗传变异的水平上与别人有0.5%的差异，而大脑调节我们与环境的互动方式不存在差异，那就令人惊讶了。

本章将关注行为遗传学领域涉及的主要概念和使用的语言，而把细节和数学方法留给教科书。事实上，行为遗传学使用的语言特别重要，特别是关键词，因为稍有不慎就会导致很多混乱。

4.1 基因与行为

行为遗传学的目的是研究特定群体中某一行为特征的变异在多大程度上受遗传变异影响，又在多大程度上受环境影响。其所使用的数学方法称为"生物统计学"（biometrics）。"特征"（trait）指的是一个群体中存在差异的任何行为：导致行为差异的医学特征、人格、智力、性取向、宗教信仰、离婚、每周看电视的时间——只要你能想到的，行为遗传学家就能测量出来。

与其他科学研究一样，行为遗传学也采用方法还原论——如果你想知道系统是如何工作的，那就先把它分解成各个组成部分，然后再单独测量。行为遗传学的目的是列出所有导致特征不同的因素，然后用数学方法处理每个因素，以评估其对给定群体中某一特征方差的贡献。因此，一个群体中与某一特定特征相关的总方差首先被分为遗传因素和环境因素。环境因素可以进一步细分为两大次类：共同或共享环境效应和独特或非共享环境效应。共享环境由一系列事件组成，这些事件使同一个家庭中长大的孩子彼此之间更加相似，而与那些不在同一个家庭中长大的孩子不那么相似。这些事件包括社会经济地位、营养状况和养育方式。非共享环境指对个体有特殊影响或不同影响的环境，如吸烟和吸毒、事故和心理创伤，这些影响使个体之间不那么相似。非共享环境往往只影响一个家庭成员。

传统上讲，行为遗传学研究的目的之一是计算某一特定特征的"遗传力"。语言上的挑战就从这里开始了。对大多数人来说，"遗传力"这个词的意思是"我从父母那里继承的东西"，这个词确实有这个意思。但从1940年起，它在遗传学领域有更专业的意义，意为"某一特定群体的某一特征的遗传方差在总方差中所占的比例"。所以"遗传力"这个词现在有两个完全不同的意义：第一个意义指我和我从祖先那里遗传的个人基因；第二个意义没有单位，是可以用百分数或介于0到1之间的比例表示的人口统计数据。不幸的是，媒体报道经常混淆这两个截然不同的含义，有时科学家在报道他们的基因发现时也不能清楚表达他们所指的含义。这可能导致第1章中所讨论的"基因的作用"之类的语言。例如，一份科学报告可能会说，智力有50%的遗传力，这意味着一个群体中这种特性的差异（无论如何衡量）有50%可以归因于遗传差异。但人们对这篇科学报告的理解是，他们自身50%的智力遗传自父母，而这根本不是这份科学报告所表达的意思。

剑桥大学生物学家帕特里克·贝特森（Patrick Bateson）举了以下例子帮助我们理解这一概念（Bateson and Gluckman，2011）。众所周知，几乎所有人都有两条腿。如果他只有一条腿，那一定是遭遇了事故，换句话说，是由于环境因素导致的。因此，群体中有一条腿的变异是100%的环境变异和0%的遗传变异。这听起来很奇怪，因为每个人都知道，人类需要某种特定的基因来发育腿。只是在实际发育过程中，负责腿部发育的基因组系统几乎总是遇到相同的环境背景，所以该系统发育出了两条腿。同样地，拥有大脑在某种意义上是可遗传的，但从生物统计学的角度来看，拥有大脑的遗传力是0，因为在一个群体中，这种特定特征没有变异。因此，遗传力并没有告诉我们第3章中描述的导致我们个体发展的各组成部分的复杂相互作用。遗传力是一个统计概念，指的是群体中遗传因素的变异比例，而不是任何特定个体中基因和环境之间的相互作用。

假设特定群体A的所有人都能看到东西，那么，该群体的视力遗传力一定为零，因为在该群体中没有关于该特征的变异。但现在，我们引入了一些先天失明的个体到群体中，现在称为群体B，那么，由于这种变异，视力遗传力值现在一定是正的。这是否意味着与群体A相比，基因对群体B视力发育的影响更大？不是的！

高遗传力并不一定意味着在特定个体中对特定特征具有高水平的遗传影响；高遗传力仅仅意味着变异基因在某一特定群体的特征变化中发挥着特别重要的作用（Visscher等，2008）。随着时间的推移，某一特定群体的遗传力也可能随一系列因素的变化而发生变化，例如，由于环境的变化或更大范围内的近亲繁殖，或由于远系繁殖而涌入的其他遗传变异。

分析遗传力的传统方法基于家庭而设计，然而，正如我们将在后面看到的，随着基因组测序的出现，其他方法现在变得越来越流行。家庭研究取决于亲属的行为特征受到遗传和环境双重影响这一事实，并假设同样的影响也会影响研究对象的特征；家庭研究认为研究对象一生中的基因组都相同。共同影响的程度会对亲属可归因于遗传或环境影响的变异比例起到作用。生活在同一环境中的亲属共享的环境影响被认为是100%相同的，而生活在不同环境中的亲属，其环境影响则不同。根据定义来看，没有亲属会有独特的环境影响。同卵双胞胎与异卵双胞胎的特征变异比较仍然是遗传力分析的重点。实际上，异卵双胞胎，或任何一对亲兄弟姐妹，有37%～62%的基因是相同的（Visscher等，2006）[3]。这种变异的一个原因是在生殖细胞（精子和卵子）产生过程中，在父母体内发生的染色体物质交换（"交叉"）的数量不同。而且，尽管人们认为同卵双胞胎的基因是相同的，但事实要复杂得多，正如前文所述，同卵双胞胎在出生时就已经存在表观遗传差异了。

行为遗传学主要使用三种基于家庭的设计方法来计算遗传力。第一种方法研究出生即分离并在不同家庭长大的同卵双胞胎。然而，考虑到出生即分离的双胞胎数量相当少，这种方法并不常用。稍后我们将解释短语"出生即分离"的含义。

第二种更常见的方法是把一起长大的同卵双胞胎和同样一起长大的异卵双胞胎进行比较。世界上大约有1100万对同卵双胞胎，以及至少17个双胞胎登记处，每个登记处登记的双胞胎数量都超过100万，所以这样的研究有很大的空间。为了对研究范围有所了解，一项元分析（又称荟萃分析，指对某一时期发表的所有结果进行分析）汇总了1958年至2012年发表的数据，这些数据涵盖39个不同国家的1400多万对双胞胎的17804种人类特征变异[4]。这些特征包括精神病学和认知特征、特定的医疗条件、社会价值观、宗教信仰和精神力。这项元分析几乎包括这50年间的所有双胞胎研究。其结论指出，所有特征的遗传力为49%。

第三种方法涉及收养研究设计,其工作方式有两种:一种是比较分居的基因相关的兄弟姐妹,从而估计遗传的影响;另一种是比较同居的基因无关的被收养的兄弟姐妹,从而估计共享环境的影响。收养设计还可以扩展到将收养儿童与其亲生父母和非亲生父母进行比较。一般来说,收养研究比较的是多对亲属。

从这些研究中计算遗传力相当简单,尽管仔细检查所有可能的复杂因素和相关的统计问题本身相当棘手。喜欢数学的研究者可以参考行为遗传学的标准教科书,比如罗伯特·普洛明(Robert Plomin)和同事合著的教科书(Knopik等,2017)。

就双胞胎研究而言,读者有必要记住一些假设。基本的假设是,同卵双胞胎有相同的基因组,这通常是正确的,但仍然有很多例外。科学文献中有数百个例子表明,一对同卵双胞胎中的一个会患上某种遗传疾病(如亨廷顿舞蹈症或镰状细胞贫血症),而另一个则不会。其中一个原因是,胎儿早期发育时,在早期胚胎分裂形成双胞胎后,其中一个双胞胎(而不是另外一个)可能接着发生突变。有时这些差异还包括整个DNA片段在不同的染色体或其他类型的“结构变体”之间的移动。事实上,在特定医学情形下,双胞胎之间缺乏一致性有助于研究人员确定在该医学情形下的特定基因,因为如果新的突变发生在同卵双胞胎其中的一个而不是另一个身上,并且只有当这个人患上疾病时,该基因变体才能成为进一步研究的目标(Vadgama等,2019)。

正如前文所言,双胞胎之间的表观遗传差异是另一种类型的差异。在一项针对40对年龄在3岁到74岁间的同卵双胞胎的表观遗传差异的研究中,双胞胎的早期生活表现出极大的相似性,但在较年长的双胞胎中,双胞胎之间的表观遗传差异占测量总量的35%(Fraga等,2005)。那些在一起生活时间较短和/或有不同病史的双胞胎的表观遗传特征差异最大。

吸烟习惯、饮食、锻炼和生活事件的差异都被认为与这种表观遗传差异有关。表观遗传差异意味着双胞胎中某一个人身上的某个基因可能从出生时就永久关闭，而另一个人的基因却没有关闭，或者另一个人可能根本就没有这种基因，因为它没有被表达出来。然而，更有可能的情况是，一个基因在双胞胎中的一个身上被部分关闭了，而在另一个身上被完全表达了。不管怎样，从功能的角度来看，同卵双胞胎不会有相同的基因组。

因此，在基因水平上和表观遗传基因调节水平上，同卵双胞胎不再完全相同。为了验证这一发现，人们已经开发了一系列复杂的统计方法。此外，没有使用双胞胎或任何关于他们的假设的基于DNA的统计方法，也已经得出了与经典双胞胎研究非常相似的结论（Turkheimer，2011）。无论如何，目前的情况仍然是，总体而言，同卵双胞胎在基因水平上比异卵双胞胎更相似，因此比较同卵双胞胎仍然是行为遗传学研究的有用方法，当然了，我们需要谨慎地评估研究结果。

将双胞胎分开抚养已经成为历史，谢天谢地，这种做法现在已经不存在了。但是这些研究的数据仍然被引用。从理论上讲，分开抚养双胞胎似乎是研究基因和环境在行为差异中相对作用的理想场景。但事实上，双胞胎出生后立即被分开抚养的情况很少发生。例如，明尼苏达州被分开抚养的双胞胎登记显示，双胞胎分开前在一起的平均时间为5个月，最长可达4年；从分开到第一次团聚的时间从0.5年到65年不等，在研究前，双胞胎平均在一起的时间超过2年（Bouchard等，1990）。在另一处被广泛使用的瑞典双胞胎"分开抚养"的登记中，共有52%的双胞胎在一岁之后就分开了，18%的双胞胎5岁之前分开（Pedersen等，1988）。在所有对被分开抚养的双胞胎的研究中，这些结果具有代表性。因此在现实生活中，即使被分开抚养的双胞胎也在分开前一起生活过一段时间；而且我们应该记住，由于出生后前两年内大脑突触密度大幅增加，所以在生命中的第一年，这两个双胞胎都会对共同经历做出反应。

行为遗传学研究面临的另一个挑战是如何定义"环境"这个词。我们说，某一特定群体中30%的特征变异归因于"共享"或"非共享"环境——这到底什么意思呢？答案似乎相当明显，但是当你开始思考如何精确地定义"环境"时，问题就变得有点棘手了。"环境"一词有很多用法，最普遍的问题是：环境从哪里开始，又在哪里结束？这个问题的答案取决于我们所考虑的基因组序列本身之外的环境究竟是哪种。正如第2章所言，细胞内的DNA周围有一种"微环境"，分子编辑机制对发挥作用的DNA信息产生影响，包括表观遗传调控。当然，在双胞胎研究及类似的研究中，起至关重要作用的是种系DNA——传递到卵子和精子的跨代信息，但不同的细胞微环境会影响早期发育阶段这些信息的作用。然后是身体所有细胞和皮肤之间的"环境"，皮肤将我们与外部世界分隔开来。但是等一下，还有个环境：我们的微生物群。我们体内约有4×10^{13}个细菌，主要分布在我们的肠道里，大致相当于我们的细胞数量（Sender等，2016）。每个人类基因对应大约100个微生物基因。1克人体肠道组织含有600亿个细菌，大约是地球人口的8倍。微生物群的组成对我们的健康和幸福有非常重要的影响，这一点非常清楚，至少人们已经了解到，小鼠体内肠道细菌会影响到大脑的功能（Kiraly，2019）。那么，我们体内的大量细菌属于"环境"的一部分吗？当然，从专业角度来看，答案是肯定的，因为这些细菌都在我们的种系DNA之外。但在这种情况下，语言的使用似乎有点奇怪。当然，我们还有身外的世界，以及我们如何与之互动的问题，这就是我们常说的"环境"。从生物统计学的角度来看，环境又有所不同：环境导致了某一群体中某一特定特征的变异。问题是，与遗传学不同，我们没有一个通用的"环境理论"帮助我们解决"环境"的定义这一问题。就像其他许多关于人类身份的研究一样，我们最终"物化"（或者叫"具体化"）了一个不能被"物化"的东西。

将"环境"作为导致群体差异的一个统计概念，这听起来似乎让"环境"有了明确的定义，但现实要复杂得多。偏激者可能会认为，在测量群体中某一特征的变异比例时，"环境"的缩写"e"代表的是"其他一切"（everything else），即除了遗传变异以外的其他影响特征变异的一切因素。与其他人一样，我们将在书的其余部分继续使用"e"，但请读者记住，"环境"是一个难以捉摸的概念，根据上下文语境有许多不同的含义。

在解释行为遗传学的结果时，另一个棘手的挑战来自上位性（epistasis）——基因组中不同位点的基因之间的相互作用。正如前文所述，基因组是一个系统，它的各个部分相互作用。行为遗传学的问题在于，在大多数情况下，这种会对正在研究的特征差异产生长期影响的相互作用根本不为人所知。一个变异基因在性状发育中可能具有协同效应而不是叠加效应，而另一个变异基因可能具有抑制效应。例如，在冰岛和斯堪的纳维亚群体中0.5%的人口拥有一种罕见的基因突变，可以防止阿尔茨海默病的发展。与没有突变基因的冰岛人相比，即使只有一个突变基因拷贝的冰岛人也有5倍以上的可能性活到85岁而不患阿尔茨海默病，而活到85岁的概率比其他人高出50%（Callaway，2012）。如果事先不了解这种有价值的变异基因，人们很容易认为上位性在阿尔茨海默病的发展过程中并不重要（第5章就详细讨论这一问题）。这个例子更具有普遍性而不是特殊性：在很大程度上，基因突变导致疾病的情况取决于其基因组的背景（Jordan等，2015）。

如果基因与基因的相互作用具有复杂性，那么变异基因与环境之间的相互作用（通常被称为基因与环境的相互作用，或G×E），又增加了另一个挑战。G×E的缩写实际上包括两个方面。第一，G×E是指基因与环境的相互作用，在这种相互作用中，特定的环境可能会根据个体的基因型对其产生不同的影响。这在兄弟姐妹中很常见。对其中一个兄弟姐妹来说，创伤会产生显著和长期的影响，而另一个兄弟姐妹则相对无损。在第5章中我们将提到，一对同卵双胞胎中的一个可能会患上某种精神障碍，而另一个则不会。第二，G×E是指基因与环境的相关性，即那些具有特定基因型的人更有可能选择或被选择到类似的环境中。尽管这似乎与直觉相反，大多数形式的G×E相互作用增加了同卵双胞胎的相似性，而不是非同卵双胞胎的相似性，从而增加了遗传变异的比例，进而增加了标准生物统计方法中的遗传力值（Burt，2011）。G×E相互作用包括遗传易感性，遗传易感性会以不同的方式塑造环境，影响个体。例如，一个有运动能力的孩子会被挑选出来接受其他孩子可能无法获得的指导；同样，会拉小提琴、有音乐天赋的孩子也会被挑选出来。所以我想说的是，基因组帮助塑造我们的环境，而环境反过来又影响了我们的基因组。除了环境影响基因组外，基因组本身也影响到环境影响的程度和结果。个体因基因型的不同而不同，暴露于特定环境对他们产生了积极的或消极的影响。一天结束时，所有不同的影响会被整合在一起。现在我们可以清楚地看到，对群体中某一特定特征的各种统计验证的"变异比例"进行明确评估并非易事。现在已经有一些先进的统计工作来帮助应对这一挑战，但这并非易事。

这就是该领域的一些人会对遗传力持一定怀疑态度的原因。可能最重要的发现是某种行为特征的遗传力是正的而不是零，从而表明在特定群体中，遗传变异对某一特征的普遍存在发挥了作用。正如我们将在第5章中看到的，这一事实对孩子患有孤独症等综合征的父母具有重要的启示意义。但实际的遗传力，是一个没有单位的变异比例，并不那么有趣。其原因之一是该值取决于特定群体和测量特征的特定环境。如果一个群体的遗传变异相当有限，也许是因为这个群体位于岛上，几个世纪以来他们与其他岛民进行繁殖，那么他们的遗传力可能相对较小，而如果将遗传基因多样化的群体置于相同的环境，那么遗传力可能会高得多。同样，如果两个群体具有相同的遗传变异水平，但被置于两个不同的环境中，那么与特定特征有关的遗传力也很可能不同。

较高的遗传力并不一定意味着基因组对特征发展的贡献，比较低的遗传力"更重要"，尽管它可能确实如此。当然，较高的遗传力也不意味着所讨论的特征或多或少容易改变。一切都不一定。该领域一位经验颇丰的学者总结道："所有个体差异的遗传力都大于零，并且任何个体差异都没有确定的值。想要弄清楚'遗传'特征是怎么样的，无论是绝对的还是相对的，都是注定要失败的：在某种程度上，一切都是遗传的，一切又都不是完全遗传的。除此之外，没什么好说的了。"（Turkheimer and Harden，2014）。

在接下来的章节中，当我们讨论特定特征时，许多关于行为遗传学领域的思想将再次出现。值得注意的是，乍一看，行为遗传学似乎支持古老的二分法："先天"和"后天"，一方面，遗传学好像认为群体变异——遗传力——有一定的意义，而另一方面，又认为环境也做出了一定的贡献。因此，这就好像基因和环境在进行某种竞争，其中谁贡献得多，谁就可能是赢家。所幸到目前为止，根据第3章中描述的发育过程，一旦我们深入研究，先天—后天或基因—环境的二分法就会站不住脚。事实上，所有事物每时每刻都与其他事物相互作用。是相互作用，而不是单个组成部分，才是整个过程中最重要的方面。单个组成部分是相互作用的必要条件，但不是充分条件。因此，所有的相互作用融合在一起，产生了最终的产品——人类本身。另一种概括性的说法是——至少当谈到我们稍后要研究的主要性格特征，比如个性、智力和攻击性时——这一切都是由100%

的遗传因素和100%的环境因素造成的。就像在任何复杂系统中一样，最重要的是相互作用。

4.2　寻找影响行为差异的基因

几十年前，人们开始研究遗传力，遗传力逐渐获得重视，人们普遍认为只有相对少数的基因可以解释特定特征的遗传力。例如，如果一个特征的遗传力是50%，那么也许只有10个变异基因导致了这一特征，每个基因平均导致5%的变异。因此，寻找这些重要基因的工作从研究候选基因开始。方法很简单：先确定一个对大脑功能的某些关键方面（比如攻击性）有重要作用的基因，然后在随机的个体群体中测量该基因的变体。如果特定变体的存在与被测量的特征之间存在显著相关性，那么这个特定变体可能会被认为导致了该特征的发展。

候选基因的选择很大程度上是基于动物研究。在动物研究中，某些神经递质基因在大脑功能中起着关键作用，例如，它们与编码酶的基因一起产生了神经递质或分解神经递质，所以这种方法在当时的知识背景下是完全合理的，但它的复制研究从未真正成功过。现在我们知道，其从未真正成功的原因是，有成百上千的变异基因促成了群体中特定的复杂特征，每个基因都只占总变异比例的很小一部分。所以，除了极少数个例外（我们稍后会讲到），根本没有哪个基因会对任何特定的行为特征产生主要的支配影响。可悲的是，大量的时间和研究经费被花费在这上面，徒劳无功。但在科学研究中，这并不罕见：我们只能从手头的现有知识着手，如果这种知识非常不完整（如本例），那么就会产生错误的理论。

随着全基因组关联分析（GWAS）的引入，整个行为遗传学领域发生了显著变化。GWAS利用人类基因组中的数百万个SNPs展开研究。如今的常规做法是，根据从某一个体身上提取的DNA样本，我们可以在密集的微矩阵上展示DNA的100多万个SNPs，这样就可以对所有这些SNPs进行"基因分型"。因此，SNPs就像"旗帜"一样，标记略有不同的基因组的不同片段。如果一个特定的SNPs持续与一个特定的特征相关联，其概率高于偶然性，那么我们可以推断，附近应该有一个变异基因，要么在蛋白质编码区域，要么在基因调节区域中，导致相关特征的发展。通常情况下，研究者认为与SNPs最近的蛋白质编码基因与该特征存在相关关系，当然了，也有例外的情况。

如果你觉得SNPs遍布基因组的情形很难想象，那么也许想象一艘火星飞船在美国着陆会让事情变得容易些。试想一下，美国大地覆盖着成千上万的不同颜色的旗帜（SNPs），这些旗帜是随机分布的。你刚从火星来，你的任务是调查美国的主要人口中心，你被告知你的飞船应该降落在代表城市的旗帜那里。不幸的是，你的飞船在新墨西哥州的沙漠着陆，你必须使用地球漫游车去寻找最近的城市。当你最终到达拉斯韦加斯时，你发现它的人口太少，与整体人口相比微乎其微。与此同时，你的火星同事很幸运，降落在了纽约中央公园的中心。旗帜的随机分布意味着，一些旗帜恰好出现在纽约市中心，但没有一面旗帜出现在拉斯韦加斯。对于GWAS来说，这并不是一个完美的例子，但这个例子表明，当SNPs标记随机分布时，基因猎人可能会在基因组中非常不同的地方寻找它。

关于GWAS值得一提的是，与早期的候选基因研究不同，研究者在进行研究时并不知道与特定特征有关的特定基因是什么。换句话说，这基本上就是一种钓鱼活动，纯粹凭运气。此外，为了排除随机关联，显著性的统计标准被设定得非常高，即便如此，不同研究之间的"SNP重叠率"（SNP hits）可能低得令人沮丧。将研究群体增加到数万或数十万当然可以改善统计数据。在过去的几年中，GWAS有了惊人的发展。在2005—

2018年期间，有3639项研究涉及3508种不同的特征（Mills and Rahal，2019）。

GWAS研究的"典范"是人类身高的遗传力是80%。这意味着群体中80%的身高变异可以归因于基因变异。当然，测量身高并不是行为遗传学的内容，尽管身高确实在人们的行为中扮演着重要的角色。例如，个子高的人更有可能成为职业篮球运动员。显然，营养和其他环境因素对人口的平均身高也起着关键作用。由于社会经济的原因，在朝鲜长大的学龄前儿童平均比在韩国长大的学龄前儿童矮13厘米，轻7公斤，尽管事实上，20世纪50年代初之前朝鲜和韩国是一个国家（Schwekendiek，2009）。遗传力无法说明一个群体的平均身高——事实上，如果一个群体的身高没有变化，那么遗传力当然就会是零。身高成为GWAS研究的"典范"，原因很简单，因为很容易测量大量个体的身高，然后对每个人进行基因分型。

一项GWAS研究调查了253288名欧洲人，结果显示，如果将统计学显著性水平设置得非常严格，那么就会发现697个遗传变异，它们对遗传力的贡献约为20%（Wood等，2014）。如果将这项研究的结果与其他研究结果结合起来，那么就可以确定足够的SNPs变异，这可以解释大约50%的遗传力。但很明显，单独考虑的话，每个变异基因的平均贡献非常小，大约为0.001%或更少。大量的变异基因本身并不令人惊讶：随着身高的增加或减少，一切都必须改变——器官的大小，皮肤的扩张，神经系统的构造，等等。

令人惊讶的是，即使在一项涉及25万人的研究中，也发现了所谓的"遗传力缺失"（missing heritability）。事实上，通过汇集几项大型研究得出的身高变异的遗传力值是50%，是迄今为止采用GWAS方法研究任何特征（无论是医学特征还是行为特征）所取得的研究成果的上限了。通常情况下，在给定的群体中，与某一特定特征相关的SNPs只能解释不到10%

的变异。这在学术界引发了广泛的讨论：是什么原因导致了这种所谓的"遗传力缺失"？

至少在身高问题上，这个谜题现在已经被解开了。在一项研究中[5]，研究人员从21620名欧洲血统的无亲属关系的个体中获得了与他们身高相关的全基因组序列数据。研究发现，大约50%的遗传力可以用罕见变异基因来解释，这些罕见变异基因对整个特征变异的贡献非常小——不到遗传力的0.1%，通常还要低得多。全基因组测序使研究人员能够捕捉到每500人中只有1人，甚至每5000人中只有1人的遗传差异（Geddes，2019）。对人类进行基因分型的问题在于，目前用于基因分型的DNA芯片只代表了大约50万个"参考基因组"中常见的SNPs。但正如前文所述，世界上任何一个地方的任何人，他的SNPs总数比这一数字高出十倍。所以使用"标准芯片"（standard chips）很容易错过很多变异基因，其中包括很多罕见变异基因，它们也可以导致总体身高变异。

一般来说，"罕见变异基因"的发现似乎是在解决大容量GWAS数据库的"遗传力缺失"问题。与此同时，这也表明了基因变体的数量庞大，令人难以置信。这些基因变体显然导致了群体中与特定人类特征有关的变异，无论是医学上的变异，还是身高或体重的变异，或某些行为特征的变异，如攻击性。后面章节中我们还会提供更多的例子，但目前值得指出的是，GWAS在疾病研究中使用的整个方法可能基于错误的假设（Boyle等，2017）。例如，与第1章中描述的由单一变异蛋白质编码基因引起的疾病不同，世界各地医院病房里的非传染性疾病大部分都是多基因变异导致的，受到数百个遗传变异的影响。而GWAS的假设是，已确定的数百种基因变体一定与这种疾病有关。但在实践中，GWAS发现的许多基因变体并不存在于蛋白质编码基因中，而是存在于参与基因调控的DNA变体片段中。因此，除了极少数例子外，GWAS并没有辨识出重要的生物学途径，而是致力于挑选许多可能参与细胞内多种调节系统的基因变体。但是贡献了大部分遗传力的SNPs往往分布在整个基因组中,而不是在导致特定疾病的基因附近(Boyle等,2017)。

这并不意味着GWAS没有价值,但它确实意味着,研究者应该谨慎对待已识别的基因变体与所研究的特征之间的直接相关性。在现实中,这些变体可能在调控一系列其他基因,而这些基因又参与了许多细胞过程,其中一个可能对疾病的发展有一定的影响。很明显,许多被识别的变异基因在功能上有很大的重叠,这将在第5章中说明(Visscher等,2017)。一旦我们了解了所有不同的细胞间的途径是如何勾连的,研究结果将变得更加有趣,但这还很遥远。如果所有这些都适用于临床定义相当明确的医学综合征,那么,我们可能会想,对于复杂的行为特征,比如宗教信仰、性格外向,或者非常聪明,研究者又该如何解释呢?稍后我们再讨论吧。

就目前而言,值得注意的是,当我们考虑到第3章所描述的人类发育过程中基因组与环境之间发生的复杂相互作用时,GWAS呈现的整体图景——成百上千个基因变体导致了群体中特定特征的变异——就一点也不令人惊讶了。

4.3 多基因评分

GWAS的衍生物之一就是"多基因评分"。有时,只要简单地计算新术语在已发表论文标题中使用的次数,就可以很好地了解一个新概念在科学文献中普及的速度有多快。2009年,"多基因评分"一词根本没有出现;2010年,"多基因评分"首次出现。随后几年内出现的次数逐渐增长,到2016年达到17次,2019年达到66次。多基因评分被广泛应用于动植物育种领域,只是最近才在人类研究中流行起来。

我们是基因的奴隶吗?

那什么是"多基因评分"呢?随着GWAS的应用越来越广泛,研究者很快发现,就其对遗传力的贡献而言,很难使许多变异基因的"重叠率"在统计意义上具有显著性,因为它们的贡献很小和/或研究的对象相当少。到2017年,研究者已经建立了GWAS数据库,其中包含了基于150万个体的173个特征的汇总统计数据,以及14亿个SNPs与特征之间的关联(Zheng等,2017)。因此,如果你将所有与某一特定特征相关的SNPs的贡献加起来,直到加上更多的SNPs也不会增加分数为止,那么你就得到了一个"多基因评分"(也称为"多基因风险评分"),这很可能在统计意义上具有显著性。实际研究中,研究者并不是简单地相加,而是根据不同的SNPs分数对整体遗传力的贡献程度来加权。因此,更正式地说,多基因评分是将个体携带的有独立风险的基因变体的数量与其对疾病风险的贡献权重(效应量)相乘,然后再将所有变体的数值相加计算得出总和。

为了理解这一概念,假设你正在调查一个群体的攻击性水平,你有20个问题,答案是"没有"=0,"有点"=1或"很多"=2。答案中"很多"的评分都暗示不同情况下更具攻击性行为。很明显,"最具攻击性"的分数最高是40分,最不具攻击性的分数是0分。假设你用这种方式采访了1000人,你可以在一种记分卡上标出所有的分数,这样将来你有新的被试时,你都可以给他们打0~40分,并与其他人相比较。

这一理解多基因评分的类比并不完美,但它使我们明白了将SNPs贡献值相加的过程。但值得记住的是,多基因评分是基于群体的统计概念。因此,多基因评分实际上是一种根据个体的"SNP图谱"以及一组特定的SNPs与该特征密切相关的方式,对个体可能会表现出的特征进行概率预测的方式。例如,如果我看到一个刚出生的婴儿,我可以做出相当准确的预测,即一般来讲,他长大后,他的身高将介于其父母的身高之间,可实际上身高的分布范围相当广泛。但是如果婴儿经过基因分型,那么他的身高多基因评分可以帮助我对他未来的身高做出相当准确的预测。但是请注意，身高是非常重要的身体特征，具有较高的遗传力，即使如此，多基因评分的预测也无法超过80%，因为未来的环境差异仍然未知。当遗传力为50%或更低时，情况更是如此，因为多基因评分仅限于估计50%变异内的概率。

假设我的多基因评分显示，我在可能患精神分裂症的人群中位于前10%。这并不意味着我最终会患上精神分裂症。多基因评分讨论的是概率性，而不是确定性。我也可以说，长得高是撞到头的一个危险因素。但是毫无疑问，有些高个子的人，因为他们长得高，所以特别注意不去撞到头，结果是他们从未撞到头。在精神分裂症这一例子中，不确定性的原因有所不同——正如我们将在第5章中讲到的，该综合征只有50%是可遗传的，因此在多基因条件下，环境在人群的变异中起着如此大的作用（50%），多基因评分的价值是有限的。

本章至少对行为遗传学领域中数据解释的潜力和复杂性给出了一些概念。我们将这种方法应用到一系列的实际例子中时，其潜力——以及复杂性——有望变得更加清晰。

第5章 基因与心理健康

20世纪50年代中期，我已故的哥哥，比我大十多岁，获得了牛津大学三一学院的公开奖学金，攻读历史，准备遨游在学术的海洋。我还清楚地记得我和父母去三一学院"观看"哥哥参演的一部中世纪悬疑剧，当时是在三一学院后院有围墙的花园里举行。"观看"之所以加上引号，是因为我哥哥本身声音很大，扮演的又是上帝的角色，或者至少是上帝的声音，哥哥需要摇摇晃晃地站在梯子顶端，梯子支在花园上方的护墙上，隐藏在几棵树后面，所以观众看不见他。这部戏之所以深深地刻在我脑海里，是因为剧中一只羊挣脱了绳子，在花园里狂奔，享受着忽然获得的自由，而观看戏剧的教师，穿着长袍，忙着追羊，好似一场橄榄球比赛，让人忍俊不禁——对一个10岁的孩子来说，这比戏剧本身有趣和难忘得多了。

但到了第二年，我哥哥精神崩溃了，被诊断出患有我们现在所知的双相情感障碍（bipolar disorder），当时称为躁狂抑郁症。我还记得父母在家里低声交谈，充满了焦虑。现在关于躁狂抑郁症的书籍很多，而在20世纪50年代中期，这方面的书籍相当有限。我看得出，一段时间以来，父母一直在自我反省：我们做错了什么，让我们的儿子得了这么可怕的疾病？当时我只有10岁，真的不知道发生了什么。我在不知不觉中参与了治疗过程，有时在他"躁狂"时，逗他开心；在他抑郁时，陪他锻炼，没完没了地打乒乓球，这是治疗抑郁症的好方法。

即使到了今天，父母们遇到类似的情况也会感到不安——事实上，任何父母，如果他们的子女患有某种讨厌的疾病或其他疾病，都会感到不安。父母们都会认为是他们的错，但遗传学的发现证明，父母们无须过分自责。如果父母们某种程度上虐待或严重忽视子女，很可能导致子女精神障碍的发作（我哥哥当然不属于这种情况），除此之外，人们逐渐了解到，遗传变异在许多类型的精神疾病的发展中起了重要的作用，现在，这种认识已经减轻了父母们的负罪感，而在过去几十年，这种负罪感一直萦绕在父母们的脑海中。

我很幸运没有携带那组遗传变异（我是彻头彻尾的乐观主义者），哥哥的经历和父母的反应，促使我后来决定在伦敦精神病学研究所攻读神经化学博士学位（研究大脑的化学结构），开启了我在神经化学领域研究生涯的第一篇章。

显而易见，在短短的一章之内，我们没有足够的篇幅全面介绍精神病遗传学这一庞大的领域，因此，我们的目标更切实际：举一些精神综合征的例子，说明他们的行为特征与其他人存在明显差异，同时，提供明确证据，证明遗传变异在与特定特征相关的群体变异中发挥了作用。这些例子是行为遗传学方法在医学界的应用实例，就基因在人类发展过程中发挥的作用而言，这些例子也有助于了解一个（通常）定义明确的医学实体是如何受到多基因影响的。

5.1　孤独症谱系障碍

孤独症谱系障碍（Autism Spectrum Disorder，ASD，又称自闭症）是包括阿斯佩格综合征（Asperger's syndrome）在内的总称，全世界平均每160名儿童中就有1名患有孤独症谱系障碍。患者的数量取决于疾病诊断的方式，就像本章讨论的所有综合征一样，是否患有综合征的界限是模糊的，诊断也不总是明确的，孤独症更是如此。20世纪40年代时，孤独症的定义非常严格，如今，孤独症的定义越来越宽泛，包括行为的更多方面——因此有了"谱系"的说法——这意味着跨代比较变得有点棘手（Rødgaard等，2019）。3岁到6岁是大脑建立大量突触连接的关键时期，孤独症患者常常在这段时间被诊断出来，尽管有时会晚一些。在某些病例中，患者突然从正常行为转变为异常行为。孤独症谱系障碍的特征是患者出现社会交往和沟通的障碍，其严重程度不同（因此有"谱系"一词），同时伴随着兴趣狭隘及重复特定行为等特征。严重的孤独症患者还会出现癫痫和智力残疾。目前大多数关于孤独症的理论都围绕着婴儿早期异常突触连接发展而来。

擅长数学的人患孤独症的比例高于擅长人文学科的人，而且男性患者是女性患者的4倍左右。事实上，有人认为孤独症代表了男性大脑的一种极端形式（Baron-Cohen，2010），这一理论得到了一些实证支持，但也受到许多学者的批评。在被诊断为孤独症的儿童中，近一半的智力水平达到或高于平均水平。目前尚不清楚是否有更多聪明的儿童患上这种疾病，也不清楚他们被诊断出患有孤独症的比例是否比过去高了（接种疫苗导致孤独症的说法也已被彻底否定了）。

直到20世纪90年代，人们仍然认为孤独症是由出生创伤、感染、养育不善，甚至遭受虐待导致的。心理学家认为，态度冷淡的"冰箱妈妈"（可怕的比喻！）使她们的婴儿建立了自卫机制，最终导致孤独症。但早在1991年，人们就已经注意到，在有兄弟姐妹患有孤独症的家庭中，儿童被诊断为孤独症的相对风险至少增加了25倍，这表明家庭对孤独症有着显著的影响。后来，研究者对数千对双胞胎进行研究，推导孤独症的遗传力，得出的值在56%～95%之间（Colvert等，2015）。随后的一项研究涉及37570对双胞胎，估算出的遗传力为83%，而在群体中17%的变异是由于（未知的）非共享环境因素造成的（Sandin等，2017）。也许最能说明问题的是同卵双胞胎患孤独症的一致性接近100%，而非同卵双胞胎患孤独症的一致性仅为50%左右。换句话说，如果一对同卵双胞胎中的一个患有孤独症，那么另一个几乎肯定会患上孤独症，而如果一对非同卵双胞胎中的一个患有孤独症，那么另一个患上孤独症的概率只有大约50%（Tick等，2016）。当然，这并没有低估环境的作用，因为同卵双胞胎很可能共享非常相似的环境。但总的来说，这些发现都证明了遗传因素在解释孤独症谱系障碍群体的差异时的重要性。

孤独症儿童的父母一直为孩子的病情自责，随着越来越多的证据表明遗传变异在孤独症患者患病过程中发挥了重要作用，父母们已经卸下了不必要的罪恶感的重担。遗传学对儿童患有特定疾病的家庭的积极影响可能非常大。

那么，哪些基因促使孤独症谱系障碍的发展呢？第4章中介绍的GWAS帮了大忙。早期的研究结果似乎确定了数百种与孤独症相关的遗传变异；事实上，孤独症数据库中有800个基因。但问题是孤独症不像身高。读者可能还记得，人们研究了25万欧洲人才发现，他们的697种遗传变异导致了欧洲群体出现具有显著统计意义的身高差异。显然，从同等数量的孤独症患者那里获取数据是一项巨大的工程，只有组织大规模国际研究才能获取大量数据。幸运的是，在这方面，科学家成功地进行了国际合作，现在有来自36个国家的800多名研究人员参与的精神疾病基因组协会（Psychiatric Genomics Consortium，PGC）就是这一成功的标志[1]。精神疾病基因组协会发现，一旦他们的研究涉及更大的群体，他们就很难复制早期的"SNP重叠率"。例如，一项大型国际研究从16000多名孤独症患者中获得了GWAS数据（Autism Spectrum Disorders Working Group of The

Psychiatric Genomics，2017）。从严格的统计意义上讲，他们的研究没有发现遗传"重叠率"，但发现了大约100种遗传变异接近显著意义，并且有独立的结果表明，其中一些遗传变异可能对孤独症的发展很重要。特别令人感兴趣的是，他们发现这些变异基因中有相当大的比例与GWAS确定的导致精神分裂症的变异基因相同，下文将对此进行论述。

在孤独症领域，罕见突变也受到了特别关注。在一项研究中，研究者对大约2500个兄弟姐妹中只有一个患有孤独症的家庭进行了基因组测序（Iossifov等，2014）。在孤独症人群中发现的新突变的总比例对高达45%的孤独症患者来说具有显著意义。与未患孤独症的兄弟姐妹相比，孤独症人群的新突变破坏基因功能的比例高出了近两倍。另一项针对数量与此相当的孤独症患者的研究关注的是同一基因的两个拷贝均发生的突变，从而导致基因功能完全消失（Werling等，2019）。孤独症患者出现这种基因中断的可能性是正常人的三倍左右，而这些基因在早期大脑发育中发挥了重要作用。

还有一些罕见的孤独症病例似乎是由单一基因紊乱引起的（Zoghbi and Bear，2012）。例如，脆性X染色体综合征之所以被称为脆性X染色体综合征，是因为导致该综合征的单一突变基因位于X染色体上，约三分之一的突变携带者患有孤独症谱系障碍（Ebert and Greenberg，2013）。不出所料，表观遗传调控的差异也可能导致孤独症的发展，通过分析同卵双胞胎是否具有患孤独症的一致性的表观遗传状态可以看出这一点（Wong等，2013）。需要强调的另一点是，人们最终会发现，导致孤独症的不可能是完全相同的一组变异基因。更可能的情况是，在孤独症患者中经常（但并非总是）发现一部分变异基因，然后在其中不同的个体中发现不同类型的其他变异基因，这些变异基因加在一起，超过某个临界值后，最终导致孤独症的发展。

人们逐渐找到了导致孤独症发展的基因变体，这是否意味着人们开辟了治疗孤独症的新道路？例如，如果确定了十种遗传变异，它们都在分子水平上对同一大脑控制通路进行调控，这可能为抑制或放大哪种通路提供线索。但考虑到孤独症通常发生在非常年幼的儿童身上，并且目前人们普遍认为孤独症是由突触连接错误引起的，这种想法可能不现实。然而，人们可以研制出有助于改善消极行为特征的药物（这些特征只存在于一些人身上），虽然这些药物无法从根本上解决问题。此外，我们都知道，那些处于孤独症谱系中属于表现较好的人，因其IT技术和相关技能而受到硅谷各科技公司的追捧。我们没有忘记瑞典孤独症患者格蕾塔·桑伯格（Greta Thunberg），她从2018年起率先发起了一场在世界范围内对抗全球变暖的运动。这些例子提出了一个具有挑战性的问题，即孤独症患者是否应该寻求"治疗"。毫无疑问，这个问题的答案在很大程度上取决于孤独症患者在谱系上的位置。

研究所有的候选基因会占用太多的篇幅，而且，无论如何，我知道不是每个人都能长时间地对分子及其相互作用侃侃而谈（虽然我可以很容易做到）。但我不得不在此处举两个例子，因为这两个例子展示了对一种综合征——比如此处的孤独症——的研究可以阐明另一种综合征，以及与孤独症有关的基因如何在分子水平上发挥它们的作用。正如第4章所言，所有事情都错综复杂地纠缠在一起。

第一个候选基因的名字叫"UBE3A"，这个名字听起来令人振奋。它编码了一种与它同名的蛋白质[2]，这里我们简称它为UBE。长期以来，人们都知道UBE在大脑发育中起着重要作用，另外，它还有许多其他作用，比如与癌症有密切关系。这种蛋白质之所以有如此多的作用，是因为它是一种参与降解其他蛋白质的酶。这些酶必须严格受到控制，否则会造成可怕的伤害。事实上，在大脑发育过程中，UBE的表达水平受到非常谨慎的调控。当UBE基因被异常复制，从而使后代拥有多于正常的两个基因拷贝时，可以肯定的是，后代一定会患上孤独症（Vatsa and Jana，2018）。所以，过多的UBE蛋白质会导致孤独症。

但是，当拷贝太少时会发生什么呢？这个故事还有另一个引人入胜的部分。第3章讲过，从母亲那里继承的X染色体的两个拷贝中有一个失活，以防止X染色体上基因编码的蛋白质产生过多。我们没有提到的是，有一种类似的过程叫作"印记"（imprinting），它能影响来自母亲或父亲的基因。我们有大约75个基因是"印记"基因，这意味着父系或母系来源的基因的表观遗传功能被关闭了，在随后的细胞生产过程中，这种沉默一直伴随我们一生。印记是非随机的：同一组基因会在父系或母系来源的染色体上持续保持沉默。

正常情况下，当两个基因拷贝中的一个发生突变时，仍然有一个正常的拷贝能发挥功能，弥补缺陷。但是UBE的父系来源遗传拷贝是一个沉默基因。这意味着其UBE蛋白产物的水平对正常神经细胞的发育至关重要。当母系遗传染色体上的UBE基因存在缺陷时，根本就不会产生UBE蛋白，最终导致了快乐木偶综合征（Angelman syndrome），一种神经系统发育失常导致的疾病，表现为抽搐、频繁癫痫发作、睡眠障碍，除此之外，还带有快乐和微笑的外在举止，因此又被称为天使综合征。有该综合征的患者说话时通常只有5到10个单词（如果有的话）。哈里·安格尔曼（Harry Angelman）是来自英格兰北部的医生，在日常诊疗活动中，他最先遇到了3位患有这种疾病的孩子，然而一开始他不确定这是一种疾病还是多种疾病。后来他去意大利度假，在维罗纳的卡斯特维奇博物馆（Castelvecchio Museum）看到一幅名为《带木偶的男孩》的油画，画面中的男孩面带微笑，安格尔曼医生才意识到，这种病况可能几个世纪以前就有了，这也促使他为一本医学杂志撰写论文，描述该综合征的表现。

因此，很明显，调节UBE蛋白水平以促进正常神经细胞发育至关重要：UBE蛋白过多，会导致孤独症，UBE蛋白过少，会患上快乐木偶综合征。为了证明调节UBE酶活性相当重要，还需要提及另一个水平的调节（Yi等，2015）。第2章提到，许多化学修饰可以增加蛋白质的功能范围。其中之一是将一种被称为"磷酸盐"的化学基团转移到蛋白质中特定氨基酸上。信不信由你，这种小小化学基团的附着可以显著增加或降低酶的活性。图5.1展示了UBE的调控过程。在UBE的氨基酸序列中，有一种叫作苏氨酸的氨基酸恰好位于第485位，当苏氨酸上附着磷酸盐时，酶就

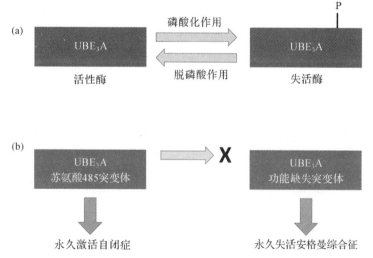

图5.1 UBE基因在孤独症和快乐木偶综合征中的作用

UBE3A酶是一种由UBE基因编码的蛋白质。（1）当磷酸基团（P）转移到UBE3A酶上的氨基酸苏氨酸-485（"磷酸化作用"）时，UBE3A酶失活，并在去除磷酸基时，被重新激活（"脱磷酸作用"）。（2）苏氨酸-485的突变阻止磷酸化，导致UBE3A酶永久激活，从而导致孤独症。UBE基因的其他突变导致编码UBE酶永久失活，导致快乐木偶综合征。基于Yi等（2015）人的数据。

会失活，所以人体内就没有了UBE；如果磷酸盐水平较高，那么就会导致快乐木偶综合征。但如果苏氨酸发生突变，使其不再有磷酸盐黏附在该位置上，那么UBE就会永久性地处于"开启"位置，从而导致孤独症。事实上，研究者已经发现一名孤独症儿童的UBE基因存在这种特殊突变（Yi等，2015）。值得注意的是，在实验室观察神经细胞时，如果它们在UBE基因的这个精确位置发生突变，那么它们就不能正常生长。这种突变确实起了关键作用。

许多与孤独症有关的其他候选基因也有类似的故事。每个故事都有许多不同的层面，导致孤独症的基因变体的作用方式也不同。在图5.1中，我们还可以考虑将磷酸盐附着在UBE上的酶的调节，以及将磷酸盐基团再次去除的不同的酶的调节。不难想象，几十个编码蛋白质的基因以不同的方式影响UBE的调节，从而参与孤独症的发展。将所有候选基因的影响综合起来考虑，我们就可以看出，厘清孤独症的发展过程，是一个相当大的挑战。

第二个与孤独症相关的候选基因也有一个吸引人的名字：PTCHD1[3]。与许多与孤独症有关的基因一样，该基因的突变只涉及一小部分患有孤独症的人，但在该基因发生突变的人中有40%以上会发展出类似孤独症的行为。有一组并发症状与孤独症症状一样，但仍有不同，这些症状包括与PTCHD1基因突变相关的智力残疾、睡眠中断和注意缺陷多动障碍（ADHD）。

研究基因如何工作的一种方法是饲养一群与人类有着相同突变的小鼠。当小鼠通过基因工程干预，不含任何PTCHD1蛋白时，其行为与ASD患者的行为基本一致，包括睡眠中断、过度攻击性[4]、注意力和学习障碍（Wells等，2016）。但研究人员也注意到，在小鼠大脑的早期发育过程中，有一部分大脑的PTCHD1的表达特别高，该部分大脑参与视觉、注意力和睡眠的调节[5]。现在有一些巧妙的方法可以从大脑的特定部位移除基因的表达，所以当PTCHD1从大脑的这个小区域完全被移除后，这些小鼠表现出多动症以及睡眠和注意力的缺陷，但没有表现出在携带全脑突变的小鼠中观察到的学习缺陷和过度攻击性。因此，研究者可以逐渐将大脑划分为不同的区域，逐渐找出特定基因突变与特定行为的关系。虽然研究者取得了显著的进展，但要实现最终目标，即找到基因及其编码的蛋白质与孤独症等疾病的行为差异之间的关系，还有很长的路要走。

5.2 精神分裂症

精神分裂症是一种发生在成年早期的疾病，与孤独症一样，在男性中更为常见。将该病称为"精神分裂症群"更合适，因为这个词包括更多的临床类别。精神分裂症临床表现为思维混乱、失去现实感、偏执和幻觉。不幸的是，许多精神分裂症患者最终会对药物或酒精上瘾，这可能给诊断带来干扰。世界人口的总发病率约为1%。世界各地关于精神分裂症的研究颇多。在2019年发表的科学论文中，标题中有"精神分裂症"一词的论文达3135篇。

与孤独症一样，最初，精神分析学家会提到"精神分裂症母亲"，似乎是母亲的性格导致其子女出现精神分裂症，直到20世纪60年代的收养研究才证明这一观点是错误的。患精神分裂症的风险随着基因相关性的增加而增加：如果有一个二级亲属（共享25%的基因）已经患有精神分裂症，那么风险从1%上升到4%；如果有一个一级亲属（共享50%的基因）已经患有精神分裂症，那么风险为9%；非同卵双胞胎间，风险为17%；同卵双胞胎间，风险则上升到48%。换句话说：如果同卵双胞胎中的一个患有精神分裂症，那么另一个也有近50%的机会患上精神分裂症。对与精神分裂症相关的双胞胎研究的元分析（即许多独立调查结果的平均值）表明，精神分裂症的遗传力为81%（范围为73%～90%），11%的差异归因于共享环境影响，8%的差异归因于非共享环境影响（Sullivan等，2003）。在瑞典进行的一项大规模群体研究中，精神分裂症的遗传力为64%，共享环境影响占变异的5%，非共享环境影响占31%（Lichtenstein等，2009）。所有这些研究都清楚地表明，环境变异在解释人群中精神分裂症特征的变异方面起着重要作用。

就寻找促成变异的基因而言，GWAS研究再次有了许多有趣的发现，不幸的是，研究证明，早期的候选基因研究（试图通过家族研究追踪变异基因）并未取得成功（Johnson等，2017）。在一项GWAS研究中，研究者研究了近37000例精神分裂症患者和113000多名对照者，发现了128个不同的SNPs与该疾病的相关概率较高，确定了基因组中108个不同的相关位点（Schizophrenia Working Group of the Psychiatric Genomics Consortium，2014）。其中，75%的位点包含蛋白质编码基因，许多这些基因被认为与疾病的发展具有生物学相关性。这项研究的一个惊人发现是，免疫系统中的许多遗传变异与精神分裂症有关。免疫系统指的是我们体内的所有防卫机制，它们保护我们免受细菌、病毒和其他"外来入侵者"的攻击。一项进一步的研究确定了一种基因的变体，该基因编码的蛋白质对免疫系统和第3章提到的"突触修剪"都很重要，由此，大脑的突触结构一直会发育到成年早期（Sekar等，2016）。

此外，现在越来越清楚的是，罕见突变也参与了精神分裂症的发展，其中许多突变是新亮相的，即它们是一个或几个精神分裂症个体中出现的新突变。这些突变可能导致精神分裂症的发展，或者在某些情况下遏制其发展（Purcell等，2014；Marshall等，2017）。研究还发现，涉及相对较大DNA片段变化的结构变体更可能在精神分裂症患者的DNA中被找到

（Rees等，2014）。一些研究表明，导致精神分裂症发展的变异基因与导致孤独症和智力残疾的变异基因之间存在重叠。

值得强调的是，与孤独症一样，由于可接受的统计标准越来越严格，与精神分裂症相关的"真正重要"的基因变体的数量一直在下降。一项研究批判性综述了22项独立的GWAS研究，并得出结论，目前只有9种基因变体可以判断为与精神分裂症有关（Prata等，2019）。但我们不应该由此得出结论，9是最终的数字。同样，请读者记住我们在介绍GWAS研究时举过的身高的例子。目前，接受研究的精神分裂症患者的数量已达数千人。但当这个数字超过25万时，研究者会发现什么呢？也许只有到那时，与精神分裂症有关的重要基因的最终数量才会变得更清楚。

事实是，就同卵双胞胎而言，几乎可以肯定的是，如果双胞胎中的一个患有孤独症，那么另一个也会患有孤独症；而如果双胞胎中的一个患有精神分裂症，那么另一个患精神分裂症的概率只有50%。那么，可能涉及的环境影响有哪些？我们已经讨论过很多环境影响，包括产前感染、产前营养不良、出生时产科并发症、社会弱势地位和儿童创伤。这些早期创伤可能导致长期的表观遗传变化（Cattane等，2018）。大麻与精神分裂症之间也存在显著的遗传相关性（Arseneault等，2002），有证据表明，使用大麻是导致精神分裂症的一个风险因素，而患有精神分裂症是使用大麻的一个重要风险因素（Pasman等，2018）[6]。如果你被诊断患有精神分裂症，或者你的家人患有精神分裂症，那么使用大麻不是一个好主意。

然而，在精神分裂症发展过程中，环境因素是如何与基因组变异相互作用的呢？我们对此的了解仍然非常有限。人们通常认为，基因和环境风险因素积累到一定程度，再加上一个或多个突变协同作用，会使系统"越过边界"。采用物理学界专业名词"相变"来类比会比较恰当，在相变中，材料会发生一系列非常小的变化，但达到临界点时，再发生一次变化就会使材料转变为完全不同的状态。这就提出了一个具有挑战性的问题，即精神分裂症的发展是否几乎完全是由于遗传变异导致的？如果是这样的话，同卵双胞胎对该疾病的一致性仅为48%的原因可能是，在双胞胎都具有高遗传风险的情况下，双胞胎之一（而不是另一个）体内产生了一个或几个罕见的突变，这些"额外"变化是足以触发导致精神分裂症发展的"相变"。

第4章已经介绍了"多基因评分"，许多论文都在寻求估计精神分裂症的多基因评分（Rammos等，2019），这也不足为奇。到目前为止，多基因评分可以预测群体中个人患精神分裂症的8%左右的变异，当然，前提是对群体进行基因分型，以识别相关的变异基因（Toulopoulou等，2019）。鉴于精神分裂症的遗传力高于64%，要对童年时期的某个人以后是否会患上精神分裂症做出更准确的预测，显然还有很长的路要走。读者要谨记，多基因评分基于与精神分裂症等复杂综合征相关的许多遗传变异，只能以概率的方式进行预测。这就是与第1章中描述的单基因突变疾病类型非常不同的地方，在单基因突变疾病中，如果特定基因的两个拷贝中的突变在出生时就被确定，导致了蛋白质缺乏，则我们可以100%确定会发展成某种疾病。对于多基因疾病，由于遗传知识来自人群研究，而环境在其中起着关键作用，因此不可能对特定个体是否会患上这种疾病做出准确预测。

如果你是青少年，你会想知道你的精神分裂症多基因评分吗？很难说这是否会有用。即使相对于其他人，你的得分很高，也无法确定你是否会患上精神分裂症。当然，多基因评分可以提供更强有力的论据，来反对服用产生不良作用的药物。

在本节结束时，我们还要指出，有趣的是，精神分裂症患者的父母或兄弟姐妹更有可能从事艺术或科学创作行业（Kyaga等，2013）。未患精神分裂症的成年人，如果精神分裂症多基因评分较高，这也表明他们具有艺术潜质或适合从事创意职业（Power等，2015）。这些数据与如下观点不谋而合：人们认为与精神分裂症相关的一些遗传变异可能导致各种形式的创造力倾向。毕竟，每片乌云都镶着一道银边，黑暗中总有一线光明。

5.3 双相情感障碍

我哥哥所患的疾病，当时被称为躁狂抑郁性精神病，现在被称为双相情感障碍，在人群中的平均发病率约为1%。双相情感障碍可以发生在任何年龄，尽管通常发生在20岁出头（和我哥哥一样），很少超过40岁。最初可能很难对此作出诊断，因为如果患者是从抑郁症开始的，所以不知道极性相反的症状是否会在以后发生。与孤独症和精神分裂症不同，许多研究发现，男性和女性患上双相情感障碍的可能性相同，但在其他研究中，女性更具代表性（Johansson等，2019）。双相情感障碍患者的自杀率是普通人群的10～30倍（Dome等，2019）。顾名思义，双相情感障碍有"两极性"——可能是一段时间，甚至几个月的临床抑郁症，接着是几个月的躁狂和多动症，接着又是抑郁症。这些不是我们大多数人经历的正常情绪波动，而是从一种临床状态到另一种临床状态的波动，在许多情况下，药物治疗会产生积极的反应。有时，当患者看到或听到不存在的东西，或确信不真实的东西时，双相情感障碍就可能与精神病有关了。这时，双相情感障碍与精神分裂症的一些症状重叠。

双相情感障碍的遗传力为55%～60%（Johansson等，2019），因此与孤独症和精神分裂症相比，群体的遗传变异所占比例较小，环境因素所起的作用更大。双相情感障碍的发作可能是由带来巨大压力的事件触发的，如关系破裂、某种形式的虐待或睡眠障碍。但同样的压力事件可能发生在没有双相情感障碍遗传倾向的其他人身上，但不会导致双相情感障碍。

到目前为止，GWAS追踪遗传变异的研究越来越多，特别有趣的是，在一项由GWAS驱动的对20000多名双相情感障碍患者和33000多名精神分裂症患者的大规模遗传学比较中，研究人员发现，两种疾病共享了114种遗传变异（Bipolar Disorder and Schizophrenia Working Group of the Psychiatric Genomics Consortium，2018）。其中许多基因参与了脑细胞间突触连接的构建和功能（Prata等，2019）。此外，在这两种疾病中还发现了四个不同的基因组区域。因此，遗传学反映了这两种疾病的不同临床表现——有很多相似之处，但也有一些明显的差异。

5.4 重度抑郁症

我们生活中都会有起起伏伏，如果有人刚刚失去了所爱的人，或者一段关系已经破裂，那么他们的情绪低落一段时间是很正常的。这不是重度抑郁症（MDD）。当你患上重度抑郁症时，阴暗的情绪就像波浪一样席卷而来，这种情绪似乎更多地来自内心：正常的睡眠模式被打乱，食欲发生变化，生活变得阴暗和忧郁，你对自我评价降低，你坚信这些阴暗的感觉将伴你终生。温斯顿·丘吉尔（Winston Churchill）称之为"黑狗"。患者个体在症状严重程度、治疗反应和结果方面差异很大。重度抑郁症可能是由一些压力事件触发的，一旦触发，情绪便一路向深渊滑去，而不会像大多数人在经历了一段艰难的生活后所感受到的情绪反弹。

全世界有3亿多人在与抑郁症做斗争，而从事学术研究的人面临的风险比普通人大很多。告诉重度抑郁症患者振作起来，看到光明的一面都是没有用的，因为这正是重度抑郁症病情不允许他们做的。抑郁使人筋疲力尽。除了给予患者持续的情感支持和友谊滋养外，重度抑郁症患者需要尽早去看精神科医生，医生很可能会开一些药物。幸运的是，现在已经生产出一些疗效非常好的药物，重度抑郁症患者谨遵医嘱按时服药很重要。一开始服药似乎没有多大帮助，因为某些类型的药物需要数周才能起作用。一旦重度抑郁症患者感觉好转，他们容易形成错觉，即现在他们已经康复了，他们不再需要那些讨厌的药片了，这是最危险的时刻。如果他们过早停止服用药物，他们往往会再次陷入抑郁。大家最好记住这点，抑郁症真是大脑的化学反应被搞乱了一段时间。这不是你的错，也不是你的选择——它只是突然降临到你身上，就像乌云滚滚，涌入你的脑袋。

在大部分时候，重度抑郁症患者都占世界人口的2%~4%，而在有些时候，重度抑郁症患者约占16%（Kessler等，2003）。因此，毫不奇怪，可用于探索遗传因素对该疾病的影响的人群越来越多。考虑到这种疾病的普遍性，获得大量数据并不困难，但确保对整个群体使用的诊断标准一致则可能更具挑战性。重度抑郁症的遗传力为31%~42%，因此，与本章提到的其他3种疾病相比，遗传变异对重度抑郁症群体中变异的贡献度似乎要低一些。也许正是出于这个原因，寻找与重度抑郁症相关的遗传变异一直是一个相当具有挑战性的课题。直到2015年，与重度抑郁症相关的两个遗传变异才为可靠证据所证实（Ledford，2015）。从那时起，探索的步伐一直在加快。GWAS研究了近25万名重度抑郁症患者，已发现与该疾病相关的遗传变异不少于102个（Howard等，2019），其中一些遗传变异参与突触通路，放大（"兴奋"）大脑信号（Howard等，2018），因此，不难理解，这些通路的减少将导致抑郁症。与精神分裂症一样，重度抑郁症也与DNA中的特定结构变体有关（Kendall等，2019）。因此，截至本书撰写时，搜寻相关遗传变异的工作才真正开始，已被识别的102个遗传变异很可能只是冰山一角，每个变异对患有重度抑郁症的总体风险贡献很可能微乎其微（Howard等，2019）。

从这些研究中得到的关键信息是，我们或多或少都携带着抑郁症的遗传风险因素。当这些因素达到某个临界点时，当某些环境输入达到某个水平时，就会导致重度抑郁症。同卵双胞胎之间的一致性约为22%——换言之，在大约四分之三的双胞胎中，只有一个人会患有重度抑郁症，而另一个则不会。一组特定的复杂变异基因不具有决定性，但在某些情况下会增加患有重度抑郁症的风险。在研究重度抑郁症方面，多基因评分分析仍处于早期阶段，但到目前为止，如果你的多基因评分位于所有评分的前10%，那么你在人生的某个阶段患有重度抑郁症的可能性是评分位于后10%的两倍多一点（Wray等，2018）。这听起来可能有点耸人听闻，但请记住，全世界重度抑郁症总体发病率为2% ~ 4%，因此这可能只是在告诉你，在你所在的特定人群中，你一生中某个时候患有重度抑郁症的概率只是从2%（比方说）上升到5%，这还不算太坏。

一些研究表明，重度抑郁症与精神分裂症和双相情感障碍的基因变体之间存在显著重叠，这些报告指出了这些疾病发展过程中的一些常见生物学途径，重点是大脑的某些特定部位（Wray等，2018）。到目前为止，研究结果表明，基因调控过程比编码普通蛋白质的基因更重要。例如，在重度抑郁症患者中发现的一个突变，也在精神分裂症患者中发现，这种突变与基因的选择性剪接有关。正如第2章所述，选择性剪接可以从单个基因产生许多不同的蛋白质，因此这种机制的改变很可能导致许多下游效应。除了这些发现外，我们现在已经非常清楚，人体并不存在"抑郁症基因"，抑郁症是许多基因共同作用的结果，每个基因对总体风险因素的影响都很小。因此，抑郁症不具"遗传性"，但在一些多代家族史中，抑郁症的患病率可能略高于其他家族，这仅仅是因为相关遗传变异累积得更多。随着世代的延续，这种"风险增加"的遗传变异将很快消失，当然，前提条件是，你嫁娶的人性格开朗，没有明显的重度抑郁症倾向。

5.5 阿尔茨海默病

到目前为止，所有受关注的疾病都有向30岁以下的人群中蔓延的趋势。阿尔茨海默病（Alzheimer's disease，AD）则相反，通常只影响70岁至80岁的人群。在65岁以上的人群中，患阿尔茨海默病的风险每5年翻一番。阿尔茨海默病占所有成人痴呆症病例的三分之二。2015年，全世界有近5000万人患有痴呆症，由于人口老龄化，预计到2050年，这一数字将超过1.3亿人（Drew，2018）。然而，在英国和其他发达国家，自1990年以来，阿尔茨海默病的发病率实际上有所下降，这可能得益于教育、营养和生活方式的改善。许多研究表明，受教育越多，晚年患阿尔茨海默病的概率就越小。女性阿尔茨海默病的发病率大约是男性的两倍，这种差异并不是因为女性预期寿命更长，造成这种差异的原因尚不清楚。

在阿尔茨海默病初期，患者出现行为上的细微变化，记忆丧失逐渐增多。随后，患者认知能力缓慢、持续地下降，伴随着越来越显著的行为变化，直到人们曾经熟悉的那个人变得陌生。阿尔茨海默病与大脑中的各种化学和结构变化有关，脑细胞连接逐渐丧失，并在其最后阶段出现大脑实际萎缩，最终导致死亡。阿尔茨海默病症状开始显现前的10～15年，大脑就已经开始发生变化了，特别是β–淀粉样蛋白网的积累。

有许多风险因素可能引发阿尔茨海默病，原则上这些因素是可以改变或治疗的（Sohn，2018），其中包括糖尿病、肥胖、抑郁症、吸烟和教育程度低。运动和地中海式饮食（以五谷杂粮、水果和蔬菜以及鱼类和橄榄油为主）是预防阿尔茨海默病的手段，已得到推广（Horder等，2018；Lourida等，2019）。结婚似乎也会带来不同。对15项不同研究的综述表明，与已婚者相比，单身者晚年患痴呆症的概率多45%（Sommerlad等，2018）。但我们这里关注的是遗传学。

通常情况下，阿尔茨海默病的遗传力在60%~80%之间，但我们应该谨慎对待这个估值，因为它取决于具体的测量方法。在瑞典的一项双胞胎研究中，其遗传力估值为74%，同卵双胞胎之间的一致性为67%，而非同卵双胞胎之间的一致性为22%（Gatz等，1997）。换句话说，如果你从至少有一个人患有阿尔茨海默病的大样本中随机挑选老年同卵双胞胎，那么在三对双胞胎中，有两对双胞胎全部都会患有阿尔茨海默病。当然，你也可以看出这样的问题：也许未患阿尔茨海默病的那个双胞胎随着年龄的增长也会出现患病的情况。而且其他研究大致认可这一假设，因此这个假设可能是正确的。

阿尔茨海默病与本章目前讨论的其他疾病不同，早在1993年，在GWAS研究之前，就发现了一种被称为载脂蛋白E（ApoE）的单一遗传变异，该变异与阿尔茨海默病密切相关。2007年，DNA双螺旋的共同发现者吉姆·沃森（Jim Watson）已经79岁高龄，在完成他的基因组测序后（这是第一个花费不到100万美元进行测序的基因组），他很高兴地公布了完整的序列，但只有一个小片段除外（Check，2007）。哪一个片段？编码ApoE的片段。为什么？嗯，其中一个被称为变体4的ApoE基因在阿尔茨海默病患者中出现的频率比其他人群高40%。拥有两个ApoE4拷贝会使阿尔茨海默病的终生风险高达80%。由于吉姆·沃森的祖母患有阿尔茨海默病，他非常敏感地不希望任何人知道他的ApoE序列[7]。

阿尔茨海默病协会建议不要进行基因测试，因为基因测试将揭示个体是否携带一个或两个ApoE基因拷贝。弗洛拉·吉尔（Flora Gill）是已故作家A. A. 吉尔（A. A. Gill）和政治家安伯·拉德（Amber Rudd）的女儿，她的祖父患有阿尔茨海默病。她接受了测试，但令人遗憾的是，测试显示她自己有两个ApoE4拷贝[8]。弗洛拉·吉尔写道："现在我知道了测试结果，只要一提到阿尔茨海默病，无论是电视上出现的人物还是朋友讲述的故事，我就特别在意，似乎每个故事都让人感觉那像是我未来生活的一部分。"

ApoE基因起什么作用？它负责胆固醇的运输。胆固醇是一种存在于血液中的脂肪物质，大多数人都听说过，如果摄入过多的胆固醇，就会引起动脉粥样硬化（动脉壁上的脂肪沉积），带来中风和心脏病的风险。可以想象，ApoE4在1993年被认定为阿尔茨海默病风险因素后，有大量研究阐明了其在阿尔茨海默病发展中的作用。但是，与阿尔茨海默病的许多其他风险因素一样，尽管我们已做了大量研究，但还不足以清楚地探明它如何与许多其他遗传变异共同作用，从而导致阿尔茨海默病的发展。

与本章中谈到的其他疾病一样，现在我们通过GWAS识别出了许多其他基因变体，它们与阿尔茨海默病有关，但与ApoE4不同，它们对群体总体差异的贡献非常小。研究者已经发现了几十种重要的变体，并积极探索哪些"重叠率"至关重要（Escott-Price等，2017；Giau等，2019；Lutz等，2019）。重叠率的总体"模式"提供了一些关于阿尔茨海默病最初如何发展的重要线索。还有其他遗传变异可以保护人们免受阿尔茨海默病的困扰。如第4章所述，有一种基因变体在冰岛人中很常见，即使只有一个变异基因拷贝的人，也有5倍多的可能性会活到85岁而不患上阿尔茨海默病。

还有一种早发型阿尔茨海默病，它非常独特，是由三种突变基因中的一种导致的。突变基因是"显性基因"，也就是说，只需要一个拷贝加上一些其他因素（Lacour等，2019），就足以导致早发型阿尔茨海默病的发展，通常是在患者40多岁时。这意味着，如果父母中的一方拥有突变基因，平均50%的后代将遗传该疾病，因为50%的后代将遗传"坏"拷贝，50%的后代将遗传"好"拷贝。早发型阿尔茨海默病患者在20多岁和30多岁时，已经在大脑中形成了淀粉样β斑块，这被认为在疾病的发展中起着关键作用。幸运的是，在所有被诊断为阿尔茨海默病的患者中，只有不到 1%的人患有这种早发性疾病，而且由于其主要的传播方式，突变往往在当地人群中积累。

其中一个早发性突变基因可能在大约375年前随西班牙征服者来到南美洲，现在影响到安蒂奥基亚（Antioquia）的大约25个大家庭。安蒂奥基亚是哥伦比亚西北部的山区，遍布咖啡种植园。由于具有突变基因的个体很有可能患上阿尔茨海默病，该地区的家庭正积极配合一项深入研究的项目，以研究其发病方式，最终将使所有患有这种致残性疾病的人受益（Reardon，2018）。早发型阿尔茨海默病为药物治疗提供了独特的机会，以确定药物治疗是否能预防阿尔茨海默病的发生。尽管制药行业做出了巨大的努力，但到目前为止，仍然无法实现这一目标。

5.6 关键信息

我们回顾了遗传学在5种主要精神疾病发展中的作用，强调了精神病遗传学的一些关键原则。第一，需要注意的是，遗传多样性在疾病遗传力中所起的作用差异很大。在孤独症患者中，遗传力非常高：如果某些基因变体存在，那么就会导致孤独症。如果一个同卵双胞胎患有孤独症，另一个一定也会患有孤独症，他们在很小的时候就有很明显的症状了。然而，对于后来才发展的疾病，如精神分裂症，特别是双相情感障碍和重度抑郁症，遗传力则更低，同卵双胞胎之间的一致性更低——精神分裂症为50%，重度抑郁症约为25%。阿尔茨海默病则完全不同，同卵双胞胎之间的一致性高达67%。因此，在这些疾病中，遗传变异发挥的作用不同，拥有的最终发言权大小不同。基因的确造成了巨大的差异，但这些差异的大小在很大程度上取决于其他因素，这些因素在生命中不断积累，环境诱导的表观遗传变化很可能是关键因素。

第二，除了罕见的特殊情况外（如晚发型阿尔茨海默病中的ApoE4基因，以及早发型阿尔茨海默病中的突变基因），在不同的疾病中，有数百种遗传变异参与了群体变异，每一种都只产生微小的差异。同样，也有一些遗传变异是保护性的。大脑是一个高度复杂的器官，因此数以百计的基因参与其中，导致大脑调节异常也就不足为奇了。

第三，在不同的疾病之间，例如孤独症、精神分裂症和双相情感障碍之间，存在着共同的遗传变异（Smeland等，2019）。事实上，在过去十年中，研究人员因为发现这些疾病有这么多种共有的变异基因，而感到相当惊讶。这可能意味着，在早期发育过程中，有一些"调节模块"参与了突触连接的形成，其中一些模块在不同的疾病中同样也导致功能障碍。但相应地，不同疾病的遗传变异的总集明显不同，因此每种疾病有着不同的临床特征。

第四，本章中选择这些疾病部分原因是为了说明，在行为遗传学的某些医疗条件下，我们在很大程度上是基因的奴隶，但在其他条件下，我们不是基因的奴隶。如果患上了孤独症，就我们所知，目前无法改变这一状况。但显然，在谱系的另一端（以及生活的另一端），如阿尔茨海默病，那么在饮食、锻炼和认知方面的终身身心自我护理，以及一生中的个人选择似乎确实能起到预防作用。同样地，我们永远不能"责怪"患上这种疾病的个人，因为我们永远不知道在个别病例中，环境因素可能起了什么作用。遗传学是基于人口平均值和概率的。对于本章提到的其他疾病，比如精神分裂症，选择服用某些改变精神的药物似乎在某些情况下发挥了作用。第11章将继续讨论基因决定论，以及它与自由意志的关系。

尽管从现在起，事情应该会在总体上有所好转，但本章的内容趋势有点令人沮丧。但是医学行为遗传学具有巨大的价值，可帮助我们理解遗传变异在人类群体中各种行为中的作用。

第6章 基因、教育和智力

1980年，博比·摩尔（Bobby Moore）在一场发生在休斯敦的抢劫案中枪杀了一名73岁的职员，他在得克萨斯州被判决为死刑。2014年，得克萨斯州法院根据现行医疗标准判定摩尔有智力残疾——证据包括他的智商分数很低，以及他在青少年时期无法说出时间和一周中的天数。在美国的一些州，精神残疾必须包括智商低于70才能免于死刑。智商低于70的人会被免除死刑，智商高于70的人会被判决死刑。因此，在世界上的一些地方，智商的准确测量可能是生死攸关的问题。在本案中，美国最高法院与得克萨斯州法院就这一问题展开了斗争，经过几十年的斗争，2019年末，摩尔的死刑最终被改判为无期徒刑，原因是摩尔有智力残疾[1]。

一般来说，人们非常乐意更多地了解遗传学阐释第5章所述疾病时的作用。如前所述，遗传学对某些疾病的解释让许多父母松了一口气，因为他们意识到，孩子"出乎意料"地患上孤独症，并不是父母的错。但当说到遗传学在智力和教育成就中的作用，或者说遗传学在刑事司法案件中的智商测量中的作用时，突然之间，基调发生了变化，人们的不满情绪也随之上升。这是可以理解的。这个话题使人想到了令人讨厌的与优生相关的历史，甚至到了今天，正如我们将在后面讨论的那样，有些人仍希望遗传学应该在教育政策中发挥作用，当然，在我看来这是错误的。但就目前而言，我们更应该专注于科学，看看这会把我们引向何方。

6.1 智力是什么?

"很少有概念像人类智力那样神秘又有争议。其中原因是,尽管这个概念已经存在了几个世纪,但对于一个人聪明或一个人比另一个人更聪明到底意味着什么,人们仍然没有达成共识。"(Davidson and Kemp, 2011)事实上,智力的各种定义至今仍有争议。在寻找顶尖科学家时,"情商"并不总是位于个人品质的首位。事实上,有些人可能会觉得,智商和情商之间存在着相反的关系——但这肯定失之偏颇了!在韩国,更受重视的可能是与nunchi(类似于察言观色)相关的智力,nunchi是一种感知人们在想什么,并学习如何预测他人需求的艺术[2]。2500年前,这一思想与孔子的教义一起传入韩国,现在已成为一种成熟的文化实践。我想,在韩国nunchi得分低,可能对应着西方国家想象出来的情商量表的低分数。

虽然人们认识到很难就"智力"的定义达成普遍一致,但事实上,在西方教育体系中,衡量智力的重点是评估分析技能(如语言灵活性)、逻辑数学技能和解决问题的能力,准确地说,这套技能有助于个人通过西方教育取得良好发展,或在对申请人进行心理测量测试的公司获得一份好工作("心理测量"只是指目前可用于评估认知和其他能力的一系列测试)。当然,在西方国家,智力在很大程度上与一个人的认知能力有关。然而,"总体情况是,来自世界不同地区的人对智力的定义和感知不同,这些差异在很大程度上来源于长期存在的文化传统"(Ang等,2011)。

这一切都与智力测量密切相关,因此也与智力遗传学密切相关。而这又与一个更广泛的讨论有关:什么是"特征"?"特征"是一种本地文化的建构还是真正具有普遍性的表现?这些问题又引起了广泛的讨论。标尺不能用于测量未知尺寸的不可见实体。事实上,有许多不同的"智力",

即能力系统,而只有少数的"智力"可以通过下面讨论的标准心理测量技术来测取。

6.2 智商和智力测试

IQ是智商的缩写,这个缩写出现很长时间了,现在仍然存在,有些地方用得比其他地方更多。在过去的一个世纪里,理论家和商业测试公司开发了数百种智力测试。学校和大学、军队、政府和雇主出于各种原因(包括临床诊断、学校入学、绩效评估和测试工作适合性)使用智力测试,特别是在美国。在美国,智力测试分数会对生活产生巨大影响:智力测试分数可能意味着一个人能否获得大学学位、能否得到一份工作。如前所述,智力测试分数甚至可能关乎生死。尽管智力测试受到一连串的批评,有些人质疑IQ测试的全部原理,但许多国家与美国一样,对智力测试乐此不疲,特别是在发展中国家,那里迫切需要有效利用有限的公共教育资源和就业资源。在英国,IQ测试基本上是过去的历史,除了用于学术研究和某些导致认知障碍的疾病诊断外,IQ测试不再受到追捧。

IQ测试想要测量什么?IQ代表"智商",但实际上IQ不是一个商,这有点令人困惑。我们已经简述过IQ的历史(Murdoch,2007;Urbina,2011)。简言之,IQ测试就是使用几种不同类型的测试(通常是十几种语言和非语言测试)来获得"心理认知分数",该分数与参加特定测试组的群体所获得的特定分数的平均值相比较。然后将该分数除以该人的实际年龄,再乘以100,得到IQ分数。那么假设我16岁,我的心理认知分数是16岁的人的平均值(100),那么我的IQ分数就是:16/16 × 100=100。换句话说,智商为100的人对于这个群体来说完全处于平均值水平上。假设我仍然16岁,但现在我的心理认知分数与22岁的人相当——我的智商现在将超过130，我将进入群体的前2.5%，并有资格加入顶级智商俱乐部——门萨俱乐部（MENSA）。智商低于70的人将排在最后2.5%。现在明白为什么智商不是"商"了吧，它只是指用一个数字除以另一个数字时得到的结果。更确切地说，这是一种比较方法，将做某组测试的能力与其他特定年龄段的人做相同测试的能力进行比较。只有少数测试组仍然沿用历史习惯（尽管其中一些是最常用的），将获得的测量值作为IQ分数，确保了IQ术语延续下来。

在今天的智力测试中，有一系列测试可供选择，有些是为临床使用而设计的，有些是为普通成人使用而设计的，有些则是为儿童使用而设计的。每个测试组由10到20个子测试组成，每个子测试包含多个问题。有些问题需要定时回答，有些则不是。每个子测试测量智力的不同方面，如视觉一空间推理或短期记忆；子测试结果汇总起来，将得出特定智力领域的分数，如感知推理或理解能力。智力测试中没有大家达成共识的必须使用的子测试集。相反，现代的子测试是基于测试设计者使用的特定理论模型设计或重新使用的。在智力理论和智力结构上缺乏共识是众多智力测试共存的主要原因，尽管许多测试是相似的或有重叠的部分（Gottfredson and Saklofske，2009）。

智商分数经常被误解或误传，因此值得总结一下最常见的误解。第一，IQ分数不是固定或绝对的分数，因此IQ分数没有内在或绝对意义——IQ分数完全基于与标准化组的比较。因此，智商值大约每10年变化一次，这取决于基于标准化组对智商进行的重新校准，这样，平均智商仍然保持在100，如果你碰巧在美国一所州立监狱中，智商值被用来决定是否执行死刑，那么，这一点尤为重要[3]。第二，标准化组必须代表测试者，否则测试结果将毫无意义。例如，如果使用50岁大学毕业生的标准化组而不是15岁学生的标准化组来计算，15岁孩子的智商分数会低很多。第三，智力测试分数本身只描述了测试者在测试时的认知能力。如果没有更多的信息，它无法说明分数在多大程度上取决于遗传或环境影响。第四，智商分数无法预测特定个体未来智力的潜在发展。例如，受不利环境因素（如儿童营养不良）影响的人，如果其环境条件改善，可能以后会获得更高的IQ分数。第五，为达到历史一致性，IQ分数会重新标准化，如此IQ分数似乎具有直接可比性。但是，应小心比较在不同测试中获得的分数。尽管已经证明，由于其部分测试题重叠，测试组之间的相关性非常高，但每个测试组测量的是认知能力中有着细微区别的不同方面（Urbina，2011）。

从事神经发育领域工作的大多数人认为，当试图理解儿童之间的差异以及一些儿童学业不佳的原因时，智商并不是一个特别有用的概念。相反，大多数研究者倾向于研究特定的认知技能，如工作记忆、执行控制、注意力、特定语言技能和语音技能。这些技能更直观地解释儿童的学习差异，在大多数情况下，它们能更好地预测儿童学习的特定方面，并且，研究者对提高这些特定技能的认知过程和神经过程有了更好的认识，从而最终为干预提供了更好的目标[4]。

6.3 一般智力或"g"

智力测试引发了许多争议，其中之一是"一般智力"（称为"g"）的测量，现在通常被称为"一般认知能力"（Plomin等，2013a；Bouchard，2014），并且这一争议将继续存在。这一争议的起因是这样的：因为测试结果相互关联，而g是衡量不同测试结果关联程度的指标。事实上，尽管所有测试都相互之间存在正相关性，但（例如）空间与语言能力的测试比其他测试（如非语言记忆测试）之间的相关性更高（Plomin等，2013a）。一些测试在某种程度上比其他测试对g的贡献更大，这与被评估的认知能力有关；例如，与简单的感官辨别等不太复杂的认知过程相比，抽象推理可以更好地评估g值。假设有一个矩阵，其中包含一系列心理测量测试的值，这些测试测量了认知能力的不同方面；现在我们来测量所有不同测试值之间的相关性——最高的相关性组对g值的贡献最大。

因为g值在童年后具有长期的稳定性，它比任何其他行为特征的稳定性都要高，所以g的有效性得到了提升（Deary，2012）。此外，对不同人群（包括分开抚养的双胞胎）使用不同的智力测试，得出了相同或几乎相同的g值。g值还与许多生活结果呈正相关，如良好的健康、职业地位和教育程度。从表面上看，最后一个因素并不十分令人惊讶，因为西方教育体系在很大程度上恰恰依赖于心理测量测试所测量的认知能力，而心理测量方法对迈入美国大学必须通过的各种考试的结构也产生了重要影响。此外，动机对年轻人的测试成绩有很大的影响（Duckworth，2011），动机低的人在心理测量测试中得分较低，从而无法进入最好的大学，因此，得分较低可能反映了一种"自证预言"（self-fulfilling prophecy）。如果不同的动机受到遗传变异的影响（已有一些证据证明），那么智力测试结果的遗传力可能更多地与动机有关，而不是与智力本身有关。

那么，g到底代表什么？没有人真正知道。很明显，它代表了一种统计结构：代表了能力相关性，由心理测量智力测试获得的某些分数来评估。一些理论侧重g的一个主要机制，如大脑信息处理的速度，而另一些理论则侧重不同认知能力的组合。尽管在这类人体研究中很难建立因果关系，但有大量的报告显示，g值与大脑解剖的各个方面之间存在相关性。例如，脑细胞薄层的精确厚度及其大脑顶部表面的突触连接往往因人而异。现在可以使用脑部扫描技术来测量这种厚度——称为"皮质厚度"。一般智力与皮质厚度之间存在相关性，这种相关性涉及遗传变异（Schmitt等，2019）。其他研究者指出，脑细胞功能的特定特征可能有助于提升g

值水平（Geary，2018）和大脑处理的相对速度（Schubert等，2017）。这类研究还有很多，但问题是，测量到的生物差异是因为测试者是一位高成就者，从而会充分使用大脑的认知能力，还是说早期发育过程中产生的大脑差异是对高水平的遗传信息输入做出的反应，或者两者兼而有之？当前理论的分歧反映了神经科学目前缺乏关于测量出来的认知能力差异与大脑机制差异之间如何互相对应的知识。但是，考虑到"智力"作为一种特征的复杂性（如果可以将其视为一种特征的话），以及大脑的复杂性，最有可能的解释是，认知能力差异背后存在着的大脑机制相当庞大。

6.4 智力的遗传力

几十年来，心理测量测试的主要对象——IQ和一般智力——的遗传力一直是研究遗传变异在智力中的作用的重点。正如前文所述，这些参数在多大程度上可以等同于广义上的"智力"还有待商榷，但由于遗传学在心理测量测试成果文献中占主导地位，因此，遗传力仍将是本节的重点。

结果充满了惊喜。首先，让我们比较一下体重的遗传力。5岁儿童的遗传力为95%，但成年后遗传力下降，直到50岁时达到60%左右。这是因为随着年龄的增长，人们会选择自己的食物摄入量和锻炼量，因此环境因素变得更加重要。遗传因素当然不会消失，我们将在第8章中进一步讨论，但它们在人群中的差异比例将越来越小。

现在我们把体重与智商比较一下。生物特征测试可以在4～5岁的儿童身上开始使用，这个年龄段的儿童，IQ的遗传力大约为22%。16岁时，遗传力为62%，50岁时约为80%（Sauce and Matzel，2018）。所以，至少就遗传力而言，这个趋势与体重正好相反。这是怎么回事呢？第3章中提到的基因与环境（G×E）相互作用可能是一个线索。读者还记得吗？这种相互作用有两个方面。第一个方面是基因与环境之间的相关性。因此，如果幼儿在智力方面存在一些小的差异，随着他们的成长，在进一步增强他们认知能力的环境中生活的孩子将更加聪明。相反地，那些小时候就不那么聪明的孩子最终会生活在认知能力增强程度较低的环境中。因此，我们的观点是，在早年造成微小差异的基因差异，在随后的生活中由于个人对环境的选择差异而变得更大。我们喜欢做我们喜欢的事情是因为我们的身份，而我们的身份在一定程度上取决于我们特定的基因组，因此当我们在生活中选择我们喜欢做的事情时，这往往会放大遗传效应。

G×E相互作用的第二个方面是儿童成长过程中对环境变化反应的类型不同，这反映了他们自己特定的基因组。因此，随着年龄的增长，环境变化将再次放大基因对群体遗传力的贡献，因为越来越多的G×E相互作用放大了这些遗传差异的作用。例如，不同的孩子对学校里的朋友（或缺少朋友）或对在校经历或对同龄人的社会经济地位的反应不同。因此，基因的直接作用并不是基因影响智力的唯一方式；基因的间接作用，即通过两种G×E相互作用，也很重要。

毫无疑问，随着年龄的增长，IQ值不断增加，再加上不同国家不同社会经济环境和其他环境变量的对比效应，世界不同地区报告的IQ遗传力将出现很大差异。一份报告描述了对200多项研究进行的元分析，这些研究评估了智商的遗传力，包括双胞胎、家庭研究和收养研究，涉及50000对以上的亲属，得出的结论是：智商的遗传力为34%（Devlin等，1997）。正如作者所言，所有这些研究都强调，环境因素在给定群体的智商变化中发挥了很大一部分作用。例如，在德夫林（Devlin）的研究中，建模表明，子宫内环境是导致所研究群体出现可见变异的一个重要因素（Devlin等，1997）。考虑到智商测量与"一般智力"之间的密切统计联系，g的遗传力估计值与智商的遗传力估计值大致在同一范围内，这一发现丝毫不令人奇怪，尽管精确值依然取决于使用哪种特定方法。

正如第3章所言，在任何情况下，最令人感兴趣的不是精确的遗传力，但遗传力不为零这一事实确实表明，遗传变异对于通过心理测量测试产生的IQ值和g值在人群中存在的差异起着重要作用。当然，根据第3章所述的发育生物学知识，这些测量结果并不奇怪。鉴于基因组中的大多数蛋白质编码基因在大脑发育的不同阶段都有表达，如果个体间的基因组变异对一个人的认知能力没有任何影响，这才令人惊讶呢。值得注意的是，在个体层面上，复杂的人类行为特征，包括"智力"，可以100%被认为是受环境和遗传信息的综合影响，它们的相互作用形成了独特的有着行为特征的人类个体，而这些行为特征在群体中测量时是因人而异的，如第4章所述。IQ和g的遗传力测量值强调的正是这一事实。

环境在改变IQ值方面有强大影响，许多关于IQ的收养研究很好地证实了这一点。例如，在法国一项收养研究中，一群平均智商为77的贫困儿童在4~6岁时被收养（Duyme等，1999）。当他们进入青春期，再次测量智商时，他们个体的值与收养前值显示出显著相关性，这与他们的变异基因组的作用一致。但最令人感兴趣的发现是，智商的平均增长取决于收养家庭的社会经济地位——社会经济地位低的家庭，收养儿童平均智商增长7.7分，而社会经济地位高的家庭，收养儿童平均智商增长19.5分。这个结果出人意料。正如研究者指出的（Sauce and Matzel，2018），相较美国成功的大学毕业生的智商比平均水平高出15分，平均智商增长了近20分可谓相当显著。

同样，对来自多个国家的62项研究（总计18000名收养儿童）进行的元分析发现，在收养几年内，这些儿童的平均智商提高了17.6分（van Ijzendoorn等，2005）。就平均智商的差异而言，这类研究（还有许多其他研究）指出了环境在影响智商值方面的显著作用，因此智力的生物特征测试的结果不应被认为是终身不变的。遗传变异与早期发育生物学似乎在很大程度上与IQ值的"可能范围"有关，而IQ值是对一生中不同环境经历的反应。

这些收养研究的结果显示了在解释收养数据时所面临的诸多挑战之一。一个复杂因素来自所谓的"全距限制"（range restriction）（Joseph，2010）。养父母是经过特别挑选的，因此不具有代表性。例如，收养机构可以选择希望收养孩子的家庭（如设立严格的收养标准），另外还要加上收养家庭的收养决定，以及是否允许他们的孩子参与收养研究的决定。就被收养儿童而言，许多儿童来自单身母亲，在出生后几个月或几年时间直至被收养前，他们的母亲由于在经济和教育上处于不利地位，无法很好地抚养子女，因此其子女可能会得到"不良产科护理"（Rutter，2006）。此外，与普通人群相比，被收养者这一群体被诊断为精神障碍的风险往往更大。

我们可以借助1981年艾森克（Eysenck）和卡明（Kamin）提出的拳击手例子来理解。根据体重，拳击手被分为不同的等级。鉴于拳击比赛只能在体重相近的拳击手之间进行，因此体重与拳击成功之间的相关性必然较低。就养父母群体而言，他们似乎都属于重量级群体，因为他们被精心挑选出来，代表了一个相当特殊的家庭类别，所以这将导致在收养家庭中观察到的亲子智商相关性较低。但如果选择贫困家庭收养，那么相关性可能会更高。如果我们据此错误地推断智商与养父母之间没有内在联系，那我们就完全错了。因此，即使是收养的孩子，在个体上与他们的亲生父母的相关性也可能比与养父母的相关性更高，但作为一个群体，他们实际上可能更类似于他们的养父母而不是亲生父母，这正是上述研究所表明的。

"因此，像行为遗传学家经常做的那样，关注亲子关系而不关注群体的平均智商差异，可能会对遗传和环境因素对智力的潜在作用产生误解。"

（Joseph，2010）

　　研究者已经发现许多环境变量与智商差异相关。例如，位于阿尔伯克基的新墨西哥大学的克里斯多弗·埃皮格（Christopher Eppig）领导的一项研究表明，传染病可能是影响大脑成熟的关键因素，从而影响智力测试的结果（Eppig等，2010）。埃皮格使用了来自非洲、亚洲和太平洋地区192个国家的数据，评估了世界卫生组织（WHO）关于28种最常见传染病所导致疾病数量的统计数据。142个国家提供了有关智力测试的数据，研究人员由此估计这些国家之间平均测试分数的差异有68%可归因于儿童感染水平。这一相关性在所有测试变量中最强，其他测试变量包括教育水平、营养不良和国内生产总值。在这种情况下，虽然相关性并不等同于因果关系，但这些发现说明IQ、g和环境因素之间具有相关性。除此之外还有很多其他例子可以引述。

　　另一项被称为"弗林效应"（Flynn effect）的观察，也引发了关于遗传变异和环境变化对智商测量结果的相对影响的讨论。"弗林效应"观察结果表明，在过去半个世纪或自IQ测量可用以来，不同国家的平均IQ一直在稳步上升（Flynn，2012）。例如，在过去的半个世纪里，美国人的平均智商以每年0.3分的速度增长。世界各地也观察到了同样的趋势。1989年至2002年，韩国儿童的智商增长率是美国的两倍（Flynn，2012）。巴西（1930—2002年）、爱沙尼亚（1935—1998年）和西班牙（1970—1999年）城市儿童智商增长率与美国的增长率相似。在IQ测试中，只有使用相同或高度相似的测试方式，结果才有意义。1952年至1982年，从瑞文推理测验（Raven's Progressive Matrix）中选择40个项目进行测试，荷兰年轻男性IQ值增加了20分。瑞文推理测验是一种广泛使用的智力测试，测量所谓的"流体智力"，即在没有事先学习解决方法的情况下，当场解决非语言问题的能力，通常与"晶体智力"形成对比，晶体智力即运用已经获得的知识的能力。这一点特别令人感兴趣，因为瑞文测试在很大程度上独立于文化差异。不能因为被测试群体比他们的祖先更早熟，所以就忽视了荷兰研究的成果。

人们已经提出了许多理论来解释弗林效应（Hunt，2011）。很明显，变化发生得太快，遗传变异无法发挥作用：相对于群体遗传多样性发生重大变化所需的时间长度而言，半个世纪非常短暂。詹姆斯·弗林（James Flynn）本人更倾向于将工业革命作为"终极原因"来解释这些变化，一起发挥作用的还包括"工业革命的社会影响，如更正规的学校教育、更高认知要求的工作、更具挑战性的休闲活动、更高的成人与儿童比例、亲子活动更丰富"（Flynn，2012）。弗林认为，使用瑞文测验后人们取得的巨大成就表明，这些年里，人们已经学会了如何更具体、更抽象地解决问题。

为了进一步解释弗林效应，研究者进行了一项大规模分析，该分析基于31个国家的400万测试者参与的271项独立IQ测量的结果，时间跨越一个世纪（Pietschnig and Voracek，2015）。研究者得出结论，弗林提出的基因与环境之间的相互作用，以及教育和营养的改善，是最可能的解释。在当前的社会背景下，最主要的一点是，人们的智力测试平均值并非一成不变，强大的环境影响正在发挥作用。从现实角度来看，美国法院在评估死刑犯的智商值时已认真对待弗林效应（Flynn，2012）。

总的来说，我们必须承认，群体中的遗传变异会对生物特征测试（会产生诸如IQ和一般智力这样的值）中获得的数值产生影响。但我们同样也必须承认，环境差异所起的巨大作用，特别是G×E相互作用，也至关重要。与往常一样，这是一个两者"兼而有之"的问题，而不是"非此即彼"的问题。

6.5　智力的分子遗传学

如果上一节总结的发现是正确的，那么我们应该能够从生物层面测量并识别出导致特定人群智力变化的遗传变异。直到最近，这些研究才开始在一定程度上确定已识别的基因变体确实有助于智力的整体遗传力（Sniekers等，2017；Savage等，2018）。与行为遗传学领域经常出现的情况一样，早期研究的群体数量过小，根本不足以发现与以各种方式测量的智力（包括智商）变异存在显著关联的遗传变异。

现在情况已经改变了。例如，一项研究探讨了超过25万经过基因分型的人的一般智力（g）的变化情况（Savage等，2018）。该研究发现了205个包含SNPs的变异DNA区域，这些SNPs与这个庞大群体中个体的智力变异有关。随后，基因图谱研究识别了1016个与群体变异有关的基因（请记住，SNPs是可能包含多个基因的DNA区域）。这听起来像是一个很大的数字，但读者还记得吗？我们身体中至少有一半的蛋白质编码基因参与了大脑发育，因此，如果最终有数千个变异基因参与了群体智力的变异，这也就不足为奇了。但要获得这样的数据集，可能需要研究数百万或更多的人。

除了确定大量变异基因外，这项研究还发现了一些有趣的观察结果（Savage等，2018）。有了如此大量的已识别基因，就有可能将它们映射到先前确定的涉及大脑特定功能的基因中。研究表明，这一大组基因与脑细胞复制、突触形成、大脑发育的调节和神经系统的其他功能有关，这完美论证了基因有助于提高大脑功能。

这一组被识别的变异基因也包含了一些与其他行为特征密切相关的基因子集，无论是正相关还是负相关。如其与受教育程度有很强的相关性，这也许并不令人惊讶。智力对精神分裂症有很强的抵制作用，这意味着那些拥有大量智力基因变体的人患精神分裂症的可能性更小。研究发现，高智商与患孤独症的风险相关，但对阿尔茨海默病的发展有抵制作用。在另一项研究中，与高智商相关的基因也与双相情感障碍的发展有关（Smeland等，2019），我哥哥可能就是因此患上这种疾病的。所以，这类研究有助于完成与健康和疾病有关的不同大脑通路的研究这一具有挑战性的任务。

6.6 受教育程度遗传学

在所有研究中，受教育程度（educational attainment）都被定义为完成学业的年数，包括大学在内。据估计，受教育程度的遗传力为40%（Rietveld等，2013），英国人大学考试成绩的遗传力为57%（Smith-Woolley等，2018），所以很明显，遗传变异对人们接受教育的时间长短起到了作用。到目前为止，研究者使用GWAS研究25万多人，以识别74个与受教育程度相关的不同DNA区域，也就不足为奇了（Okbay等，2016）。这些区域中有许多参与了胎儿大脑中基因表达的调节。候选基因会在神经组织中优先表达，特别是在产前，并参与神经发育的生物学通路。正如上面提到的一般智力相关性研究所论述的，与高学历相关的基因同认知能力的提高（这并不奇怪），与双相情感障碍风险的增加，以及与阿尔茨海默病风险的降低高度相关。

在最近的一项研究中，研究者将研究对象增加到110万人，发现了不少于1271个与受教育程度有关的SNPs，这个结果在男性和女性之间几乎相同（Lee等，2018）。许多新发现的基因变体参与脑细胞之间的交流过程。把它们所有的贡献赋权加起来，多基因评分为11%，这意味着，到目前为止，1271个SNPs可以解释欧洲血统人口受教育程度差异的11%。然而，研究者指出，GWAS评分可能会做出过高的估计，因为它们没有考虑前文提及的G×E效应，例如，环境影响会放大遗传效应。此外，与智力和教育水平提高相关的SNPs在不同的人群中也有很大的差异，所以多基因评分也会因SNPs的来源而有很大的差异。这时，请记住，受教育程度的总遗传力是40%，如果这一数字是正确的，那么多基因评分从11%到40%还有很长的路要走，这表明，最终可能需要大约5000个相关SNPs才能获得完整的遗传评分。正如前文所述，基因组的很大一部分是为大脑发育提供信息的，所以这么大的数字并不出人意料。

这项研究的另一个有趣的结果是，许多被识别的SNPs与GWAS研究识别出的与强化教育相关的SNPs重叠。这些相关性包括在生物特征智力测试中的出色表现（225）和自我报告的数学能力（618），其中，括号里为重叠的SNPs数量。这再一次证明，许多独特表现型是以常见的遗传变异集为基础的，后者影响着范围较广的一系列特征。

目前我们能够从被识别的大量SNPs中生成受教育程度多基因分数，这也提供了一种有趣方法来打开遗传与环境影响之间复杂关系的大门（Kong等，2018）。一项研究探讨了冰岛父母和孩子的基因分型，并研究了父母（与高等教育相关的）没有遗传给后代的遗传变异。研究结果显示，促使父母接受高等教育的遗传变异，反过来帮助父母为孩子创造良好的环境，孩子更有可能在适当的时候接受高等教育。根据研究者的估算，与父母受高等教育相关但没有遗传给后代的遗传变异的多基因评分，约为影响后代受教育程度的变异基因的多基因评分的30%。换句话说，父母的基因对孩子产生的间接环境影响是相当大的。这听起来有点复杂，好吧，确实复杂——但很有趣，因为它很好地说明了蛋糕烹饪的隐喻。不仅蛋糕的基因配方很重要，基因的影响也能帮助厨师做好蛋糕。

值得关注的是，人们正在尝试将地理环境与受教育程度有关的基因变体联系起来。一项研究分析了约45万英国人的33种特征（Abdellaoui等，2019）。据报道，那些生活在曾经是煤矿区的人，与教育程度相关的多基因得分较低，而那些最近搬离该地区的人，教育程度多基因得分较高。但这项研究的作者很快指出，"很难确定因果关系"（Adam，2019）。确实如此。这样的研究很容易被指责为毫无意义，特别是当它们轻易被优生学曲解时。

6.7 对我们的生活有什么影响呢？

现在，是时候提出"对我们的生活有什么影响呢？"这一问题了。如果我们知道成千上万的遗传变异影响着人们在智力和受教育程度等特征上的差异，那么这对我们的生活到底有什么影响呢？一位作者在论文前言中评论道："几乎没有什么发现能比确定一些影响认知能力遗传力的基因产生更大的影响了。"（Plomin等，2013b）这可能得取决于我们在寻找什么样的影响。正如前文所述，从大脑研究的角度来看，在不同的特征之间，已被确认的大型遗传变异组的重叠当然可以为进一步探索不同的大脑通路和机制提供一些重要的线索。在这种情况下，确定大型的相关遗传变异组可能比研究单个基因的作用更重要。毕竟，如果一个单一基因对某一性状的总体差异只有0.001%的影响，那么很难让人相信一个单一基因的影响值得研究。但是，如果一个大型遗传变异组对特定大脑功能有3%的影响，那么这个大型遗传变异组就有希望成为研究的起点。

撇开基础研究问题不谈，从当前数据仍然可以得出其他结论。例如，研究结果清楚地表明，那些认为基因工程可以用来培养更聪明的人类的狂热超人类主义者，简直生活在虚无缥缈的世界里。在这方面，基因组的复杂性仍然是抵御不明智操纵的最佳防御手段。有几点需要我们记住。首先，在基因组中分散着数百甚至数千个基因，对这些基因进行基因工程改造存在巨大的实际困难，除此之外，即使这种想法切实可行，智力或受教育程度的"最佳遗传变异集"仍然不能保证这个人在生活的方方面面得分很高。变异基因的作用是基于研究群体的概率，并不能保证特定个体的表现。环境因素也起着重要作用。例如，这个经过基因工程改造的超级聪明的人可能仅仅想成为一名喜剧演员。这并没有什么错，只是这可能不是改造的真正目的。无论如何，如果实验成功了，人们真的想要创造一类新的"超级智能"儿童，给社会和教育生活带来更多的分裂吗？我们的社会已经够分裂了。同样值得记住的是，世界上一些最聪明的人也是最邪恶的人。

所有这些都与密歇根州立大学主管科研的副校长、基因组预测公司CEO斯蒂芬·徐（Stephen Hsu）的宣言有关。徐宣称，人类很快就可以根据试管婴儿的相对基因组分数，对试管婴儿的IQ进行排序，然后只植入最高得分的胚胎[5]。但是，从道德层面来看，即使有人认为这是一个好主意（我个人不这么认为），也面临重重困难。例如，即使有很多胚胎可供选择，多基因评分的差距也不可能很大，原因很简单，这些胚胎均来自同一个母亲和同一个父亲，所以"SNPs范围"的变异基因实际上会受到限制。无论如何，正如我们对基因工程的讨论所表明的那样，这并不能保证选择特定的胚胎会带来预期的结果。正如前文所述，高智商与孤独症和双相情感障碍等疾病相关，所以如果你选择特征A，那么特征B、C和D也会尾随而来，而它们可能不是你想要的。

我们能够生成多基因评分，以加强教育。但这对教育政策或实践产生影响了吗？很难回答。每个儿童都应得到教育机会，使其能够充分发挥其潜力。他们的全部潜能可能在一定程度上受到遗传变异的影响，但挖掘这种潜能的唯一方法是尽可能提供有效、公平的教育机会。我们不需要任何遗传学知识（除了偶尔需要医学遗传学外）来实现这一目标。

讨论遗传变异在智力和受教育程度方面的作用，很容易引发涉及社会或教育不平等的争论。胚胎选择的幽灵若隐若现，优生的鬼魂常常缠着我们。在第12章中，我们将更详细地讨论这些问题，并思考在面对这些威胁时如何保护人类的身份和平等。但目前，我们需要继续探索遗传多样性的迷宫，因为遗传多样性保证了我们每个人拥有不同的个性。

第7章　基因、人格和人格障碍

　　布兰得利·沃尔德鲁普（Bradley Waldroup）住在美国田纳西州山区的一辆房车里，2006年的一天，他与妻子和她的女性朋友发生了激烈的争吵，他认为她们之间有奸情。暴力冲突升级后，他开枪打死了妻子的朋友，当妻子试图逃跑时，他从背后开枪，然后把她拖进屋里，用刀砍伤了她，最后被警察救了出来。沃尔德鲁普被指控犯有一级谋杀罪、一级谋杀未遂罪和严重绑架罪。在审判的辩论阶段，辩护团队提供了专家的遗传学证据，这些证据似乎没有得到法庭的任何反对。该证据援引了当时普遍接受（但现在不再接受）的数据，声称一种特定的遗传变异促成了攻击行为。辩方辩称，沃尔德鲁普的行为不像一个"理性人"，可能是由于他的遗传倾向使他的行为不受控制。结果，陪审团接受了这一证据。沃尔德鲁普洗脱了一级谋杀罪的罪名，并被判犯有故意杀人罪、谋杀妻子未遂罪和严重绑架罪，这意味着他不会被判死刑，但会被判处32年监禁。陪审团后来的评论表明，遗传学证据是促成这一决定的关键部分。当一位陪审员被问及他们的决定是否受到沃尔德鲁普基因的影响时，这位陪审员回答说，"哦，肯定啦……还有他的童年经历——先天因素与后天因素"（Denno，2013）。"一位陪审员甚至评论说，单胺氧化酶A（MAOA）证据表明，很明显，这个基因有点不对劲……没有这个基因的人，他们的反应会和他完全不同。"（Walker，2013）美国国家公共广播电台

（National Public Radio）后来在评论此案时，冠以标题"你的基因会让你杀人吗？"[1]。

本章的主题不仅仅具有理论性，它对我们的家庭、日常生活、工作经历和法律制度都有许多影响。在关于"人格"的一章中强调人格障碍似乎有点不公平，因为人格还有许多其他更积极的方面可以强调，比如善良、随和和善于交际。但事实是，不仅人格障碍（如侵略性）是全世界范围内的社会挑战和政治挑战，关于人格障碍的文学作品也包含了许多吸引人的故事，这些故事与我们的主要目的密切相关：探索遗传多样性对人类差异的影响。我们先来探讨人格本身。

7.1　人格和遗传力

我们可能会说："伊丽莎白（Elizabeth）很讨人喜欢，你认识她的弟弟罗伯特（Robert）吗？他太害羞了，几乎不说话。"我们都知道"人格"这个词的意思，因为我们在日常讲话中经常用到它。但如果让我们定义这个词，我们可能会发现有点棘手。"人格"并不是看得见摸得着的"事物"，而是一系列复杂的行为，我们可以用不同的标签来描述人们，但没有一个标签足以反映整体情况。因此，要研究遗传多样性和人格之间的联系，首先要解决的问题是，如何才能最好地将人格分解成一系列可以测量和评估的特征。幸运的是，心理测试领域的大量文献提供了很好的起点。

人格研究集中在人格的5个广泛维度上，称为"五因素模型"（FFM）（Goldberg，1990），其中包括研究最多的性格特征，如神经质性和外倾性。神经质性包括情绪化、焦虑和易怒；外倾性包括好社交、冲动和活泼。FFM中包含的五种特征可缩写为OCEAN，也被称为人格的

"海洋":经验开发性(Openness),即文化好奇、求知和富有创造力;尽责性(Conscientiousness),即遵守规则、愿意付出、自律、克制;外倾性(Extraversion),即不内向;宜人性(Agreeableness),即可爱、友好、不敌对;神经质性(Neuroticism),即不能保持情绪稳定。通过问卷测量这五种不同特质的人格得分,每一种特质都会产生定量分数,便于分级。

研究者在5个不同的国家进行了广泛的研究,涉及24000对双胞胎,结果显示,外倾性的遗传力约为50%,神经质性的遗传力约为40%(Loehlin,1992)。根据双胞胎研究,人格特征测量值总体遗传力为30%~50%(Vukasovic and Bratko,2015),但收养研究得出的值往往较低,原因将在下文介绍。研究人员对许多不同的性格特征进行了研究,包括宜人性和"毅力"(也被称为尽责性)。在所有研究中,遗传力约为40%,导致差异的环境因素几乎完全都是非共享环境因素(Loehlin,1992;Vukasovic and Bratko,2015)。当然,这并不意味着在特定家庭中,共享环境对个体儿童的个性发展不重要。此处的观点是,共同的家庭环境似乎不能导致兄弟姐妹的人格特征差异。特定人格特征中大约30%~50%的差异归因于遗传变异的影响,50%~70%的差异归因于家庭之外的非共享环境因素的影响,如不同的教育经历、不同的同龄群体压力、个人选择的环境、随机生活事件等等。此外,几乎所有的父母都认为儿童认知能力的发展是"好事",但人格特质则包括积极和消极两方面,除非在极端情况下,人格特征对家庭的社交生活产生破坏时,父母才会试图改变孩子基本的人格特征。这也可能导致了共同环境带来的差异较小(Turkheimer等,2014)。

非常有趣的是,遗传变异对测量到的人格特征差异(如神经质性和外倾性)产生的影响在个人的一生中非常稳定,尤其是在20岁之后(Turkheimer等,2014),尽管神经质性随年龄的增加而增加。相比之下，非共享环境对差异的影响则不太稳定。在回顾了这一系列广泛研究后，特克海默（Turkheimer）等人（2014）提出以下假设：

> 假设有一对同卵双胞胎，他们的性格会在一生中不断发展。通常在没有共享环境影响的情况下，他们人格特征的平均得分相对于其他双胞胎的平均得分而言算是非常稳定的，这在很大程度上是由于他们的基因禀赋。与此同时，双胞胎之间的差异表明，从童年到中年后期，环境的影响时有发生，是系统性的，但却是暂时的。在任何给定的时间点，都可能发生一些事情，使双胞胎中的一人更外向或更神经质；然后，随着时间的推移，双胞胎之间的差异减小，双胞胎回到了他们受基因影响的平均值。最后，在老年阶段，似乎出现新的差异过程，使双胞胎之间的差异随着时间的推移变得不那么稳定。

研究者还对被分开抚养的双胞胎进行了广泛的人格测试。正如前文所述，"分开抚养"并不意味着这对双胞胎从出生时就被分开了，而是说他们（很不幸！）在5岁前（确切的平均时间取决于研究的人群）的某个时候被分开了。一些主要的研究是在引入FFM人格测量系统之前进行的，因此直接比较这些研究并不容易。尽管如此，主要的信息仍然与上面总结的双胞胎研究结果相同。一项著名的研究为明尼苏达分开抚养双胞胎研究（MISTRA），该项目发起于1979年，在行为遗传学领域做出了非常重要的贡献（Segal，2012）。1988年的一项研究对比了44对被分开抚养的同卵双胞胎和27对被分开抚养的异卵双胞胎，以及许多同时抚养的同卵和异卵双胞胎（Segal，2012）。根据用于自我报告人格的11种不同的心理量表，各种人格特征的遗传力从39%到58%不等，这与上文描述的基于FFM测量标准的双胞胎研究非常相似。此外，研究结果表明，36%～56%的人格特征的差异可以归因于非共享环境，而只有0～19%的差异可归因于共享环境，具体数值取决于研究的人格特征，所以，这些结果与以后的双胞胎研究结果类似。到目前为止，在双胞胎和人格的遗传研究中，最令人惊讶的发现是，所有OCEAN人格的遗传力似乎都在30%～50%之间，变异基因对每种人格的贡献相似。在开始这类研究之前，人们认为，不同的人格特征可能具有不同的遗传力。在目前看来，似乎不是这样。

相较双胞胎研究的数据所具有的一致性，来自收养研究的关于人格的数据更加模糊。在研究中，亲生父母评估其幼儿的个性，然后养父母再进行评估，研究结果显示，很少有或根本没有证据表明基因对人格的变化产生影响（Plomin等，1991，1994）。造成这一令人困惑的结果的一个因素是所谓的"对比效应"，这种效应既发生于双胞胎研究，也出现在收养研究中。研究表明，父母经常夸大（亲生或收养）孩子之间的差别，例如，父母会说，相比不活跃的兄弟姐妹，某个孩子非常活跃，虽然相对于其他年龄相仿的儿童，他们可能不是那么不同（Saudino等，1995；2004）。然而，当观察人员评估孩子的性格时，收养研究与双胞胎研究的结果更为接近（Plomin等，2008）。

所以，如果遗传变异对我们在日常生活中看到的各种各样的人格特征产生影响的话，那么，我们可以识别出在其中发挥作用的遗传变异吗?

7.2　人格的分子遗传学

我们已经强调过，非常不幸的是，候选基因研究没有被成功复制的历史，而人格和人格障碍研究也不容乐观。事实上，一篇对不少于369项候选基因关联研究的综述发现，研究者在单个变异基因上没有达成明确的一致（Balestri等，2014）。因此，GWAS和相关方法成为这一研究领域的主要研究方法也就不足为奇了。

  长期以来，"遗传重叠率"都非常重要，但现在终于有几项研究报告了与不同性格特征相关的可复制的遗传变异。例如，一项对不同的基因分型群体的研究发现了与5种主要人格特征相关的6个变异DNA区域（Lo等，2017）。与前几章中研究的其他特征一样，只有当被研究的人数超过25万时（该研究使用的是DNA测试服务公司23andMe提供的数据），才能够识别出重要的重叠率。一旦以这种方式识别出可靠的基因变体，就相当于打开了一扇门，探究在基因水平上，不同的基因集之间有多大的相关性。在本研究中，与神经质性相关的基因集同与其他人格特征相关的基因集呈负相关，然而与宜人性、尽责性、外倾性和开放性相关的基因集彼此之间均呈正相关。因而，基因水平上的尽责性与优秀的学习成绩相关。

  研究者将不同人格特征的遗传变异组与6种不同的精神疾病也进行了比较。以前，在表型水平上（此处指人的健康），高度神经质性、外倾性和开放性（综合起来）与双相情感障碍相关，高度神经质性与严重抑郁症和焦虑相关，低宜人性与自恋相关。因此，找到与人格特征相关的遗传变异与不同精神疾病相关的遗传变异的匹配关系，至关重要。研究结果如图7.1所示，它将空间划分为四个象限（四分之一），同一个象限中的人格特质是相关的，箭头指向大致相同的方向，而箭头指向相反的方向则是负相关。由图可以看出，神经质性与抑郁症相关，外倾性与注意缺陷多动障碍（ADHD）相关，我们将在下文进一步探讨。开放性、双相情感障碍和精神分裂症都集中在第一象限，这意味着它们往往共享相同的遗传变异。有趣的是，开放性、双相情感障碍和精神分裂症在表型水平上有相似之处。例如，它们都与提高创造力有关。大多数人格特质（尽责性、宜人性和外倾性）都集中在第二象限。神经质性和抑郁症在第四象限。这些发现进一步证明了人格特征与精神障碍之间存在共同遗传影响，它们在表型水平和基因组空间中存在连续性。适应不良或极端人格的基因变体可能导致精神疾病的持续存在或易患精神疾病。

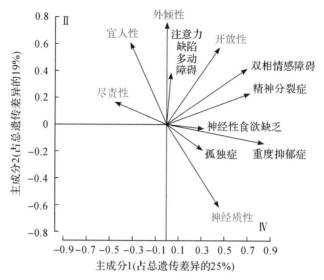

图7.1 23andMe个体与精神障碍之间的遗传相关性

该分析基于与人格特质（灰色字体）和特定疾病（黑色字体）相关的重叠遗传变体。不同箭头之间的角度越小，相关性越大。相反方向的箭头表示负相关。例如，与尽责性相关的遗传变异和与孤独症或重度抑郁症相关的遗传变异之间没有重叠。来自Lo等（2017）人。

7.3 这一切意味着什么?

谈论至此，可能读者会问："那么，这一切到底意味着什么？"提出这个问题也在情理之中。想象遗传学在医学疾病中的作用相对容易：如果，在同一个人身上非常不幸地出现了遗传变异组合，那么就可能导致某种医学疾病。但这里有一个区别——人们可以诊断这种医学疾病。即使是人类智力，至少是可以使用生物测定技术测量的智力，人们也不难想象出，在大脑早期发育过程中，数百种遗传变异如何帮助构建大脑，从而使大脑更有效地工作从事某些任务。但宜人性呢？或外倾性、内向性呢？也许很难看出拥有一个精确的基因组而不是另一个基因组会对此产生什么影响。显然，"宜人性"可以通过问卷调查或根据他人的意见来衡量，但它真不像蓝眼睛或身高一样是看得见、摸得着的"事物"。即使是非常和蔼可亲的人有时也会脾气暴躁。

然而，正如我们所见，基因差异与人格特征有关，证据充分，且我们的研究结果只是触及了冰山一角。因此，值得强调的是，与人格特征相关的遗传变异数量最终将远远超过6个。事实上，基于GWAS研究，已经有人提出了其他的遗传变异数量，只是我们在这里没有提到。每一项复杂的行为特征都是数百种遗传变异共同作用的结果。同样的，许多相关遗传变异参与了对大脑早期发育至关重要的大脑机制和通路的形成，这也不足为奇（Kim等，2015）。我们可以参阅第3章的早期发育生物学。无数不同的基因信息片段与无数来自身体内部和外部的不同的环境输入编织在一起，产生了我们周围每天都能遇到的奇妙、丰富和多样的人格特质。如果我们都有相同的基因组，那么我们的个性肯定趋于相似，而不是现在的互不相同。但是一想到要和数十亿外向的人生活在一起，就会感到有些疲惫。

7.4　人格障碍

表型差异越大，基因分析就越容易——至少在大多数情况下是这样。最简单的情况是家族中"一种基因突变导致一种疾病"。最困难的是像智力和人格特征这样的性状，从遗传对差异的贡献来看，这些性状明显是多基因促成的；而且对于该性状本身应该如何定义，研究者们并未达成一致。在这两种极端之间，还有一大堆其他的病症，通常被称为"障碍"，它们处于正常范围的边界处，因此会导致某种社交困难或障碍。行为遗传学家研究这些疾病会更容易，因为大多数情况下，这些疾病有明确的表现型特征，行为遗传学家可以招募具有特定表现型特征的人进行研究。这里，我们只讨论两个例子。

7.4.1　注意力缺陷多动障碍

2019年，有894份科学出版物的标题中提到了注意缺陷多动障碍（ADHD），以下简称多动症，此处我们只对这个庞大的话题做一个简短的总结。多动症是儿童中最常见的人格障碍。多动症是指儿童表现出异常活跃、注意力不集中和情绪易冲动。多动症的某些症状与强迫症（OCD，obsessive–compulsion disorder）的症状重叠。偏执（obsession）是指反复出现不必要的想法、观点和冲动，而强迫（compulsion）是由偏执驱动的重复性行为。多动症的准确诊断仍然颇有争议。美国的诊断标准比欧洲更宽泛，在美国，多达11%的儿童在青春期前被诊断为多动症，男孩是女孩的2倍[2]，而在欧洲，被诊断为多动症的儿童比例为5%——仍然很高。在欧洲，诊断标准往往更严格，诊断的重点是早发多动症，这不一定与高焦虑水平有关。诊断年龄一般在5~7岁。在超过四分之三的病例中，症状会持续到成年。

多动症的遗传性较高。来自30多项不同的双胞胎研究已经确定其遗传力为70%~80%，而环境风险不是兄弟姐妹共享的（Faraone and Biederman，2005；Nikolas and Burt，2010）。要记住，遗传力针对的是一个群体，而不是群体中的任何一个特定的个体，但高遗传力确实表明了群体中的遗传变异与"为什么这个群体里有些人有这种特征而其他群体里的人没有"这个问题有很大关系。同卵双胞胎患有多动症具有一致性。德国一项大型研究发现，与异性非双胞胎兄弟姐妹之间的遗传力为43%相比，男性同卵双胞胎多动症遗传为85%，女性同卵双胞胎多动症的遗传力略低（Langner等，2013）。

所以，在影响儿童的各种行为障碍中，只有孤独症谱系障碍比多动症具有更高的遗传力。我们应该记住，同卵双胞胎孤独症一致性接近100%。事实上，从遗传角度和独特的环境风险因素的影响来看，研究者发现多动症与孤独症和神经质有相当多的重叠（Polderman等，2014；Park等，2017）。瑞典一项基于近1.8万对成年双胞胎的研究也发现，多动症的症状与焦虑症、重度抑郁症、双相情感障碍、强迫症和酒精依赖有关（Friedrichs等，2012）。大量报告也强调了多动症与一系列导致有害结果的风险因素相关，如伤害、交通事故、医疗保健使用增加、药物滥用、犯罪、失业、离婚、自杀、艾滋病风险行为和过早死亡等（Demontis等，2019）。这样的列举并不令人愉快，所以值得强调的是，所有这些数据只具有概率性，并不能预测患有多动症的孩子在成长过程中会发生什么。幸运的是，医学和其他疗法可以帮助多动症患者，所以"相关"这个词不应该被理解为"一定会发生"。但在本节中，这些联系只是强调了不同人格特征之间的重叠。科学家们喜欢尝试将复杂的行为分解为小的组成部分，以便于研究，但复杂的人类往往会让他们感到手足无措。

那么关于多动症的分子遗传学又有什么故事呢？这个故事我们现在已经很熟悉了，然而必须说明的是，至少在撰写本文时，基因数据远远落后于我们目前讨论过的许多其他特征。考虑到同卵双胞胎之间的高遗传力和一致性，这可能听起来令人惊讶，但考虑到多动症诊断中包含的复杂行为，我们也就不那么令人惊讶了。就像我们用来描述人类特征的许多其他标签一样，多动症不是一个"事物"，而是发生在同一个人身上的几种不同行为特征的集合。多动症的分子遗传学故事的另一面我们也很熟悉，那就是候选基因的早期研究由于缺乏成功的复制，已经很大程度上落后了，而GWAS和其他基因组方法已经为人们打开了大门，这些方法对多动症的生物学特征没有事先的假设，人们对此也知之甚少。

许多GWAS研究都没有得出明确的结果，直到2019年，研究者发表了一份可靠报告，报告显示，12个变异DNA区域与多动症相关，这些区域总共包含304个候选遗传变异（Demonti等，2019）。这并不意味着所有这些变异基因都与多动症的发展有关，但它确实表明了一些变异基因与多动症的发展是相关的。与以往一样，这次研究成功的秘诀是增加拥有这种特质的研究对象——这次超过55000名多动症患者被纳入研究。一旦这个数字超过25万（就像其他GWAS一样），"重叠率"就会变得更高。即使是到目前为止发现的12个变异DNA区域也提供了一些有趣的信息。例如，许多变异基因出现在DNA的调节区域，这些区域对中枢神经系统中的细胞有特定的调节作用。多动症还与一系列其他疾病存在遗传学重叠，也就是说，它们有共同的基因变体，这一系列其他疾病包括重度抑郁症、失眠和厌食症。多动症与教育增强和智力相关的遗传变异也呈负相关。

这项研究涉及一些在大脑神经学研究中众所周知的特定基因。例如，第7号染色体上的一个变异DNA区域包含了一个被称为FOXP2的基因，该基因编码一种转录因子，这种转录因子在突触形成以及参与语言和学习发育的大脑机制中起着重要作用。其他基因变体也参与了大脑中多巴胺水平的调节。多巴胺是一种神经递质，这意味着它在脑细胞之间传递化学信号的过程中发挥了重要作用。大脑中的多巴胺与唤醒和奖励动机行为，以及其他行为有关。哌醋甲酯（商品名为利他林）通常用于治疗多动症，它可以与调节大脑多巴胺水平的蛋白质结合。将遗传学与综合征本身及其治疗方法联系起来，一直是人格障碍领域非常重要的实践。

在结束注意力缺陷多动症的话题之前，我们有必要再次强调，这种疾病不是仅仅因为它的遗传力高，有与之相关的遗传变异，而成为一种"疾病"的。人类人格和性格特征的正常范围也是如此。我们都处于这个范围中，而整个范围都涉及遗传变异。那些试图厘清多动症定义的专家指出，有三个相关因素：多动/冲动、注意力不集中/多梦和神经性行为——我们都处于这三个特征的范围内（Lubke等，2009），只是多动症在这三种症状中处于极端的位置——这就是它名字的由来。

7.4.2　攻击性和反社会型人格障碍

我们都能想到具有攻击性的人——当然，我们每天都在媒体上读到关于极具攻击性的人的报道，我们希望不要遇到"那样的人"。许多人最终因为攻击性而入狱，这种行为通常因酗酒而加剧，而其他犯罪行为则冷静而有预谋。那些最终入狱的人通常被诊断为具有反社会型人格障碍（ASPD；40%～70%的囚犯被诊断为具有反社会型人格障碍），其特征是冲动、好斗、不顾自己或他人的安全，以及对伤害他人缺乏懊悔。15岁之前的行为障碍是反社会型人格障碍的基本诊断标准，它显著增加了成年后反社会型人格障碍的风险（Washburn等，2007）。同样值得指出的是，临床医生对反社会型人格障碍的"诊断"仍然存在争议，因为它包含了各种各样的行为，而攻击性只是其中之一。

遗传学与攻击性和反社会型人格障碍有什么联系呢？答案是：有相当大的联系，然而究竟有多大程度的联系取决于我们探讨的是攻击性和反社会型人格障碍的哪些方面。"攻击性"，就像本章讨论的其他特征一样，是许多不同行为的复杂组合，反社会型人格障碍也是如此。父母在评估自己的孩子时，无论是儿童还是成人，都有一系列的问卷来计算"攻击性分数"。一项关于荷兰和英国的10000多名双胞胎的研究采用了"儿童行为检查表"，通常由母亲填写，评估7岁、9岁、10岁和12岁的儿童（Porsch等，2016）。另一种家长评估表则评估了行为障碍。根据这项研究，作者计算出攻击性水平的遗传力根据被评估的双胞胎群体的差异在

50%~80%之间。共享环境的影响是相似的：在男孩中，共享环境导致了所有年龄段中大约20%的攻击性差异，而在女孩中，共享环境在7岁左右不产生影响，只有在7岁以后才开始发挥作用。需要注意的是，这与上文提到的多动症截然不同，多动症的环境风险是与其他兄弟姐妹的非共享环境。就像之前所述，人们不必过于重视精确的遗传力；关键之处在于，遗传学与攻击性和反社会性人格障碍有关。

但这又怎么样呢？在早期的文献中，有数百篇关于候选基因研究的论文。不幸的是，与提到的其他特征一样，到目前为止没有一项研究是可复制的。一项元分析评估了1992—2011年发表的185项候选基因研究，涵盖了与愤怒、敌意、攻击性、暴力、易怒和犯罪相关的31个基因（Vassos等，2014）。然而，没有一个候选基因与所研究的特征的关系可以被复制研究，这有点讽刺了。正如一名作者报告的："我们的研究证明，候选基因方法未能成功识别与这些结果相关的基因。这与该领域最近的观察结果一致，即对人类特征和复杂疾病的候选基因研究未能产生一致的、临床上有用的发现。"（Vassos等，2014）

其中一项研究在2010年发表在世界顶级科学杂志《自然》上，引起了不小的轰动。我们简要概述一下这项研究，看看在没有足够数据支持的情况下，就基因与攻击性之间的联系得出结论是多么危险。该论文介绍了在芬兰人中发现的一种特定的基因变体，该变体与以冲动性严重增加著称的囚犯群体的随机相关性比预期的更大（Bevilacqua等，2010）。即使是一向严谨克制的《自然》杂志也忍不住在这篇新闻标题中出现了"冲动基因"的字眼，"冲动基因"是研究者以及新闻报道本身都谨慎避免使用的短语。毋庸多言，冲动是没有基因的。

不幸的是，一旦科学文献中使用了不准确的短语，人们真的就不能责怪媒体和自媒体在报道此类研究时选用的标题了，如"暴力基因：只在芬兰男性中发现的基因突变，暴力基因促使他们打架"[3]，"冲动？可能是基因突变？"[4]，"科学家发现了引发暴力的基因"[5]，"酒后暴怒可能源于你的基因"[6]，等等。请注意这些标题使用了确定性语言。这个单一的突变基因是强大的诱因，引发男性暴力行为，而这显然是他们无法控制的。

现实生活要平凡得多。研究人员在编码人类大脑中15种血清素受体之一的基因中发现了一个名为Q20*的新突变。血清素和多巴胺一样，是大脑中重要的神经递质之一，受体蛋白与血清素结合，并将信号传递给链中的下一个脑细胞，而Q20*基因突变导致大脑中的受体蛋白水平非常低。因此，这种突变可能与冲动性增加有关，这么猜测完全合理，并得到了动物研究的支持。在228名认知正常但有暴力倾向的个体中，有17人带有这种新的突变，而在295名正常对照组中，只有7人带有这种突变。换句话说，尽管样本量非常小，但在冲动性得分高的人群中发现突变Q20*的概率比冲动性得分处于平均水平的人群高出两倍以上。

那么，我们该如何理解突变基因与罪犯的暴力倾向亚群体之间的这种关联呢？我们注意到，在芬兰530万人口中，据估计约有10.6万人携带Q20*突变，仅占人口的2%。但在研究进行期间，只有3500名芬兰人在狱中服刑，所以很明显，大多数携带Q20*突变的人都不是暴力罪犯。第二，除了Q20*突变之外，这项研究中的17名暴力犯罪者很有可能还共享数千个其他的SNPs，这些SNPs也将他们确定为一个特定的群体，但这些SNPs，包括Q20*，都不一定与冲动有关。相关性并不意味着因果关系。无论如何，至少到目前为止，自2010年以来进行的GWAS还没有识别出这种特殊的遗传变异与冲动或其他攻击性有关，我们将在下文进一步讨论。

在探讨更可信的研究之前，我们先来看看另一项关于攻击性候选基因的研究，这一研究在当时相当有名，但现在又从人们的视野中消失了。这项研究与一种编码单胺氧化酶A（MAOA）的变异基因有关。生物学可以很好地解释为什么MAOA基因被认为与攻击性有关。编码这种酶的基因在大脑负责认知处理的区域表达，并分解关键的神经递质血清素、多巴胺和去甲肾上腺素，从而减少它们在脑细胞之间传递信息时的行为。大量的动物研究发现MAOA基因在调节动物行为方面发挥了重要作用：例如，从小鼠身上删除MAOA基因会导致一群小鼠表现出更多的攻击性（Cases等，1995）。长话短说[7]，研究者发现了两种MAOA基因变体，它们可能会导致这种酶的活性水平升高或降低。当孩子经历过严重的虐待，那些具有低活性MAOA基因变体的孩子在以后的生活中更有可能表现出攻击性的反社会行为，这是典型的G×E互相作用的情况。许多进一步的研究并未明确证实这些发现。其中一项观察结果使整个研究令人难以置信，即低活性MAOA基因变体普遍存在于所有人类中，有35%~40%的西方白人和77%的汉族人携带（Lu等，2002）。鉴于如此庞大的人群和所有低活性变体携带者在攻击性水平上的巨大差异，很难解释早期关于MAOA变异基因作用的一些主张。

然而，从科学传播的角度来看，关于这一说法的许多研究都很有趣，而且确实有些令人担忧。MAOA基因的故事相当典型地代表了其他被认为影响复杂行为特征的候选基因研究史：最初发现的相关性受到学术界赞誉，也受到媒体常常扭曲和夸张的追捧；然后进行了广泛的尝试，以复制最初的发现，有些结果正相关，有些结果负相关；然后，通常情况下，最初的发现最终会因为缺乏正相关的复制而退出舞台。

2004年，备受尊敬的《科学》杂志上发表了一篇文章，一位记者在评论MAOA基因变体与一小群猕猴攻击性水平明显增加之间的相关性时，将低活性MAOA基因变体称为"勇士基因"（Gibbons，2004）。不幸的是，这个术语被保留了下来，多年来，当提到MAOA遗传变异时，媒体往往采用这个荒谬的短语。2006年，来自新西兰惠灵顿维多利亚大学的两位遗传学家在国际会议上做报告时说，60%的毛利人携带低活性MAOA基因变体，样本数据基于17个毛利人（Merriman and Cameron，2007），这一数据后来被调整为56%（Lea and Chambers，2007）。基于这些数据，他们得出结论："在波利尼西亚人移民期间，与冒险和侵略性行为相关的MAOA基因发生了积极选择"，并将这种低活性基因变体称为"战士等位基因"。围绕这一结论的随后进一步研究发现，MAOA基因变体（等位基因）与毛利人的反社会行为有关。2006年8月9日，《克赖斯特彻奇快报》（*Christchurch Press*）报道说，毛利人倾向于"暴力、犯罪行为和冒险行为"，而惠灵顿发行的《自治领邮报》（*Dominion Post*）认为，MAOA基因"对解释毛利人的一些问题有很大帮助。显然，这意味着毛利人更好斗，有暴力倾向，更有可能参与冒险行为，如赌博"[8]。所有这些结论都是因为与其他群体相比，毛利人携带低活性MAOA基因的比例略高。

读者还记得本章开头提到的故事吗？2006年，杀人犯布兰得利·沃尔德鲁普的刑期被减为32年，而不是执行死刑，原因正是他的辩护团队提出的遗传学证据。那一年媒体多次报道低活性MAOA基因，他们的辩护正是基于这些报道。从此以后，遗传生物伦理学家就对这整个不幸的故事进行了批判性的分析（例如，Perbal，2013）。科学家公开公布研究结果前，需要谨慎思考，特别要避免从稀少的数据中推断出广泛的社会结论。

现在，人们不再认为MAOA基因变体促成了在童年遭受虐待的不同人群在攻击性上的显著差异，至少就目前的数据而言，我们可能会问，如果某个单一基因可导致成为攻击性罪犯的相对风险高出（比方说）14倍，这意味着什么呢？然后我们就可以谈论导致犯罪的基因吗？事实上，这个14倍的风险基因是存在的，它被称为Sry基因。在全球131个国家中，约有1070万名囚犯，93%的囚犯是男性[9]。这一群体具有辨识度的基因是Y染色体上发现的Sry基因。没有Sry基因,男性就不是男性,所以,Sry基因与犯罪行为之间的相关性是普遍存在的,我们可以有把握地说,在某一特定基因与犯罪行为之间再也找不到比Sry基因更重要的遗传关联了。然而,我们仍然要求所有的男性对他们的犯罪行为负责,一旦他们被定罪,我们就把他们关进监狱。此外,我们注意到,大多数拥有Y染色体的人一生都没有犯罪。因此,Sry基因不会导致犯罪,当然我们不能走极端,说它与人类行为毫无关系(读者可就这一问题展开讨论)。

我们谈到MAOA基因,如果它完全缺失,情况又会怎么样呢?情况自然完全不同了。我们最终回到第1章图1.1中所示的家庭研究类型。在我们现在的例子中,单一突变基因是攻击性行为条件的直接原因。1978年,一位女士来到荷兰奈梅亨大学附属医院遗传学家汉·布鲁纳(Han Brunner)的办公室寻求帮助,据她所述,她的大家庭中多数(不是全部)男性都攻击性极强(Morell,1993)。15年后,布鲁纳描绘了这个家族的家谱(遗传学家通常需要很大的耐心)和遗传模式(Brunner等,1993b)。图7.2显示了这个家族的家谱。

随后不久,布鲁纳描述了这种罕见的突变,该突变导致男性的MAOA基因完全缺失(Brunner等,1993a)。这就是众所周知的布鲁纳综合征。正如预期的那样,MAOA基因的缺乏导致了大脑中关键神经递质的严重破坏。携带这种突变的14名男性,跨越四代人,都有轻微的智力残疾,并会爆发愤怒和攻击性,包括纵火、强奸和裸露癖。例如,一名受基因突变影响的男性在23岁时强奸了他的妹妹。攻击行为往往持续1~3天,在此期间,受影响的男性睡眠很少,并经常经历"夜惊"(Brunner等,1993b)。丧亲之痛或轻微的挑衅往往会引发暴力冲突。与此同时,女性的行为在正常范围内。这种遗传模式是X染色体连锁疾病的典型特征。要记住的是,就染色体而言,男性是XY,而女性是XX。所以对于位于

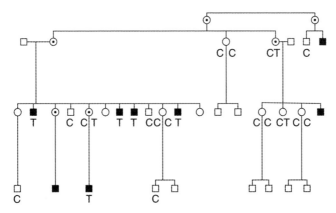

图7.2　一个荷兰家族的家谱，单胺氧化酶A基因突变导致单胺氧化酶蛋白完全缺失

正方形代表男性，圆圈代表女性。中间有点的圆圈表示该女性是X染色体上突变基因的携带者。黑色正方形指那些从携带突变基因的母亲那里继承了X染色体并表现出攻击性综合征的男性。C指基因中特定位置的正常基因字母，而T指引起所有问题的突变基因字母。来自Brunner等（1993a）人。

X染色体上的基因来说，如果只有一个基因拷贝发生突变，女性也不会有问题，因为她有一个正常的后备拷贝。因此，女性虽然是突变基因的携带者，但没有显示出任何表型证据表明它存在。相比之下，男性的XY染色体意味着没有"后备"基因，因此单个X染色体上的基因突变会导致MAOA基因完全缺失。平均而言，50%的男性会有这种缺陷，因为他有50%的概率遗传到携带有缺陷基因的X染色体，而不是母亲的另一条X染色体。在本例中，对女性细胞中的MAOA基因活性测量结果显示它们在正常范围内，而在受影响的男性中则没有检测到活性（Brunner等，1993a）。

不幸的是，关于这个家庭的早期童年经历与攻击性行为发展过程之间关系的研究资料很少。这种异常行为出现在荷兰不同地区的四个不同家庭的男性中，所以环境差异一定相当大。即使是在这个大家庭内部，攻击性的严重程度和持续时间也有明显的差异。

20年来，人们一直认为这是世界上唯一一个有这种特殊突变的大家庭。但到了2014年，法国一个家庭的三代男性被发现表现出孤独症谱系障碍、注意缺陷和攻击行为（Piton等，2014）。进一步分析表明，受影响的男性MAOA基因发生了突变，虽与荷兰家族的突变不同，但足以使MAOA基因活性降低约80%，这将导致MAOA蛋白的表达比正常水平低得多。使用精神药物可使症状有所改善。患病男性实际年龄在35岁左右，而发展年龄（developmental age）一般只有2~5岁。该家族的女性没有表现出症状，同样是典型的X染色体连锁遗传。进一步的报道来自两个澳大利亚家庭，由于MAOA基因的不同突变，他们也存在很大程度的MAOA基因缺陷（Palmer等，2016）。在法国和澳大利亚的研究中，布鲁纳综合征和孤独症症状之间有一些惊人的相似之处，特别是在面临令人沮丧的情况时，患者易产生爆炸性反应。

因此，在某些罕见情况下，单个基因中单个字母的变化可能会导致男性攻击性行为，这一点我们将在第11章谈论自由意志和决定论时进一步讨论。

我们转回到更正常的情况上来。人们在正常人群中观察到的各种不同程度的攻击行为，涉及的不是一个而是许多遗传变异。数以百计的动物育种实验（太多了，在这里无法描述）表明，在区分同一物种的温顺品种和好斗品种时，要关注多种遗传变异。自1959年以来，俄罗斯一直在进行一项著名的实验。研究者繁殖出两种红狐品种：友好型和攻击型，以供研究。这两个品种之间发现了不少于103种不同的遗传变异（Kukekova等，2018）。但在一些疯狂的人考虑培育不那么好斗的人类之前，有必要提醒一下，这项研究中发现的一种变异基因SorCS1，也与人类的精神分裂症和孤独症相关。因此，我们应该始终谨慎对待从动物到人类的推断。

再回到人类的话题上来，与红狐和到目前为止讨论的其他特征不同，关于人类攻击性和反社会性人格障碍的GWAS研究才刚刚开始，这很可能是因为在处理这些复杂特征时遇到了挑战。反社会型人格障碍的GWAS研究已经开启（Rautiainen等，2016），可能存在一些重要的重叠率，但研究者们首先承认了需要更大的样本来确定。一项关于冲动性的GWAS研究也报告了一些重叠率，表明冲动可以从遗传学上分为几个不同的组成部分（Sanchez-Roige等，2019）。在基于16400人的反社会行为GWAS研究（Tielbeek等，2017）中研究人员取得了几个重要的重叠率，但到目前为止，应该清楚的是，要确认更广泛的遗传变异，确实需要研究数量更大的群体。

在动物研究中，人们已经开始研究与行为变化有关的蛋白质编码基因的表观遗传调控（Palumbo等，2018）。由童年经历引起的表观遗传变化，可能导致成年后与攻击性有关的基因的长期调控，这是一个吸引人的研究领域，尽管实验过程充满了挑战。

总体而言，动物和人类研究表明，关于攻击性的各个方面以及与人类犯罪行为相关的特定基因变体的报告有数百种，但截止到本文撰写时，与攻击性特征相关的人类遗传变异，还没有完善且可复制的数据集。鉴于具有攻击性性格的遗传力已为人所知，有朝一日，人们一定能识别许多相关基因变体，但那一天尚未到来。

第8章 基因、食物、锻炼和体重

英国广播公司（BBC）网站宣称，苗条基因是保持苗条的秘诀[1]。"科学家称，他们发现了有些人骨瘦如柴，而有些人却很容易长胖的秘密。"也许吧，但这样的标题很容易给人们留下错误的印象，甚至让人们觉得生命给了他们一套起决定作用的基因，让他们长出一堆赘肉，再多的锻炼或节食都无法改变。

观察不同人群中平均体重的变化可以帮助我们发现一定的规律。在过去的50年里，美国肥胖人数稳步增长。时至今日，超过三分之一的美国成年人肥胖，超过三分之二的美国成年人超重（Yang and Colditz, 2015）。总体来讲，10%～20%的欧洲人肥胖。社会经济地位越低的人越容易肥胖。这些都与这些人群的遗传学变化没有任何关系。英国小学生的体重也同样如此，出现增长趋势——预计到2024年，10—11岁儿童中有近40%将超重或肥胖[2]。他们在基因上的变化也与此无关，体重增加是过度食用不健康的使人发胖的食物，再加上缺乏锻炼造成的。朝鲜学龄前儿童比韩国同龄儿童平均轻7公斤，朝鲜女性的平均体重也比韩国女性轻9公斤（Schwekendiek, 2009）。这两个群体在基因上没有区别——是营养上的差异造成了体重差异。对美国移民人口的研究也得出了类似的结论，这些移民在抵达美国时肥胖水平通常较低，但10～15年后，他们的超重或肥胖比例与美国人口的超重或肥胖比例相当（Goel等，2004）。从世界范围内看，近40%的成年人超重，10%～15%的成年人肥胖（Goodarzi，2018）。这些数字反映了重大的健康意义：肥胖与2型糖尿病、心血管疾病和某些癌症的风险增加有关。在一项对280万人进行的研究中，即使是轻微超重的人患2型糖尿病的风险也增加了两倍，而对于那些肥胖的人来说，患2型糖尿病的风险几乎高了9倍。[3]

只要看看你的父母，你就会产生这样的印象：你的身高和身材完全取决于遗传。但基因并不是你从父母继承到的全部，你还继承了他们的许多生活习惯，如你喜欢的食物种类，你习惯每顿饭吃多少，以及你从小习惯的营养价值和热量含量。

朋友也会对你产生很大的影响。一项研究表明，如果一个人的朋友变胖，他变胖的概率会增加57%；如果他的兄弟姐妹变胖，他变胖的概率会增加40%；如果配偶变胖，他变胖的概率会增加37%（Christakis and Fowler，2007）。你可以继续罗列下去，但关键信息很明确：遗传当然对我们产生影响，但我们也要记住，除极少数特例外，基因并不能决定我们是胖还是瘦，还有许多其他因素会产生影响，例如，朋友的影响！

与简单测量体重相比，身体质量指数（BMI）能更好地测量身体大小和体形。BMI计算公式为体重（千克）除以身高（米）的平方（即身体每平方米的重量，单位为kg/m^2）。BMI也可以用磅和英尺来计算。网上有很多在线计算器，你可以计算自己的BMI指数，并根据你所在国家同龄人的平均水平来判断自己体重是不足还是超重。[4]

谈到BMI，显而易见，BMI精确值反映的遗传因素可能很复杂。首先是食欲的遗传因素。接着是吃完饭后开始消化和新陈代谢——也就是说，身体通过各种途径消化食物，产生身体需要的能量，满足身体的其他化学需求。有些人比较幸运，似乎喜欢吃多少就吃多少，至少年轻时是这样，他们的体重似乎总是保持不变。这些食物都去了哪里呢？此外，遗传差异也会对BMI的其他方面产生影响——比如脂肪沉积了多少——对很多人来说，最重要的是，脂肪沉积在哪里。大脑中的神经元回路，特别是下丘脑区域的神经元回路，也与味觉、饥饿、食欲和饱腹感，以及我们进食时发出的各种化学信号紧密相关（van der Klaauw and Farooqi, 2015）。接下来，我们将一层层地（如果此处这么说合适的话）揭开BMI的遗传学面纱，看看"食物与体重"之间的联系，这种联系又一次证明，遗传变异与环境变异紧密相连、携手合作，使我们身穿的牛仔裤大小合适、舒舒服服。

8.1　BMI遗传力

BMI的遗传力相当高，各类研究表明，世界各地不同人群的BMI遗传力从31%到90%不等，这一点也不奇怪。遗传力也取决于年龄。一项大型研究汇集了来自欧洲、东亚、澳大利亚和北美四个不同大陆的近90000对双胞胎的数据，并测量了不同年龄的BMI遗传力（Silventoinen等，2016）。研究人员故意将研究对象选为富裕人群而非贫困人群的孩子，这样一来，双胞胎群体中的巨大营养差异就不再那么难以解释了。研究结果显示，4岁时，男孩和女孩的遗传力都是41%，19岁时增加到75%。为什么年龄会产生如此大的差异？读者请记住，这类研究中的遗传力是基于同卵双胞胎和异卵双胞胎间某一特征（这里是BMI）的比较差异。可以想象，对于4岁的双胞胎来说，父母会决定他们的营养，所以双胞胎之间的营养摄入不会有太大的差异，不管是同卵双胞胎还是异卵双胞胎（"把豆子吃完！"）。然而，19岁的青少年在饮食方面对父母的依赖要少得多，而且他们很可能已经离开家去工作或学习了，所以遗传变异在解释群体变异时变得更加重要。

如果在不考虑双胞胎营养状况的情况下，换句话说，研究对象不只选择来自富裕地区的双胞胎群体，那么，估算的遗传力会怎样呢？一项来自中国的研究提供了一些有趣的线索。在这项研究中，研究人员对中国国家双生子登记系统（Chinese National Twins Registry）的大约1.2万对双胞胎进行了研究，这些双胞胎来自中国各地，无论贫富。当孩子们在7岁以下时，BMI遗传力很低，不到20%，但到17岁时，男孩的BMI遗传力增加到60%左右，而女孩的BMI遗传力只有30%（Liu等，2015）。所以在这种情况下，环境因素，特别是营养摄入的差异，在变异中造成了更大的差异，尤其是对女孩来说（可能是由于面临更强烈的社会压力，而刻意保持苗条）。

我们体内脂肪总量和脂肪分布情况受到基因变异的影响，这一点也不奇怪。人们常使用DXA扫描[5]来评估体内脂肪的分布情况，丹麦的一项双胞胎研究表明，身体脂肪总量以及分布在躯干和下肢的脂肪数量，都表现出高遗传力，在83%～86%，无论研究对象的年龄是在25—32岁还是在58—66岁（Malis等，2005）。

研究者还评估了许多与体重有关的行为特征的遗传力。与以往一样，精确的数值并不是那么重要，但遗传力不是零这一事实非常重要——这意味着遗传变异与我们所讨论的性状有关。我们通过味道、质地和气味来感知食物的本质。"我不吃那个，"我们说，"它太难闻了！"根据对双胞胎及其家庭的研究，30%～50%的遗传力源于享用食物时的愉悦感和与此相关的消费量，以及对甜食的渴望（Keskitalo等，2008）。其他对双胞胎的研究发现，对高脂肪高糖食物的偏好和摄入的遗传力为53%到62%。饱腹感，即影响下一餐时间的感知，其遗传力为63%（Carnell等，2008）。

还有一些研究关注了其他特征,比如"认知克制"、"外部因素进食"及"情绪化进食"。"认知克制"是指基于理性和意志克制自己不吃太多东西的能力;"外部因素进食"指的是对外部刺激(比如美味食物)做出反应而容易吃得过多(听起来好像我们都这样,但可能我的认知克制很弱);"情绪化进食"指的是在抑郁、焦虑或孤独等负面情绪状态下容易暴饮暴食。研究者设计了各种调查问卷来测量这些特征。韩国的一项针对双胞胎的大型研究发现,认知克制的遗传力为31%,外部因素饮食和情绪化饮食的遗传力均为25%(Sung等,2010)。针对西方人口的一系列研究也发现了类似的结果。其他的研究试图理顺与饥饿有关的各种人类感觉,估计导致不同食物摄入量的饥饿水平遗传力为25%(De Castro,1999)。其他相关特征也有类似的遗传水平,如每日总热量摄入、用餐频率、用餐多少和脂肪代谢水平(即脂肪摄入身体后分解的速度)。基础代谢率——保持身体基本运转所消耗的卡路里数量——的遗传力为47%(Bouchard等,1990),经常锻炼或不经常锻炼的人之间差异较大。研究发现,几乎所有与BMI有关的因素都受到变异基因的影响。

在所有这些关于遗传力的讨论中,我们再次强调,这些值与给定群体的平均值无关。原则上讲,这些数值可以翻倍,但遗传力保持不变,因为遗传力,正如我们所记得的,是指一个群体中可归因于个体间遗传差异的总变异比例。所以每个人都可能在不同程度上变得肥胖,但个体之间的差异可能相对保持不变。

8.2 寻找相关基因

大量研究报告了导致BMI差异的各种机制的正遗传力,为寻找导致这些差异的相关基因变体提供了有力的支持。肥胖是指脂肪量增加,足以对健康产生不利影响。由于肥胖对健康产牛巨大影响，导致肥胖的基因往往是研究的目标。在实际生活中，BMI测量值常被用作肥胖的指标，尽管有一些例子（其中一些相当罕见）表明，在某些情况下，BMI值并不是理想的指标（Speakman等，2018）。例如，演员阿诺德·施瓦辛格（Arnold Schwarzenegger）在参加"环球先生"（Mr Universe）比赛时，BMI超过30，但体脂含量低于10%。世界卫生组织将BMI超过$30kg/m^2$的成年人定义为肥胖，而将BMI超过$25kg/m^2$的成年人定义为超重。绝大多数BMI超过$30kg/m^2$的人属于肥胖，施瓦辛格先生仅仅是个罕见的例外。

单基因突变是导致儿童严重肥胖的必要和充分因素，这种情况虽然少见，但却很有启发性。这种类型的肥胖至少有8种不同的形式，第1章图1.1绘制的家族史就是其中的一种。例如，有一种叫作瘦蛋白的化学信使（以一种"激素"而为人所知），由身体的脂肪组织分泌，可以抑制食物摄入。如果瘦蛋白的作用受到抑制，那么食欲就会显著增加。事实上，我们体内有许多不同的化学物质可以增加或减少我们对食物的渴望，所以食欲的调节是非常精细的操作（Singh等，2017）。以瘦蛋白为例，据报道，有些儿童的瘦蛋白基因发生了遗传突变，导致他们完全缺乏这种化学物质。在一份报告中，一名2岁的儿童体重为29公斤，而另一名8岁的儿童体重为86公斤（Farooqi，2005）。扫描大脑可直接测量一个人是否缺乏瘦蛋白，扫描结果显示，那些不幸缺乏瘦蛋白的人的大脑中特定区域（称为"腹侧纹状体"）的大脑细胞活动显著增加（Farooqi等，2007）。好消息是，这些患者现在可以使用基因工程制造的瘦蛋白成功治疗。经过7天的瘦蛋白治疗，甚至在BMI未发生改变的情况下，大脑细胞已恢复正常活动。这进一步提醒我们，基因、大脑、激素、品位、食欲、饱腹感和其他一切因素——更不用说食物选择了——都紧密相关，共同作用，才造就了我们的身高和体形。

综上所述，由单基因突变引起的罕见肥胖病例仅占所有肥胖病例的1%左右，因此我们的重点将放在99%的多基因因素导致的肥胖病例。GWAS再次发挥了作用，不同的GWAS研究在儿童和成人中发现了300多个与肥胖、腰臀比或其他测量值（如脂肪分布）有关的SNPs（Bradfield等，2012；Liu等，2018；Speakman等，2018；Goodarzi，2018）。使用GWAS方法已经识别出测量人群中100多个与BMI相关的基因变体（Goodarzi，2018）。随着越来越多的人群被纳入此类研究，相关基因变体数量继续上升。我们知道，SNPs只能标记DNA区域附近的基因或调节区域对观察到的给定群体变异有少量贡献。接下来，我们将简单地介绍GWAS发现的第一个遗传变异，这个遗传变异的发现非常有趣。

GWAS发现的第一个变异基因有一个富有魅力的名字，称为FTO——意思是与脂肪量（fat mass）和肥胖（obesity）相关的基因（Frayling等，2007）。事实上，研究者第一次证明FTO与肥胖有关前，FTO代表了"融合脚趾"（fused toes），因为缺乏这种基因的小鼠恰好具有这种表型。后来人们修改了FTO术语代表的短语，使其与肥胖相关。变异的FTO基因最初与2型糖尿病有关，后来也被推断与肥胖有关，因为一旦构成了肥胖，2型糖尿病就会随之而来。从那时起，许多不同的GWAS研究使用FTO作为常规指标，研究儿童和成人的肥胖。这一发现有力证明了GWAS研究抛砖引玉的作用。过去人们对此并不知晓，没有人猜到FTO会与肥胖有关，接下来我们将讨论FTO的影响方式，你将明白为什么会这样了。

2007年首次宣布FTO基因与肥胖有关时，媒体欣喜若狂，这一点也不奇怪。《每日快报》（*Daily Express*）称："这就是我们长胖的秘密。"那些携带一个FTO变异基因拷贝的人比同龄对照组平均重1.5公斤，而那些携带两个拷贝的人——每个染色体上一个拷贝——平均重3公斤。在欧洲人群中，至少有16%的人携带FTO变异"风险"基因的双拷贝。所以，如果携带双拷贝的人没有携带这些变异FTO基因的话，欧洲人口的体重将至少减轻3.5亿公斤。FTO变体与臀围、腰臀比增加以及脂肪含量增高有关。多个种族的研究都报道发现了这一相关性，但FTO基因的"风险"版本在不同的人群中差别很大。例如，40%～60%的欧洲人口携带至少一个风险拷贝，而东亚人口只有12%～20%的人携带至少一个风险拷贝（Loos and Yeo，2014）。尽管在程度上有差异，但对于那些携带两个变体拷贝的人来说，无论什么种族，额外增加3公斤的影响仍然是一致的。

　　前文提及的埃文郡纵向亲子研究（ALSPAC）提供了儿童成长过程中一些非常有用的数据。在检查这一群体的FTO基因变体时，研究发现变异基因似乎对出生体重没有影响，但从7岁开始，随着年龄的增加，与控制组儿童相比，这些携带变异基因的儿童体重稍微增加，由此看来，变异基因似乎不会对胎儿生长产生影响（Frayling等，2007）。FTO基因对身高没有影响，对体重的影响似乎完全取决于脂肪量的增加。

　　尽管我们尝试最新的节食计划，但最近我们的体重还是增加了，你可能认为是FTO基因变体导致的，请注意，这种FTO基因变体只解释了群体中BMI变化中1%的变异（Frayling等，2007）。鉴于FTO是迄今为止发现的对BMI影响最大的遗传变体之一，这意味着应该有超过100个变异基因导致BMI发生变化。但是，如果一些基因变体共同作用，导致了差异，而不是每个变异基因单独造成差异，那么这个数量可能需要修改。

　　那么，FTO是如何导致我们变胖的呢？要明确回答这个问题很有挑战性。FTO基因编码一种酶，这种酶可以用化学方法修改单链DNA和RNA分子中的遗传字母，如第2章介绍的信使RNA（mRNA）。"单链"意味着只有在DNA被解开时，换句话说，它不再以图2.1所示的双螺旋形式存在时，这种酶才能进入DNA。就这一机制本身而言，它并没有提供任何线索来解释这种行为如何导致了BMI的变化。

那么，如果FTO基因有缺陷，人体产生的FTO蛋白完全缺乏正常的酶活性，会怎么样呢？事实上，在一些罕见的病例中会发生这种不妙的情况。FTO基因缺陷会导致生长迟缓、功能性脑缺陷和面部结构异常，一些患者也会出现其他问题（Boissel等，2009）。有这种缺陷的患者存活不会超过30个月。考虑到FTO酶的广泛作用，这也许并不令人惊讶。如果没有FTO基因，就会发生很多糟糕的事情。研究人员对小鼠群体进行了基因工程改造，使其完全缺乏FTO基因，同时，一部分小鼠群体只在大脑中"敲掉"（删除）了FTO基因。特别有趣的是，只在大脑中缺乏FTO基因的小鼠与在身体各个组织中缺乏FTO基因的小鼠相比，其表现型几乎一样。这确实表明，FTO在大脑中的作用特别重要。虽然FTO在身体所有组织中都有表达，但其在大脑中的表达最高，特别是下丘脑，如前所述，下丘脑在食物摄入中起着关键作用（Loos and Yeo，2014）。FTO基因在大脑中的表达水平受到饮食的影响——吃高脂肪饮食10周，FTO的表达增加了。

与超重和肥胖最相关的问题也许是：鉴于如此多的人至少携带一个与这些表型相关的FTO基因变体拷贝，在功能水平上，"风险"基因和"非风险"基因之间有什么差别呢？我们并不知道（Loos and Yeo，2014）。一种可能性是，变异的"风险"基因导致下丘脑中FTO酶的表达水平略有不同，从而影响了食物摄入量。

当然，FTO变异基因常常导致携带者饮食增加。有两倍风险基因的人吃得更多，吃完后的饱腹感降低，这意味着即使吃了很多，他们仍然感到饥饿。他们也喜欢含有更多卡路里的食物，但他们并没有显示出任何能量消耗或体力活动的减少，因此FTO似乎只对能量摄入有影响。在一项研究中，研究人员招募了纽约地区的一组幼儿，均非肥胖患者，测量他们在控制条件下的饮食量（Ranzenhofer等，2019）。平均而言，携带一个FTO风险基因拷贝的儿童相比没有风险拷贝的儿童，单餐饮食大约多64卡路里，而携带两个FTO风险基因拷贝的儿童又多吸收64卡路里，即平均128卡路里。这听起来可能不多，但如果这种行为上的差异乘以每天三餐，一周又一周，日积月累，那么很明显，食物摄入量增加最终会产生相当大的影响。由于肥胖本身会影响激素分泌和食物代谢水平等，很难分清因果关系，因此，这种参与者并非肥胖儿童的研究非常重要。在纽约的这项研究中，在没有出现肥胖的情况下，FTO风险基因携带者的饮食行为存在差异，这表明FTO风险基因通过多吃或少吃食物，开始发挥其最早的影响。

需要强调的是，本文对FTO的简要概述只是对一个大主题的总结。每年有100多篇科学论文以"FTO"为主题发表。当然，我们不应该忘记，还有数百种其他的遗传变异，它们已经被确定与BMI差异、肥胖或瘦有关。但总的来说，它们似乎只占特定人群中对BMI差异的总体遗传贡献的不到5%（Speakman等，2018）。因此，就相关基因的发现而言，似乎还有很长的路要走。

许多基因变体的作用机制与FTO的主要作用方式一致，这意味着许多相关基因主要在大脑中表达。因此，这与以下观点不谋而合，即许多基因变体可能与下丘脑有关，下丘脑是调节食欲的关键大脑中枢。但研究者也逐渐发现了其他通路。GWAS对40多万欧洲人进行研究，调查这一特定人群冒险意愿的差异，研究发现与这一特征相关的变异基因和与BMI相关的变异基因之间存在显著重叠（Clifton等，2018）。其中一些重叠指向与冒险有关的一种众所周知的大脑通路。这给我们的启示是：如果你更愿意从事冒险行为，那么超重可能只是其中一个结果。另一项GWAS研究发现，高BMI与容易染上孤独和抑郁之间存在遗传相关性（Day等，2018）。但当研究的变异特征是腰臀比时，研究人员发现，许多被识别的相关基因都在脂肪组织中得到表达，这意味着通过脂肪组织更有可能控制体型（Goodarzi，2018）。事实上，GWAS已经发现了44种与腰臀比相关的基因变体，其中28种对女性的影响更大，5种对男性的影响更大，11种对男性和女性的影响相反（Goodarzi，2018）。

如果我们讨论的是多基因导致的99%的肥胖，而不是单一缺陷基因导致的1%的肥胖，那么读者现在应该清楚，对于大多数人来说，没有什么确定的因素会导致非常高的BMI和肥胖。例如，即使是众所周知的FTO基因变体的贡献也只占欧洲人口体重变异的1%左右。因此，如果你有两个"风险"基因拷贝，你很可能会稍微（无意识地）倾向于吃得更多，但这种倾向并不是无法抵消的，如果你决定少吃多锻炼，也可以抵消这种倾向。当然，如果你有大量的基因变体，导致较高的BMI，那么你可能会觉得，保持健康体重的成功率会非常小。但读者请谨记，迄今为止所研究的相关基因变体远没有前文提及的FTO基因变体那么普遍。例如，GWAS发现了与BMI增加相关的一种变异基因，称为ADCY3，但迄今为止，在研究的人群中，这种变体最多在3%的人群中存在（Grarup等，2018）。

此外，有大量证据表明，增加锻炼可以抵消许多风险基因变体的影响（Goodarzi，2018）。例如，在一项对10.9万名英国人的研究中，他们都有69个与BMI较高相关的"风险SNPs"，研究表明，锻炼可以成功抵消风险因素，保持健康体重（Tyrrell等，2017）。最有助于抵消风险基因变体影响的运动类型也是我们关注的焦点。一项对18424名中国台湾的成年人进行的DNA测序研究显示，游泳和骑自行车在降低风险方面效果并不佳，而慢跑效果最好，快走和爬山效果也很好（Lin等，2019）。一些交际舞也能达到不错的效果，包括狐步舞和华尔兹。所以每个人都可以选择适合自己的方法。但是要记住，偶尔做剧烈运动没有好处（而且可能很危险）——最重要的是经常锻炼。

据此，我们可以得出这样的结论：并没有什么确定性因素导致个体基因组中携带大量风险基因变体，但携带大量风险基因变体的人相比那些比较幸运、携带少量风险基因变体的人，需要在饮食和运动方面付出更多的努力和自律，以保持健康的体重指数。尽管如此，值得注意的是，通过基因咨询，了解到自己的肥胖遗传风险，通常会减少个人自我责备，增加改变生活方式的动力，但实际上并不会导致体重减轻（Goodarzi，2018）。事实上，有些人一旦了解了自己的基因风险，体重反而会增加，也许他们会觉得自己的基因注定了他们的命运。或许，这句话的寓意是，不要太担心你有没有携带什么风险基因，坚持健康饮食，多做运动，注意BMI不要落入超重的范围，尤其是不要落入肥胖的范围。对大多数人来说，生活就应该这么简单。

8.3 BMI的表观遗传学

基因与环境紧密结合，共同作用，塑造了我们的体型，BMI很好地说明了这点。正如前面所强调的，我们自己的选择在结果中起着核心作用。彻底综述基因与环境相互作用的大量文献不在本文的范围内，但许多综述文章都有详细的介绍，供那些希望进一步挖掘的人使用（例如Reddon等，2016；Goodarzi，2018）。

如果说研究影响BMI变化的100多个遗传变体似乎令人眼花缭乱、一头雾水，那么一旦表观基因组也开始被纳入考虑范围，你可能会觉得想要降低BMI就更无从下手了。专业术语"表观基因组"（epigenome）指的是在特定时间，特定组织的DNA上所有表观遗传标记的总和。生物学家喜欢在化学词的结尾加上"ome"或"mics"，因为这有助于建立一个全新的研究领域。因此，有些期刊名就包含表观基因组学，如《表观基因组学和蛋白质组学》（*Epigenomics and Proteomics*），另外，至少有20种期刊名字中包含基因组学（genomics）。

随着测量表观基因组的技术不断发展和成本的下降，对BMI变异的表观遗传学研究才刚刚开始。如前所述，DNA的主要表观遗传修饰之一涉及所谓的"甲基化"。如果这种情况发生在基因的调控区域，就会产生一个屏障，阻止转录因子与调控区域结合，从而导致基因表达的减少。一项研究表明，BMI较低或较高的人有不少于2825个基因被不同程度地甲基化，这种甲基化对这些基因（特别是脂肪组织的基因）的表达产生了影响，导致了BMI变高或低（Ronn等，2015）。在这样的表观基因组测量中，我们不容易区分因果关系。那么，在这种情况下，这很可能意味着因果的混合：饮食和日常锻炼，都会影响脂肪组织中多个基因的表观遗传状态，从而调节它们的新陈代谢、大小和形状。此外，一旦一个特定基因出现表观遗传差异，这种差异可随着细胞复制而复制，因此这种差异带来了长期影响。另一方面，BMI较高的人其脂肪组织可能运作特殊，从而带来了许多表观遗传差异。要弄清楚2825个基因中哪一个基因发挥了什么作用，以及它们不同的表观遗传状态带来的生理后果，是一项艰巨的任务，但首先，甲基化差异的存在才是最重要的。

表观遗传差异会导致BMI较低或较高的人之间存在基因调节差异，听到这个消息，我们不应该觉得自己注定会超重或肥胖。事实上，恰恰相反。研究表明，额外的运动可以改变骨骼肌中2817个基因和脂肪组织中7663个基因的DNA甲基化——其中18个基因此前已被证明与肥胖有关。骨骼肌中的大多数基因甲基化程度降低，这表明许多基因的表达增加了，而在脂肪组织中则相反，甲基化程度普遍增加，从而减少了基因表达（Reddon等，2016）。一项对25项不同研究的综述表明，在每种情况下，运动对多个基因的表观遗传状态都有显著差异（Voisin等，2015；Jacques等，2019）。尽管许多双胞胎在出生时表观遗传非常相似，但在成年后，他们的表观基因组可能会变得非常不同（Fraga等，2005）。我们的选择确实会产生影响,我们自己的DNA体现了这些影响。

8.4 结论

BMI和肥胖的话题是否属于行为遗传学的内容?希望这一章的介绍明确回答了这一问题:"属于。"我们的体型和大小在很大程度上是遗传变异、锻炼习惯、文化背景、饮食习惯和个人选择完美结合的结果。一些相关的变异基因,如FTO,可增加我们的食欲,对我们的大脑产生影响,而对食物的渴望当然会使我们倾向于某些行为。另一方面,其他变异基因似乎是在行为开始后才发挥作用,比如在脂肪储存量及其去向方面。同时,我们的体育锻炼习惯,在许多方面影响着我们的体重。因此,总的来说,"食物、运动和体重"之间的关系有力地证明了基因、环境和个人选择以极其复杂的方式交织在一起,形成了我们每天在镜子里看到的那个人。

第9章 基因、宗教信仰和政治认同

从体型遗传学到宗教和政治遗传学似乎有点跳跃——无论如何，基因肯定与如此复杂的人类行为没有任何关系。真的没有关系吗？正如第4章所言，行为遗传学家逐渐将几乎所有人与人之间不同的特征纳入他们的研究范围。当然，反映宗教信仰和政治认同的行为，或缺乏宗教信仰和政治认同的行为，因人而异。第1章中讲到，在《自然》杂志的一篇文章中，"越来越多的研究表明，生物学可以对政治信仰和政治行为产生重大影响"（Buchen，2012）。我们需要批判地看待这种主张，而本章的目的正是要做到这一点。一如既往，我们首先来看一下科学数据，然后再思考这些数据意味着什么——或者，更重要的是，它们不意味着什么。

9.1 宗教信仰的定义

如果智力很难定义，那么像"宗教"、"灵性"和"宗教信仰"这样的词就更难定义了。在社会科学中，宗教信仰被视为一个多维结构，包含许多种元素或多个领域。尽管不同的作者通常使用不同的名字指代宗教信仰，但它们都包括信仰、价值观和态度、参与服务和仪式的实践活动、宗教知识、宗教经验、个人信仰或奉献，以及对教派或机构的忠诚。因此，宗教信仰涵盖了一系列的社会、文化、认知和行为因素，涵盖个人对宗教的感受或体验，以及他们的宗教行为。个人参与的领域不一定完全一致——个人可以持有宗教信仰，而不参与宗教活动。

另一些人则更多地从进化心理学的角度来讨论宗教信仰的定义问题，将宗教信仰定义为"具有宗教信仰的心理能力"（Voland，2009）。这个定义更狭义，将宗教信仰视为一种生物能力，而不是一种现实。在沃兰德（Voland）的模型下，宗教行为的表型表达，包括思想和行动，被称为"宗教性"，其定义为"因人而异的宗教信仰的心理和行为表现"（Voland，2009）。行为遗传学广泛采用"宗教性"这一术语，通常将宗教性用于公共或社会领域，如教堂出席和宗教活动。宗教性也被用来描述宗教在个人生活中的重要性，通常通过他们的行为来评估（称为宗教"突出性"）。"宗教性"和"宗教信仰"这两个词通常可以互换。

行为遗传学文献有时也会对"灵性"进行梳理。"随着时间的推移，'宗教性'和'灵性'这两个词逐步发展，拥有了更具体的内涵。目前，宗教性常常指'狭隘的和制度性的'，而灵性常常指'个人的和主观性的'（Zinnbauer等，1997）。总体而言，灵性通常指与更广阔的世界、他人，以及超越性的或超自然的事物的联系或同一性。它与宗教活动的重叠因文化不同而不同。

9.2 宗教信仰的遗传力

行为遗传学研究往往只专注一个或几个宗教领域，因此，不同研究侧重不同领域。最常见的研究领域是宗教活动、教堂出席、宗教保守主义或宗教激进主义，其次是个人奉献和宗教态度。

在使用标准双胞胎方法调查青少年（11—18岁）宗教信仰遗传力的八

项已发表的不同研究中，所有研究者都一致认为，其遗传力基本上为零，或小到不太可能有意义，尤其是在年龄较小的青少年中。2015年，博尔德曼（Polderman）等人的研究进一步证明了这一点。他们基于50年来的双胞胎研究，进行了大规模有效的元分析，总结了多种人类特征的遗传力。其中，他们对双胞胎进行了63项"宗教和灵性"独立研究，报告称，12至17岁时，同卵双胞胎在宗教和灵性方面的差异只比异卵双胞胎高一点点[1]。实际测量的特征包括宗教信仰、宗教教派和宗教活动，比如去教堂做礼拜、宗教激进主义、用9分制衡量"宗教性"、用45分制衡量宗教价值观和"精神参与"，以及宗教突出性。

与这些研究形成鲜明对比的是，在12项不同的研究中，成人（18岁以上）宗教信仰测量结果遗传力均为正[2]，这里引用了其中一个具有代表性的样本（Truett等，1992；D'Onofrio等，1999；Vance等，2010）。在青少年群体中测量的大多数特征在成人群体中也进行了测量，此外，一些研究还涉及其他特征，如灵性、个人奉献和"宗教保守主义"。平均而言，遗传力在30%和50%之间，但有些领域要低得多（16%）或高得多（64%）。在大多数领域中，环境对变异的影响与遗传的影响一样大。关于教堂出席和其他外部的或公共的宗教信仰是否具有遗传性，各项研究的数据不同：特鲁特（Truett）等人的研究（1992）发现，这些特征不具有显著的遗传效应；但布拉德肖（Bradshaw）和埃里森（Ellison）（2008）估算教堂出席的遗传力为32%，大致与其他领域相同。研究发现，与特定宗教或教派的归属联系不具有正遗传力（D'Onofrio等，1999；Kendler等，1997）。灵性似乎并不比宗教实践或态度具有更大的遗传力。灵性领域的可测遗传力从23%到65%不等，具体数值取决于所测量的特征。

其中一些研究存在的问题是样本量小——样本很少能达到1000对以上，而双胞胎研究需要非常大的样本（超过10000对）才能取得真正的统计效果；因此，这些研究的置信区间往往非常宽，经常包括零，这使得一些报告的遗传力在统计上有些可疑。

这些不同的宗教特征，在青少年时期遗传力为零或接近于零，而在成年后，遗传力值通常至少是正的，虽然人们不把具体的精确值当回事，但人们该如何解释这一现象呢？通常的解释是，环境对宗教活动和价值观的共同影响在儿童和青少年时期应该比成年时期高得多，因为儿童时期的行为是在父母的控制之下的。因此，可以预想，随着青少年获得更多的独立性，能够做出自己的行为选择——专业术语称为"择窝"（niche picking），基因效应会在成年早期增加变异。也许吧，不过目前没有一致的理论来解释为什么遗传变异在成年后会相对迅速地开始对这些复杂的行为特征产生可衡量的变异影响，正如前面提到的，这些行为特征本身很难明确定义。

表观遗传调控的基因表达在发育过程中发生变化，也许这放大了遗传变异在成年期的作用。正如在第7章中讨论的那样，人们已证实人格特征的差异具有正遗传力，所以某些人格类型与特定形式的灵性或宗教活动之间的相关性可能会在某种程度上解释这一结果（Kandler and Riemann，2013）。

在科学中，人们通常会为数据寻求更简单的解释，而不是更复杂或难以置信的解释。此时，我们需要记住，如第4章所提到的，在双胞胎研究中，导致特征变异的三个不同因素（遗传力、共有环境和非共有环境）的作用加起来必须是1。当孩子们离开家，走各自的路时，共同环境的影响急剧下降，有些东西就会开始改变，于是，遗传变异的相关性，即遗传力，开始显现出来。碰巧的是，对于青春期与成年期之间的遗传力差异，有一个简单的解释，完全不涉及遗传变异，至少不是直接涉及。应该记住的是，得出正遗传力的必要条件是，就某一特定可测量特征（如教堂出席)而言，同卵双胞胎之间的相似性要比非同卵双胞胎之间的相似性更相关。成年后不同类型的双胞胎之间的分数差距越来越大，这很有可能是由于双胞胎离开家后，同卵双胞胎比异卵双胞胎具有更紧密的联系和情感纽带。在同卵双胞胎的生活中，没有人比他们的同卵兄弟姐妹更重要。例如，德国的一项研究涉及133对同卵双胞胎和60对异卵双胞胎，该研究呈现了随着时间的推移，不同双胞胎之间的亲密程度的数据（Neyer，2002）。其中有几个图很有趣，如图9.1所示。与异卵双胞胎相比，同卵双胞胎在整个成年期的接触频率、情感亲密度和相互支持程度都要高得多。与青春期相比，这两种类型的双胞胎在成年期的接触频率和情感亲密度的下降可以简单地解释为他们离开家，在不同的地方找工作，而在退休后，他们又倾向于搬回距离更近的地方。

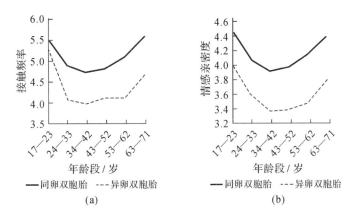

(a)　　　　　　　　　(b)

图9.1　同卵双胞胎（MZ=同卵双胞胎）和异卵双胞胎（DZ=异卵双胞胎）在接触频率（9.1a）和情感亲密度（9.1b）两方面的比较。
改编自Neyer（2002）的图1。

　　最近一项对年龄在20—41岁的数千对双胞胎的研究表明，24%的同卵双胞胎"几乎每天"都有接触，而异卵双胞胎中只有10%的人每天接触（McCaffery等，2011）。不难想象，成年后，同卵双胞胎这种持续一生的互动和更强的情感依恋可能有助于解释他们与异卵双胞胎相比，在宗教态度和宗教活动方面的更多的联系。所以一种可能性是，在任何年龄，宗教信仰变异的遗传力实际上是零，遗传变异与宗教信仰特征的差异无关。

然而，有两个观察结果与这一结论相反。首先，一个小样本的关于分开抚养的成年双胞胎研究，测定了其宗教兴趣、态度及价值观等五个不同方面，测定的遗传力为50%（Waller等，1990），该数据符合其他类似的测量宗教信仰各个方面的研究结果（Bouchard，1999；Segal，2012）。从表面上看，鉴于他们被分开抚养，"更密切的接触"的解释并不适用。前文已提到，参与此类研究的每种类型的双胞胎数量都很少，分开抚养的时间范围从0到69年不等（在不同的家庭长大但童年期间定期接触的双胞胎，分开时间设为0年）（Waller，1990）。由于这些原因，这些研究得出的数据并不像最初看起来的那样容易解释。第二个可能与"更密切的接触"论点相反的观察是，成年期的宗教信仰没有遗传力，然而同卵双胞胎成年期更密切的社会接触可能会导致这些特征更多的一致性。

所以现在还没有定论。但如果考虑到成年后，总体而言，与异卵双胞胎相比，同卵双胞胎之间似乎产生了更多的情感依恋，你可能会认为，与异卵双胞胎相比，遗传力是基于同卵双胞胎之间更相似的给定特征，那么我认为，这样的观点足以解释成人的宗教信仰的遗传力。这种假设也可以得到验证，只需要评估几千对成年双胞胎的宗教信仰，并计算他们每年见面的次数。如果宗教信仰的遗传力与他们的亲密程度无关，那么我的假设不成立。正如下文所言，在谈论到政治认同时，我们将再次涉及类似的讨论。

在有关宗教特征的遗传力报告中，有一个有趣的事实常被忽视：如果无神论位于宗教信仰量表的低端，那么它的遗传力将是相同的。例如，一个评估教堂出席率的量表同时也是评估教堂缺席率的量表。如果成年同卵双胞胎在参加教堂活动方面相关度很高（他们确实如此），那么他们在不参加教堂活动方面的相关度也很高。"X%的教堂出席可遗传"相当于"X%教堂缺席可遗传"。这同样适用于各种双胞胎研究中使用的任何宗教量表。然而，就像教堂出席率只衡量了宗教信仰的一小部分，教堂缺席率也只衡量了无神论的一小部分。除了无神论信仰之外，可能有许多社会原因导致个人不参加宗教仪式、不进行宗教活动或不过宗教节日。但无论如何，如果成人宗教信仰的遗传力并不是遗传导致的这一"简单解释"正确的话（很可能是正确的），那么任何关于宗教信仰或无神论遗传力的讨论都没什么价值了。

与无神论的遗传力有关的研究是关于遗传变异在"叛教"中的作用的研究。叛教通常指脱离宗教信仰、身份或实践活动。在高度宗教化的国家，如美国，这是一种冒险行为，因为至少在青少年时期，离开宗教社区可能会导致某些负面后果，如失去朋友和社区的支持（Zuckerman等，2016）。从青春期到成年的过渡也与所谓的"外化"行为有关，外化行为是指对环境有负面影响的显性行为。有趣的是，据报道，叛教的各个方面都具有正遗传力（Freeman，2019）。叛教是非常宽泛的概念，一项研究耗时15年多，跟踪了337对青少年双胞胎的生活，考察了三个具体的特征：脱离宗教机构、停止祈祷和脱离宗教信仰。正如这项研究的作者所强调的："每一种衡量方法都反映了与宗教脱离的不同方面。"事实上，样本中同时具备这三种特征的人数太少，只有20人，无法进行分析，所以只能分别评估每一种特征。研究报告显示，停止祈祷的遗传力为34%，脱离宗教信仰的遗传力为75%，而脱离宗教组织的遗传力并不显著。这一切意味着什么？正如研究者所言，每位父母都知道，青春期与冲动行为有关，遗传变异在冲动行为中的作用已被充分证实。这篇论文指出："对一个喜欢冒险的人来说，宣布自己不再信仰某个教派或决定停止每日祈祷可能会激动人心，而对一个不喜欢冒险的人来说，这可能会令其生畏。"我不确定"激动人心"这个词的具体所指，但我们能懂他的意思。脱离宗教信仰也可能被视为对父母或宗教权威的反叛。因此，就像宗教的遗传学研究中经常出现的情况一样，这些研究结果并不是真的关于宗教本身的，而是反映了与人格有关的一整套特征差异，以及青少年和成人行为特征的对比。

信不信由你，已经有人试图识别与宗教信仰有关的特定遗传变异，但与其他候选基因研究一样，没有发现可进行复制研究的重叠，结合我们目前的讨论，这个结果并不令人意外。在《上帝的基因：信仰是如何根植于我们的DNA中》（*The God Gene: How Faith is Hardwired into our DNA*）一书中，迪恩·哈默（Dean Hamer）声称已经发现了一种与大脑中的神经递质水平有关的基因变体（VMAT2），这种变体与"自我超越"的特征有关（Hamer，2004）。然而，这项研究从未被同行复制过，该领域的其他学者也从未认真对待这项研究。正是像《上帝的基因》书中这样的说法，经常导致媒体大肆炒作，但同样不幸的是，这也让行为遗传学声名狼藉。

9.3　政治认同的遗传力

关于政治态度和认同的遗传力文献可以追溯到40多年前，其中包括广泛的社会特征，如"保守主义"和"激进主义"。最近的研究集中在使用标准双胞胎方法测量特定的政治特征。

与"宗教信仰"一样，要确切地知道我们要衡量政治认同的什么特征是个挑战，不同的研究选择了不同的政治特征（Hatemi等，2011；Hatemi and McDermott，2012）。这些研究包括：探究投票率的遗传力（Fowler等，2008）；探究遗传对政治态度和选民选择的共同影响（Hatemi等，2007）；纵向研究（从儿童到成年）双胞胎的态度（Hatemi，2009）；探究个性、党派和政治评论强度之间的协方差（Verhulst等，2012）。关于双胞胎研究的报告结论较为一致，政治参与（Fowler等，2008）、"政治练达"（Arceneaux等，2012）、"政治兴趣"（Klemmensen等，2012）和"外交政策偏好"（Cranmer and Dawes，2012）等特征的遗传力为正，在48%至76%之间。相反，实际的政党认同被认为主要受共享环境的影响（Hatemi等，2009）。双胞胎宗教信仰的研究表明，宗教隶属或教派隶属没有遗传力，在这方面，政治信仰的研究结果与对双胞胎宗教信仰的研究结果相似。

如何解释这些发现呢？没有人相信存在着"政治偏好基因"、"保守主义基因"或"外交政策偏好基因"，尽管一些媒体的头条新闻如此宣传。调查问卷主要关注21世纪美国人对"保守主义"或"自由主义"的看法，包括对"睡衣派对、裸体主义者营地、电脑音乐和占星术"的态度（Alford等，2005）。但这些看法高度依赖于文化和时间。在英国和美国，保守的含义并不相同，更不用说在日本或朝鲜或沙特阿拉伯了。问题在于，我们把"政治态度"当作与身高、体重指数或1型糖尿病类似的东西来对待了，可它不是。在芬兰，每10万人中有45人患1型糖尿病，在委内瑞拉，每10万人中仅有1人患1型糖尿病。1型糖尿病的定义明确，全球认可，同时高度依赖于不同群体的多基因组成和环境组成的差异。政治态度则完全不同：时代和文化背景不同，政治态度的含义也不同。当我们试图解释手机使用时间（包括发短信的时间）（Miller等，2012），以及消费者对汤和小吃、混合动力汽车、科幻电影和爵士乐的偏好（Simonson and Sela，2011）的正遗传力报告时，就更麻烦了。"解释一切"的方法有可能最终什么也解释不了。

乐观来说，政治参与的遗传力与人类人格的许多其他方面相关，如亲社会人格和行为、"对传统权威的服从"（Ludeke等，2013）、对经验的开放性和"评估的需要"（Bizer等，2004）。信任他人是一种遗传特征（Sturgis等，2010），信任他人的人更有可能加入政治组织和公民协会（Uslaner and Brown，2005）。关于政治取向的两个关键方面的遗传力，一项研究报告宣称，"这种遗传变异的很大一部分由人格特征的遗传变异导致"（Kandler等，2012）。然而，就像研究与政治有关的遗传变异的各个方面一样，有些研究得出了不同的结论。

一些研究者试图越过相关性，而去寻找因果关系。一项研究表明，与其说性格特征导致人们持有不同的政治态度，不如说两者之间的相似性主要受遗传的共同影响（Verhulst等，2012）。一项研究进一步测量了一大组澳大利亚成年双胞胎10年前后的性格和政治态度，研究发现，性格变化不是这个时期政治态度产生差异的原因（Hatemi and Verhulst，2015）。然而，解开生物有机体行为的因果关系都很棘手，更不用说涉及复杂的人类行为特征了，退一步讲，一个复杂的特征与另一个特征有"因果关系"到底意味着什么，也尚不明确。总体来讲，在一个群体中，一个特征的变化先于另一个特征的变化，这并不意味着一定能建立因果关系。就目前而言，最为稳妥的办法就是接受该领域大量文献的结论，即政治态度的正遗传力很有可能与不同人格特征的遗传力有关（Friesen and Ksiazkiewicz，2015）。这至少与数据相符，因为数据显示，虽然性格差异在早期形成，但直到成年后双胞胎离开家，政治态度和偏好才有遗传力。

最后提到的观察结果再次让人想起了关于宗教信仰的数据。在一项研究中，青少年政治态度的遗传力为零，但离开家后，其遗传力的测量值急剧增加（Hatemi等，2009）。在儿童和青少年时期，政治态度的个体差异是由各种环境影响造成的，在9岁至17岁之间，共享家庭环境的影响显著增加。成年早期（20岁出头），对那些离开父母家的人来说，有证据表明政治态度具有相当大的正遗传力值，然后遗传力在整个成年生活中保持稳定。然而，在那些21~25岁继续住在家里的双胞胎人群中没有观察到这一发现。对此，作者的解释与对宗教信仰的类似发现的解释差不多："基因的影响只在成年早期表现出来，而且只有当父母环境等强大的社会压力消除时才会显现出来。"（Hatemi等，2009）同样，人们很容易推测，与异卵双胞胎相比，成年后同卵双胞胎之间的社会联系更密切，这可以简单解释这一结果。基因从21~25岁开始影响宗教信仰，证据主要来自在这个年龄段异卵双胞胎的政治态度相似性大幅下降，而同卵双胞胎之间的相似性保持稳定。与同卵双胞胎相比，离家后接触较少的异卵双胞胎的政治态度可能会更加不同。

与宗教信仰研究类似，有些关于政治信仰的研究提出了反对意见。这些研究调查的是"分开抚养"的双胞胎，研究者测量了他们的"保守主义"和"右翼威权主义"等特征，研究发现，这些特征具有正遗传力（Segal，2012）。因此，与同卵双胞胎相比，成年后异卵双胞胎之间的社会接触减少，这在多大程度上可以解释为什么政治态度的遗传力在成年后是正而在儿童和青少年时期却为零，仍然是一个悬而未决的问题。

前文已提及，在研究其他行为特征上，GWAS仍面临严峻挑战，因此，试图通过GWAS将遗传变异与政治意识形态特征关联起来，这一尝试仍不能识别具有显著统计意义的SNPs，也就不足为奇了（Hatemi等，2014）。现在研究者普遍认为，早先报道的候选基因与政治态度之间的相关性不可靠（Charney and English，2012）。

值得注意的是，在关于政治态度和认同的遗传学文献中，语言往往在不知不觉中从特定人群中的变异数据和评论偏离到关于不同影响因素的假定"强度"的推论上来：例如，"为了研究遗传和环境对个体特征和行为影响的相对强度，研究者基于比较遗传相似度不同的家庭成员，设计了一系列方法"（Sturgis等，2010）。此外，遗传力和遗传是不同的概念，两者完全不同，而研究者经常混为一谈，如关于政治特征遗传力的标题：
"政治取向是遗传的吗？"（Alford，2005）。作者希望作出肯定回答，
但他们的数据是关于遗传力的，与遗传一点关系也没有。

9.4　这一切意味着什么？

值得注意的是，总体而言，本章对行为遗传学研究的结果持怀疑态
度。事实上，社会和政治科学领域的许多学者认为本章描述的方法纯属
浪费时间，但我们也许没有必要采取如此消极的态度。例如，我们可以假
设，像宗教信仰这样复杂的特质以及政治认同的各种测量维度具有正遗传
力，是由遗传变异导致的。这种观点与人类早期发展过程受遗传与环境的
复杂交织影响是一致的。根据这个框架，人类特征的发展是100%的遗传
和100%的环境，任何还原论者试图用实验方法来分解种群中发现的与某
一特定特征有关的变异的相对贡献，都必然会得出各种形式的"两者均
沾"的答案。

正如第7章所言，遗传变异确实会导致儿童早期出现性格差异，这一
假设是合理的。另一个假设也合乎情理，并有数据支持，即具有特定性格
类型的人比其他人更容易坚持某些承诺。只要付出一点努力，"其他人"
也能像那些觉得很容易做到的人一样实现高水平的承诺，但在大量接受研
究的双胞胎中，"更容易实现承诺"的群体导致了研究结果中所体现的成
年后的正遗传力。在这种情况下，遗传变异的主要影响是性格差异，而性
格差异反过来又会影响一个人对几乎任何他们感兴趣的事情的承诺，无论
是体育、宗教、政治还是集邮。

因此，本章描述的数据并没有说明哪些宗教或政治信仰是合理的或不
合理的。人们所坚持的特定宗教或政治信仰的遗传力为零。当涉及个人信

念时，基因并不会强迫个人相信某种信念而非另一种信念——个人信念取决于环境影响和个人选择，但通过个性差异，遗传变异可能影响个人努力程度，影响个人实践这些信念所需的热情。

行为遗传学的任务是拿一块完整的蛋糕，采用群体遗传学的方法，按比例切成小块。作为实验方法，这是一种完全有效的方法论，科学研究一直在使用这种还原主义方法。但我们必须记住，生物学家（实际上整个人类）最感兴趣的是有机体融为一体的功能，这就对个人而不是群体的基因决定论提出了质疑。

前文已经强调过，对特定特征的遗传影响"强度"是无法从群体研究中推断出来的。较高的遗传力并不比较低的遗传力对特定特征影响更大。原则上讲，变异基因或一小部分变异基因可能会对群体的某一特征的贡献大，同时每个个体的全部基因组可能都是个体间99%的不变特征正常发育所必需的。

目前，行为遗传学领域分裂为两大阵营：其一是"真正的信徒"，他们会不惜一切代价捍卫传统方法，而不会真正参与对该领域的批评；其二是批评者，他们站在自我批评的立场，认识到如果这个领域要取得进展，就迫切需要新思想和新技术。生物学家和哲学家之间更密切的互动可能对各方都非常有益，同样，动物和人类的行为遗传学家之间更多的跨学科研究可能有助于推动这一领域的发展。同时，使用许多不同的实验方法来研究特征可以提供更多信息。在接下来的章节中，我将尝试对复杂的人类行为特征——同性吸引力——的成因进行跨学科概述，这是一个复杂的故事，遗传变异只是众多因素中一个可能的影响因素。

第10章 同性恋基因？
遗传学和性取向

　　前几章的重点是讨论遗传变异在解释人类群体特征差异方面的潜在作用。本章扩展了讨论范围，将综述当前关于同性吸引（SSA）成因的学术文献，包括基因数据。本章也旨在探讨同性吸引形成的个人、环境和生物原因。[1]

　　讨论伊始，需要强调的是，本章的重点仅涉及目前的科学数据。有些人可能会对探究这些特征的根源深感不适，但本章的重点在于回答如下问题："在特定人群中，遗传变异在性取向这一特征的变异中发挥了什么作用？"之所以探寻这个问题的答案，很大程度上是为了反驳科学文献和媒体对这些特征的浮夸性报道。因此，不管这些特征是指智力、个性差异、身材和体重差异或任何其他数以百计的特征，我们的目标是看看这些科学数据目前的指向，并需要仔细解释这些数据，甚至在必要时怀疑这些数据。众所周知，大多数人会被异性吸引，少数人会被同性吸引，有些人则或多或少会被异性和同性两者吸引，那么，问题来了：为什么会这样呢？

　　人们对SSA的成因提出了许多假说，这些假说可分为三大类：环境、生物和个人选择。在介绍了SSA的定义、测量方法以及相关术语之后，我们将简要讨论个人选择，然后讨论环境假说，最后详细讨论生物假说。虽然我们对SSA的成因进行了区分，但我们应该知道，SSA这一复杂现象不应该只有单一的原因或因果链。事实上，正如我们将讨论的那样，很有可能许多不同的原因相互关联，以不同的方式（可能与性别和文化有关）影响着整个SSA个体。尽管我们将这些不同的原因单独放在不同的标题下讨论，所有的影响实际上与个体生活融为一体，这意味着我们不可能找到个体SSA的一个"原因"。

10.1 SSA的定义和衡量

在探讨SSA原因之前，我们有必要明确SSA的定义，并意识到在性行为研究领域定义的复杂性（Savin-Williams，2006；Gates，2011；Bailey等，2016）[2]。性吸引指的是对其他个体的性欲望。性吸引不是离散变量，而是一个连续体，一端为只朝向异性的吸引（异性吸引，OSA），另一端为只朝向同性的吸引，中间为相等地朝向两性的吸引。个人的性吸引力状况通常用金赛量表（Kinsey scale）来衡量，该量表通常用0（完全OSA）到6（完全SSA）7个等级表示性取向。虽然性吸引是连续体，但在实践中，几乎接下来提到的所有采用金赛量表的研究都表现为离散的分段小类别：OAS（0—1）、双性恋（2—4）和SSA（5—6）或OAS（0—1）、SSA（2—6），我们在解释实证数据时应该记住这一特点。

除了金赛量表外，其他量表也常被使用，如克莱恩性倾向网格（Klein Sexual Orientation Grid）、性－浪漫量表（Sexual-Romantic scale）和性别量表（Gendered Sexuality scale）（Galupo等，2018）。由于这里报告的许多数据基于金赛量表，因此，我们默认使用的是金赛量表，除非另有说明。

准确地测量SSA，无论是就人口统计学而言还是就实验人群而言，都不简单。首先，吸引通常与互相关联但又截然不同的概念（包括性行为、性幻想和自我认同）的衡量方法结合在一起，或从中推断出来。所有这些因素共同决定了一个人的性取向。这些方面并不总是，甚至不常是，确切关联的，而是在不同的个体中以多种方式相互作用。例如，一个有SSA倾向的人可能不会有同性行为，而一个自认为是异性恋的人可能会存在某种程度的SSA倾向。平均而言，有某种程度SSA倾向的人数是自认为是同性恋或双性恋人数的近三倍。因此，在处理吸引之外的概念时，研究者应该谨慎。话虽如此，在下面提到的许多研究中，我们可以假设，同性恋行为和/或同性恋身份伴随着SSA倾向（尽管反过来未必正确）。

其次，即使是直接评估吸引，测量工具（通常是自我报告问卷或调查）也可能存在巨大差异。变量包括：问题的措辞方式，被认为足以归类为SSA的吸引程度或频率，提供的可选项数量和匿名程度。因此，不同的测量工具可能产生截然不同的结果（Gates，2011）。评估的时间段（一生SSA倾向vs当前或最近SSA倾向）至关重要，因为性吸引是一种动态特征。美国和新西兰的长期纵向调查发现，尽管大多数个人，约占80%至90%之间，一生中有稳定的性吸引倾向或性认同，而一小部分人，一生中随着时间的推移，会改变他们的性吸引倾向（Ott等，2011；Mock and Eibach，2012）。一生中，变化会发生在两个方向上（即从SSA到OSA或从OSA到SSA）（图10.1），因此，假设当前有OSA倾向的个人从未或永远不会有SSA倾向是不正确的。从绝对数量上看，从完全的OSA转变为一定程度的SSA的人要比从完全的SSA转变为一定程度的OSA的人多，但从百分比上看，情况正好相反。还有一个显著的性别差异，女性的性吸引状态比男性更不稳定（Diamond，2008）。这些数据有助于解释SSA的原因——不同人的同性吸引发展差异表明，没有一种原因足以解释所有形式的SSA。

由于测量困难，对SSA在各国或世界上流行率的估计有着很大的差别。[3]根据多个数据源,表10.1列出了英国人在SSA和同性行为方面的流行率估值。通过调查,可以确定一些趋势。报告称,一直以来,更多的女性比男性有一定程度SSA倾向。在人群中,有一定程度的SSA倾向比存在同性行为更普遍,而存在同性行为又通常比非异性恋的自我认同更普遍(尽管在调查中,身份的衡量标准存在很大差异)。完全SSA倾向或同性行为的流行率远低于其他任何程度的SSA倾向或同性行为的流行率。

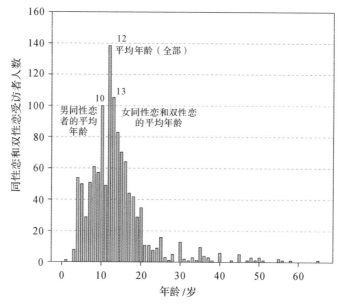

图10.1 美国人口的SSA发展趋势

大多数SSA个体在青春期早期发展为稳定的SSA倾向,男性平均年龄为10岁,女性为13岁。少数人较晚发现他们的SSA倾向。该数据经许可,改编自2013年皮尤研究中心发布的《一项针对美国LGBT群体的调查:时代变迁中的态度、经历和价值观》。

10.2 个人选择

在详细回顾SSA假定的生物学和环境原因前，有必要简要描述一下第三类原因，即个人选择。许多人会争辩说，根据性吸引的定义，性吸引不能被意识选择或被意志控制，因为吸引是一种不受意识思维控制的基本精神状态。在这种模型下，性吸引是一种自我发现的特征，而不是由个人选择决定的。这一模型之所以称为"标准模型"（Wilkerson，2009）是因为它是生物学家、社会学家和普通大众普遍认同的模型，是许多性吸引测量方法（Savin-Williams，2009）和关于同性恋流行文章的基础。[4]评论人士并不质疑个人可以对他们的性行为和性自我认同做出有意识的选择，或者一旦承认SSA，其SSA倾向可以通过行为选择得到强化，人们认为吸引本身是内在的，是一种"发生"在某人身上的状态，而不是有意识选择的结果。

表10.1 英国同性吸引和同性行为普及率

	男性/%	女性/%
任何程度的同性吸引	6～8	9～10
完全同性吸引	2	<1
一生中任何同性行为	5	2
完全同性行为	1	<1

该数据源于多项数据。这一比率与包括美国和法国在内的其他西方社会相当。发展中国家的数据非常少。数据来自Savin-Williams（2009）。

然而，这一标准模型并没有被大众普遍接受（Wilkerson，2009）。多年来，许多群体认为，SSA是一种有意识的选择，个人可以自愿选择被同性吸引。个人选择假说的支持者列举了几个潜在的原因来解释为什么个人会选择被同性吸引，包括个人政治、有限的机会、社会文化因素或对文化规范的反抗。例如，20世纪70年代和80年代早期的女同性恋女权主义运动认为，女性应该选择只被其他女性吸引，以此来反对异性恋和父权压迫（Ellis and Peel，2011）。在同性恋群体中，一个名为"选择酷儿"（Queer by Choice）的组织认为，他们的SSA倾向是他们自己做出的选择[5,6]。美国和非洲部分地区的活动家将同性恋描绘成一种"生活方式的选择"，同性恋者可以通过选择被异性吸引而改变这一生活方式。事实上，在长达30年的时间里，当被问及同性恋的原因时，30%到40%的美国被调查对象承认是自我选择的结果（Lewis，2009）。还有一种可能是，支持个人选择假说的个体混淆了吸引和行为的概念[7]；如前所述，性行为是在人的意识控制范围内这一点是没有争议的。

令人惊讶的是，几乎没有实证研究直接证明个人选择假说，但是关于性吸引的大部分已知信息表明，如果可以的话，个人选择可能只是男性SSA倾向的一小部分原因，可能占比非常小，而女性的个人选择范围可能更大一些。目前我们缺乏系统调查，但轶事证据和非正式调查发现，根据大多数有SSA倾向的个人的自述，他们觉得自己是"天生的同性恋"，或者只是意识到一种预先存在的无意识吸引力[8]。值得注意的是，同性恋者第一次认为自己不是异性恋的平均年龄是10—12岁（图10.1）；认为这个年龄的青少年在故意做出决定，去接受一种可能被大众媒体和整个社会嘲笑的吸引力，这似乎不合理（当然，这种文化因素依赖于地理位置）。总的来说，即使我们不能完全排除个人选择这一因素（包括否认那些认为这确实反映了他们经历的有SSA倾向的个人的声音），个人选择也不可能是大部分有SSA倾向的个人的促成因素。一定还有其他解释，如下所述。

10.3　环境因素

10.3.1　心理分析、育儿与恐惧症

20世纪中叶，最著名的SSA解释来自精神分析。自1940年开始，新弗洛伊德精神分析学家山多尔·拉多（Sandor Rado）和他的追随者们提出理论：有SSA倾向的个人没有天生的SSA心理能力（仅指男性SSA），SSA是由父子关系异常造成的。一般认为，典型的男性同性恋者会有一个敌对且情感疏远的父亲和一个"过于亲密的"母亲，这被称为"三角系统"；令人窒息的母子关系以及缺乏异性恋男性角色榜样，导致儿子患上了与女性发生性关系的恐惧症（Drescher，2008）。20世纪五六十年代，一些小规模研究报告称，在同性恋人群中发现了这种"三角"关系，其中最著名的是1962年，欧文·比伯（Irving Beiber）和同事对纽约同性恋人群的研究（Beiber等，1962）。在此期间，"三角系统"成为精神分析的正统理论，并被纳入由美国精神病学协会分别于1952年和1968年出版的第一版和第二版《诊断与统计手册》（*Diagnostic and Statistical Manual*），该书将同性恋列为"反社会人格障碍"。

然而，在精神分析领域之外，"三角系统"受到许多学者的批评，他们指出了其研究方法上存在的缺陷和精神分析模型固有的未经证实的假设。样本量总是很小，通常少于50个，而且许多研究没有使用对照组。样本普遍从因同性恋犯罪而入狱或因同性恋而接受精神治疗的人群中抽取。这很容易带来偏差，因为先证者经常表现出多重共病的精神问题。研究发现，SSA与精神障碍存在相关性，这一发现也反映了样本带来的偏差，而不是揭示了先证者的SSA倾向的潜在原因。

1956年，伊芙琳·胡克（Evelyn Hooker）在加利福尼亚进行了一项

研究，对象是未被定罪、未被收容的男同性恋者（Hooker，1957）。她发现这些SSA患者的心理是健康的。两名训练有素的精神科医生并不能从容区分这些同性恋男性和一组异性恋对照组的心理特征。从1966年开始，在非临床和未被收容人群中复制比伯等（1962）人的研究结果的尝试几乎都以失败告终。只有一项研究完全支持"三角系统"，而其他许多研究发现，有OSA和SSA倾向的男性的家庭关系存在很小或几乎没有差异（Siegelman，1974；1981）。在规模最大的一项研究中（979名同性恋，477名异性恋），在父亲是否充满敌意或母亲是否专横方面，同性恋男性和异性恋男性之间没有发现差异（Bell等，1981）。1974年，西格尔曼（Siegelman）在一项调查中发现，有SSA倾向的男性只有在神经质得分较高的情况下，才更有可能在情感上对父亲怀有敌意并拒绝与父亲的关系（Siegelman，1974），这一发现进一步证明，SSA可能因抽样偏差而被与其他精神问题混为一谈。

总之，没有证据表明，男性的SSA倾向是由异常的亲子互动关系导致的对异性关系的恐惧回避带来的结果。即使在那些似乎支持这一说法的研究中，也有相当数量的参与者报告说他们与父母的关系非常健康，而数量更大、结论更公正的样本多次证明，并没有证据支持"三角系统"的说法。到20世纪70年代，"三角系统"模型理论已经瓦解，1973年，《诊断与统计手册》中删除了SSA。美国心理学会（American Psychological Association）、世界卫生组织、中华医学会精神病学会也分别于1975年、1992年及2001年将其从名录中删除。

10.3.2　童年受虐待和创伤经历

最近提出的一个理论是SSA是对童年性虐待经历的一种反应。大部分支持这一病因学理论的研究主要是来自美国的横断面研究和临床研究，这些研究报告称，与异性恋者相比，男同性恋者和女同性恋者在童年时期都经历了比例较高的性虐待和身体虐待，高达两到三倍（Balsam等，2005）。一项美国人口统计研究（22071人）发现，成年同性恋和双性恋的男性和女性在童年时期（直到18岁）遭受性虐待、身体虐待和情感虐待的比例显著较高（Andersen and Blosnich，2013）。

　　不幸的是，横断面研究不能区分相关事件的时间顺序，因此无法确立因果关系。儿童期性虐待经历可能是发展SSA的一个重要原因。如果施虐者和受害者是同性，那么可以"确认"施虐者是同性恋，而异性施虐者可能会对受害者造成创伤，引发受害者对异性的回避。然而，这种因果关系反过来也同样有可能。几乎所有关于儿童期性虐待的研究都将儿童期划分至16或18岁，远远超过了大多数有SSA倾向的个体第一次出现SSA的年龄（见图10.1）。虐待可能是对青少年"出柜"的暴力反应，或者是对非典型性别行为或外表的反应。只有两项研究使用了可以确定因果关系方向的研究设计，但并未得出决定性结论。其中一项研究（800人）梳理了美国某城市11岁或以下（即青春期前）儿童遭受忽视和虐待的历史，然后测量了受虐儿童30年后的成年同性行为。他们发现，童年遭受性虐待的男性一生中有更多的同性伴侣，但同性同居的可能性没有增加（Wilson and Widom，2010）。

　　鉴于目前的数据模棱两可，要找到儿童期性虐待与SSA之间的联系还需要做更多的工作。儿童期遭受虐待仍可能是一小部分群体出现SSA倾向的原因，但很明显，由于大多数有SSA倾向的个人没有遭受任何形式的虐待，因此，儿童受虐待既不是SSA发展的必要条件，也不是充分条件（Andersen and Blosnich，2013）。

10.3.3 社会化

"社会化"是一种假设，指的是青春期前的孩子在性吸引方面是一张"白纸"，这种吸引是通过社会文化线索以及与父母、兄弟姐妹、同龄人、导师、榜样和更广泛的文化的互动中获得或学习的。该理论模型假设，当个人身处SSA和相关行为的环境时，通过一种正强化机制，个人会无意识、不可控地出现SSA倾向[9]。支持社会化假说的实证数据非常少，相关文献也很少。一项针对有同性恋兄弟的SSA男性的单一研究发现，83%的人在意识到他们兄弟的性取向之前出现了SSA倾向，这表明，至少对男性来说，性吸引不是从兄弟姐妹那里获得的（Dawood等，2000）。一项进一步的研究发现，性吸引（虽然不是行为）不是从青少年同伴那里"学习"的，而且有SSA倾向的青少年在同伴群体中并不主要与其他有SSA倾向的个体相联系（Brakefield等，2014）。

在美国和英国，大量研究调查了同性恋父母的后代是否更有可能由于模仿父母而出现SSA倾向。研究者专门针对女同性恋家庭进行了四项小型定量研究（Gartrell，2011）。由于女同性恋抚养后代是一个相对较新的现象，这些研究仅限于青少年和年轻的成年人（15—23岁）。总的来说，这些研究得出的结论是，在女同性恋母亲抚养的后代与父亲母亲共同抚养的后代之间，在性吸引或性行为方面没有可信的差异。然而，女同性恋家庭的女儿似乎未来更有可能发生同性行为，更有可能自我认同为异性恋以外的人。目前还不知道这些结果在多大程度上受到参与者年龄的限制——众所周知，女性在青春期的性行为特别多变，因此很难将这些结果概括为女性未来生活中稳定的性吸引。目前没有证据表明，SSA是受父母榜样的影响，而且，这类研究涉及的人数很少，因此，这一结论只是初步结论。

除了家庭和同伴影响之外，没有证据表明更广泛的文化因素（如媒体或职业体育中同性关系的可见性和可行性日益增加）可能在SSA的发展中发挥作用。这一领域的大多数研究侧重点都不在吸引，而在行为或身份。在这些情况下，很难区分社会化假设和社会变化的影响。社会化的假设要求将个人置于有着正面意义的同性关系榜样的环境中，他才会出现SSA倾向，而且一个有这些榜样的社会对公开认定并"出柜"为同性恋者来说很可能是一个安全的环境，这就增加了调查和研究中出现SSA的人数。但我们不能认为，SSA的流行与自由社会之间的正相关证明了两者之间的因果关系。

总之，兄弟姐妹、同伴、父母或文化的社会化影响促使个人出现SSA倾向，这一假说缺乏充分证据，也有些人反对这一总体结论。一位评论者评论道："没有令人信服的证据表明同性之间的吸引随着时间和地点的不同而有很大的变化。"（Bailey等，2016）。

10.4 生物解释

10.4.1 遗传学：双胞胎研究

在过去20年里，研究者提出了一种新的假说并逐渐流行起来，该假说认为，SSA是由一种或多种变异基因引起的。在美国的一项调查中，44%的受访者提到遗传是导致SSA的一个原因（Sheldon等，2007）。"同性恋基因"假说经常出现在媒体、科普文章、歌词和同性恋游行中。至少有两本科幻小说把"同性恋基因"的存在作为必要前提[10]。然而，尽管SSA在流行文化中占有突出地位，但很明显，并没有哪个基因会导致SSA。如果这一特征是由单一基因控制的话，同性恋父母的孩子不会严格按照孟德尔比率遗传SSA，同卵双胞胎也只是部分一致。事实上，大多数研究发现，同卵双胞胎在SSA方面的比例显著高于异卵双胞胎，然而一致性不到50%（Alanko等，2010；Långström等，2010）。

关于SSA和性取向的双胞胎系统研究始于20世纪90年代初，并且研究者已经进行了大量的研究。一项有影响力的早期双胞胎研究发现，男性和女性的遗传力都在40%～70%（Bailey and Pillard，1991；Bailey等，1993）；后来大量媒体报道将估值报道为50%。然而，这些研究可能会受到偏见的严重影响——研究者通过对同性恋友好的出版物招募志愿者，使具有一致性的双胞胎更有可能报名。因此，澳大利亚、瑞典、芬兰、美国和英国的后续研究采用人口登记处的双胞胎记录，形成系统研究群体，通常有几千名参与者。这些研究在男性和女性群体中使用了一系列不同的吸引、行为和身份衡量标准。总的来说，双胞胎研究发现，性取向的不同方面的遗传力存在显著性，包括SSA，但不同研究对遗传力的估值存在巨大差异，从15%到50%不等（Kendler等，2000；Alanko等，2010；Långström等，2010；Burri等，2011）。一项大型双胞胎研究报告称遗传力为32%（Ganna等，2019）。对于性取向的某些方面在男性还是女性中更容易遗传，不同研究存在分歧。测量变量的异质性可能是这些数据重现性差的关键因素（即用不同的实验方法测量不同的变量）。然而，从表面上看，这些研究指出，环境影响是特定人群中SSA及其相关变量差异的最大促成因素。此时，读者要记住，双胞胎研究将任何非遗传的生物因素，如激素，定义为"环境"，所以这一发现并不排除非遗传的生物原因。像往常一样，在双胞胎研究中，读者还需要记住各种警告。例如，这些双胞胎研究数据的有用性在某种程度上受到很大的置信区间的限制，遗传力为0通常是置信区间的最低界限。与我们当前处理的问题特别相关的事实是，共享同一个胎盘的同卵双胞胎（约三分之二的同卵双胞胎）比单独胎盘的双胞胎（三分之一的同卵双胞胎和所有的异卵双胞胎）拥有更相似的胎儿环境。这对下一节讨论的SSA的激素理论有特别重要的意义。

10.4.2 遗传学：特定基因

少数分子遗传学研究已经调查了是否有任何特定的遗传变异与SSA有关。虽然没有单一的遗传突变是SSA本身的原因，但数百甚至数千个变异，可能会共同影响SSA。此外，已经有一些初步数据显示，性别取向不一致的男性双胞胎的表观遗传存在差异（Balter，2015）。正如已经讨论过的对其他行为特征的平行研究一样，直到最近，这一领域的研究一直互相矛盾，其可靠性、可重复性和有效性受到质疑。

第一个关于SSA的分子遗传学研究由迪恩·哈默尔（Dean Hamer）和他的同事在1993年发表（Hamer等，1993）。这篇论文吸引了广泛的媒体和公众注意，将"同性恋基因"的想法带入了公众的讨论。哈默尔和他的同事分析了40对双胞胎X染色体上的22个遗传标记，这些双胞胎都显示出SSA倾向。位于Xq28[11]区域的5个标记出现在33对双胞胎中（占83%），这表明该区域的一个或多个基因可能与这对兄弟共享SSA倾向有关。研究者非常谨慎，他们指出，这项研究有局限性，比如样本量小，样本绝大多数是白人，以及对SSA的定义非常严格。此外，识别出的关键区有几百万个碱基对，包含超过100个基因，其中任何一个基因都可能是关键基因。然而，Xq28在媒体报道中迅速被称为"同性恋基因"（Kitzinger，2005），事实上它只是指示一个空间区域，而不是一个基因，而且该研究结果是初步结果，未被复制研究，而且远没有定论。哈默尔随后出版的书《欲望的科学：寻找同性恋基因和行为生物学》（*The Science of Desire: The Search for the Gay Gene and the Biology of Behaviour*）（Hamer and Copeland，1994）更加深了人们的困惑。

有一小部分研究试图复制哈默尔关于X染色体的发现，但大部分以失败告终。虽然最初的研究小组使用独立群体（33对）进行复制研究，成功得出了研究结果，但其他两个使用相同方法和更大样本的研究却未能得出同样的结果（Rice等，1999；Mustanski等，2005）。此外，测量各个家庭的SSA系谱研究发现，家庭中的男性同性恋者通过母系相互联系，因此共享位于X染色体上的遗传变异，但这一假设无法得到一致的支持。如果一个或多个X染色体相关的基因与该特征有关，这一假说应该是成立的（Schwartz等，2010；VanderLaan等，2013）。这些数据相互矛盾的原因目前还不清楚。

研究者进行了许多GWAS研究，以确定可能导致SSA遗传力的遗传变异，但直到2019年，第一项统计可靠的研究才诞生，该研究报告了5个与同性性行为相关的遗传变异（Ganna等，2019）。这项研究的研究对象是英国和美国的近50万人。该研究使用英国生物样本库，4.1%的男性和2.8%的女性报告曾与同性发生过性关系，这与表10.1总结的数据基本一致。生理性别与自我认同性别不匹配的个体被排除在本研究之外。虽然只有5个遗传变异达到了统计显著性，但许多其他没有达到显著性高标准的遗传变异也被确定了。当将已确定的遗传变异对遗传力的所有贡献加起来构建多基因评分时，它们对总变异的贡献不到1%。因此，很明显，不能简单地根据已确定的基因变体来预测一个人的性取向。SSA特征似乎与前几章中GWAS研究的其他特征相似：每个遗传变异只占总变异的很小比例——遗传结构非常复杂。因此，这项研究彻底终结了找到"同性恋基因"的想法，许多头条新闻也报道了该项研究的结果，比如《自然》杂志，"没有同性恋基因"（Lambert，2019）；说实话，早在这项研究出现之前，寻找同性恋基因的想法就已经消亡了。此外，遗传"信号"并不是特别位于X染色体上，这也无法支持哈默尔和其他人已经提到的说法。

GWAS识别的SNPs是否为生物学过程提供了因果线索？这项研究的研究者确实指出了一些线索，并且，研究者专门强调，过度解读线索可能带来风险。例如，在5个SNPs中，有1个已经被确认与男性脱发有关，脱发是主要发生在头皮顶部和前部的头发脱落。反过来，脱发又与男性早期发育过程中的性激素调节有关。该SNP与被称为TCF12的基因相邻，该基因与SRY（启动男性性别决定的基因）信号通路相关（Bhandari等，2011）。另一个SNP与嗅觉相关的几个基因紧密相关。这一观察结果尽管看起来很奇怪，仔细一想却非常有趣，生殖、嗅觉和神经系统的某些重要部分的发育是紧密相连的（Valdes-Socin等，2014）。因此，这5种变体为进一步研究提供了一些有趣的途径。但这项研究的研究者很明智，他们评论道："我们的发现为同性性行为的生物学基础提供了见解，但我们也强调不可简单相信结论。"（Ganna等，2019）但愿这一领域的一些早期研究者在他们的解释中也能表现出类似的谨慎。同样值得强调的是，这项研究仅涉及少数西方国家欧洲血统的参与者。如果这些研究扩展到其他人群时，结果可能会有所不同。

第1章已介绍过，一款评估个人对同性吸引水平的APP很好地阐述此类研究带来的社会风险（Maxmen，2019）。尽管这款应用引起了强烈抗议，导致其很快从网站平台上被删除，但这类事件表明，遗传数据可能继续被误解和滥用。

10.4.3　兄弟出生顺序效应

早在20世纪30年代，就有假设认为，男性的SSA倾向可能与兄弟姐妹数量或孩子出生的顺序有关。20世纪针对这一假设进行的几项小型研究没有达成决定性的结论，但自20世纪90年代以来，加拿大一个研究小组进行了一系列研究，研究出生顺序对性吸引的影响。这些研究一致发现，弟弟明显比他们的哥哥更可能有SSA倾向，这与社会经济地位、母亲年龄和整体家庭规模无关（Bogaert and Skorska，2011）。兄弟姐妹的总数不重要，在女性中也没有看到这种影响；因此，这种现象被称为兄弟出生顺序（fraternal birth order，FBO）效应。研究者在不同群体中复制了该研究结果，不同国家的家庭中出现了FBO效应，如巴西、伊朗、意大利、萨摩亚、土耳其、美国和英国（Blanchard，2018）。

这些数据可以用母体免疫假说的理论来解释。众所周知，一个人具有SSA倾向的可能性随着哥哥数量的增加而增加（即第三个儿子比第二个儿子更有可能出现SSA倾向）。表型的日益严重类似于感染后的免疫反应。这使得研究人员提出，携带Y染色体编码抗原（称为H-Y抗原）的男性胎儿细胞穿过胎盘屏障进入母亲的血液，引发母亲的免疫反应（因为她没有Y染色体）。根据这一理论，针对Y染色体特定抗原的抗体随后传递回胎儿，并影响发育中的胎儿大脑和/或胎儿基因组和/或胎儿表观基因组。随着母亲连续受孕男性胎儿，母体抗体的数量和结合效率都会增加，直到跨越足以影响SSA发展的阈值。母体免疫假说的证据在于：姐姐（这种情况下，姐姐不引起母体免疫反应）不增加弟弟出现SSA倾向的可能性，与此同时，男性胎儿流产确实会增加以后受孕男性胎儿出现SSA倾向的概率，这意味着这种效应属于产前效应（Ellis and Blanchard，2001）。此外，一项对收养兄弟的男孩的研究发现，非同胞哥哥的数量不会对SSA倾向的发生率产生影响，而同胞哥哥的数量会产生影响，这再次表明这种影响始于出生前（Bogaert，2006）。

然而，这一假设存在重大问题，因为从来没有直接证据表明男性胎儿能引起相关的母体免疫反应（尽管我们知道男性捐赠者的器官移植到女性接受者体内会引起这种反应）。任何假定的母源抗体的作用模式也是未知的——围绕着SSA的其他遗传、激素和神经因果途径的不确定性使研究者难以解释假设的机制。为什么FBO效应不是普遍效应？绝大多数弟弟都是OSA，我们对此也尚不清楚。出生顺序有可能是一个风险因素，与另一种因果机制（环境机制或生物机制）互相作用，但这种相互作用是如何发生的，仍是悬而未决的。此外，许多研究表明，一些头胎出生的男性报告有SSA倾向。从理论上计算，将SSA归因于FBO效应的同性恋人口比例估计在15%至30%之间，FBO效应不可忽视，但它也只代表了少数同性恋。总之，在母体免疫假说被接受之前，我们还需要更多的数据，特别是与分子机制有关的数据。FBO效应本身仍然是该研究领域中最可靠、最可复制的观察结果之一。

10.4.4　性别和性别非典型性

人类在生理上和行为上都是两性二态的。至少从19世纪60年代开始，就有假说认为，SSA的出现是性别发展规范出现偏离的结果——换句话说，有SSA倾向的男性是女性化的，而有SSA倾向的女性是男性化的，因此表现出的性行为与他们的染色体性别不同。"双性人"[12]假说今天仍然被大众广泛引用；西方和非西方国家普遍存在的刻板印象表明，成年同性恋者在身体、举止和社会行为以及性行为方面都存在非典型性。

然而，同性恋男女在生理上存在非典型性行为的证据有限且互相矛盾。一方面，没有任何迹象表明相当一部分的有SSA倾向的成年人的生殖器非典型，也没有一致证据表明他们在身高、体重或其他身体特征上有所不同。另一方面，美国一个研究小组研究了几个有着多样化文化的群体，研究者完全可以根据短视频剪辑（10秒）中展现的外貌、言语和动作，准确评估个人的性取向（Rieger等，2010）。这种性取向的评估是根据非典型性判断做出的（即更多非典型性的人被判断为同性恋，通常判断正确），这表明SSA和OSA个体之间可能存在一些生理差异。此外，有报道称，人工智能（使用"深度神经网络"）在区分同性恋和异性恋面部方面比人类更准确（Wang，2018）。在这项研究中，给定一张面部图像，人工智能"分类器"可以正确区分男性同性恋和异性恋，准确率高达81%，区分女性同性恋和异性恋的准确率达71%。人类判断的准确率要低得多：区分男性的准确率为61%，区分女性的准确率为54%。但这项研究是基于从美国约会网站收集的白人图像，所以文化影响在这类识别研究中可能很重要。

加利福尼亚州立大学的理查德·里帕（Richard Lippa）和他的同事们进行的研究显示，成年同性恋者，包括男性和女性，更有可能因为一系列性格特点而被他人判断为性别非典型，在各种男性气质/女性气质测量中，更可能自我认定为性别非典型（Lippa，2008）。这种联系在童年时期更加强烈；自20世纪60年代以来的许多研究表明，青春期前儿童的非典型性别行为与成人有较高的SSA倾向可能性之间存在强大的相关性（Zucker等，2006）。的确，这是性取向研究领域最有力的发现之一，在过去的20年里，无论是针对男性还是女性群体的研究，都没有得出相反的发现。由于大多数研究都是回顾性设计，人们通常认为研究结果容易受回忆偏见的影响，因此有人认为，成年同性恋者可能会错误地记住更高程度的性别非典型性，因为他们后来才得知自己的SSA倾向。然而，前瞻性研究和非回忆性研究都得出了类似的积极结果（Steensma等，2013）。

然而，这些行为数据需要谨慎解读。对成年人而言，性吸引状态和性别非典型性之间的相关性通常呈弱相关。频繁使用样本小的非典型临床人群，特别是儿童和青少年，削弱了研究结果的普遍性。性别非典型性的最极端形式——性别焦虑与SSA之间的联系尚不清楚；可以预期，性别焦虑总是伴随着SSA（就个体的染色体性别而言），但OSA个体也存在性别焦虑，已有病例记载。此外，与生理差异不同，性别表现与文化规范、同伴压力、无意识的社会期望和互动密切相关，因此很难将性别非典型性与SSA和OSA个体之间普遍的生物学差异直接联系起来。例如，一些非西方文化的观察性研究描述了外貌和行为高度女性化的有SSA倾向的男性群体；在这些文化中，人们认为，只有在伴有其他非典型性行为的情况下，一些非典型性行为才被认为是正常的，可以容忍的，这迫使有SSA倾向的个体采用某些非典型性的性别表现方式（Lawrence，2010；VanderLaan等，2013）。

总的来说，尽管证据有些不确定，需要进一步的研究来梳理潜在的混杂因素，但似乎性吸引和性/性别非典型至少在大量的有SSA倾向的个体中是相关的，因此，非典型的男性化或女性化可能是某些个体SSA的原因。原则上，这种相关性的潜在原因可能是社会心理因素或生物学因素，或者两者都有。社会心理学的解释缺乏实证数据支持，此处不再进一步讨论。生物学上的因果关系主要在两个相互关联的领域得到了研究：性激素和神经学，下文将对此进行讨论。与其他病因一样，基于性别非典型性的因果模型既没有充分也不足以解释所有的SSA，因为许多有SSA倾向的成人在他们的一生中性别行为都是典型的，而大多数性别非典型性的儿童则继续发展成异性恋取向。

10.4.5 性别/性别非典型性：激素

第一性征和第二性征的发育是由雄性激素控制的，如睾酮、二氢睾酮和雄烯二酮，这些激素由肾上腺和性器官产生。男性和女性都产生雄性激素，但男性通常会产生更高浓度的雄性激素，这是由位于Y染色体上的SRY基因促成的。在绝大多数成年人中，有OSA或SSA倾向的个体的雄性激素浓度没有差异。有SSA倾向的男性睾酮没有分泌不足，有SSA倾向的女性的睾酮也没有增强。因此，在成年期用激素"治疗"SSA虽然合乎道德,但是不可能取得成效,而且历史已经证明,使用激素治疗毫无效果。

人们经常假设,胎儿在发育期间在子宫中暴露于非典型浓度的雄性激素与儿童期、成年期的非典型性别和性别特征以及SSA有关。人们将其称为"组织假说",或简单地称之为"产前激素理论",旨在强调激素差异在胎儿大脑发育的早期阶段发挥作用,即对胎儿阶段的大脑"组织"产生影响(Bailey等,2016)。然而,研究者在试图证明胎儿的激素浓度与任何形式的性别非典型性之间的相关性时屡屡受挫,因为研究者很难实施测量(Berenbaum and Beltz,2011;Hines,2011)。按常规方法,直接测定胎儿血液激素浓度是不现实的(胎儿血液取样具有高风险和有创性),因此研究者采用多种替代方法来测定胎儿的雄性激素浓度,有些方法比其他方法更有效和可靠。这些方法包括直接测量羊水和孕妇血清中的雄性激素浓度,以及2D:4D手指比例(食指和无名指长度之间的比例,这是在妊娠早期出现的一种性别二型特征)。这些研究的结果呈现不一致性。虽然相当多的研究称估算的雄性激素浓度与SSA和其他形式的性别非典型性之间存在显著相关性,但也有大量报告称有SSA倾向和有OSA倾向的个体之间雄性激素浓度没有差异,甚至结果相反。尽管直接测量人类雄性激素缺乏可重复性,但对人脸识别和其他非典型特征的研究至少与产前激素理论一致。例如,人工智能人脸识别的研究者称:"我们的研究结果与产前激素理论一致,该理论认为,同性性取向是由男性胎儿接触产前雄性激素不足和女性胎儿接触产前雄性激素过多造成的,雄性激素会导致面容、偏好和行为的性别分化。"(Wang,2018)

产前激素理论的大部分数据支持来自动物实验。例如,在小鼠、大鼠和雪貂身上进行的研究表明,剥夺雄性睾丸激素或让发育过程中的雌性处于典型的雄性睾丸激素水平,会极大地改变它们成年后的性行为(Henley等,2011)。此外,雄性和雌性动物的某些大脑区域的大小不同,这些区域大小取决于发育过程中激素接触水平的大小。例如，大脑中有一个特定区域（SDN-POA，代表"视前区性别二型核"），位于下丘脑，在许多哺乳动物物种中，雄性的该区域总是比雌性的大（Henley等，2011）。在出生前或出生后改变睾丸激素水平，可以在成年后逆转这种差异。此外，在绵羊中，大约7%的雄性绵羊（称为公羊）只与其他雄性交配，这些公羊下丘脑的SDN-POA区域是母羊的一半大小（Roselli等，2004）。需要指出的是，在将此类动物研究（还有许多其他研究）的结果应用到人类环境中时应该非常谨慎，但这里提到这些结果是为了说明组织假说在整个研究领域仍然具有光明的前景。

事实上，关于人类胎儿激素浓度最有用的数据来自"自然实验"研究——一种罕见疾病，雄性激素浓度因雄性激素或激素受体基因突变而改变。据估计每5000到15000名活产女婴中就有1人患有先天性肾上腺皮质增生症（CAH），此类女性的皮质醇分泌不足，导致雄性激素浓度明显高于女性的典型水平。超过95%的CAH患者身上负责编码一种特定酶的基因发生了突变，因此会增加雄性激素水平（Torok，2019）。在多个年龄范围内进行的十几项研究发现，相比对照组，患有CAH的女性明显更有可能出现SSA倾向或幻想，终身出现SSA倾向的比例为15%～40%（Meyer-Bahlburg等，2008；Frisén等，2009）。此外，患有较严重CAH（雄性激素浓度最高）的人比患有较轻CAH的人更容易有SSA倾向。这一发现较具可靠性，尽管这些研究大多是在白种人人群中进行的，可能不能推广到其他人群。儿童期和成年期的CAH患者也出现性别行为的非典型性，包括玩具选择、对剧烈运动的兴趣和职业偏好。

与CAH相反的是雄性激素不敏感综合征（AIS）。当雄性激素受体基因发生突变时，完全型AIS就会发生，这意味着，尽管雄性激素水平很高，但无法被身体检测到。其他各种突变也会导致检测雄性激素的能力下降，这就会使个体患上部分或轻度AIS。在完全型AIS中，男性生殖器和第二性征无法发育，XY个体被当作女性养大，直到青春期才被诊断出来。绝大多数患有AIS的"女性"被男性所吸引，这意味着就她们的染色体性别而言，她们是有SSA倾向的人（Hines等，2003）。

尽管这些研究似乎有力地证明了激素浓度与性吸引状态相关，尤其是对女性而言。这类自然实验研究受到限制，因为在CAH和AIS患者中，很难从社会对性别表现和性行为的影响中区分出激素的影响。CAH女性在生理上与其他女性不同，她们的平均身高较矮，体重较重，通常有部分成型的男性生殖器组织，在出生时通过手术和激素治疗得到了纠正。因此，CAH型女性看起来"不女性化"，可能会让人感觉更有男子气概，正如社会对CAH型女性的"男性化"预期一样。此外，由于手术的影响，CAH女性常常发现异性性行为困难或不愉快，这可能会增加同性恋幻想，这种幻想是CAH研究中最常见的测量变量。AIS个体更难评估。虽然她们的染色体性别是男性，但完全型AIS患者的表型与XX女性一样，有女性生殖器，并在社会期望其是女性的环境下成长。当这些女性不认为自己是男性时，给她们贴上SSA标签是有问题的。

另一个完全不同的"自然实验"也与这个讨论有关，尽管原因令人难过。偶尔，男性出生时阴茎畸形，或在年轻时因手术事故失去阴茎。1960年至2000年，美国许多医生认为，这些男孩通过手术和社会认知调整被重新分配为"做女性会更快乐"（Bailey等，2016）。然而，2000年后，这种观点和随之而来的医疗实践发生了改变（Diamond等，2011）。根据医学诊断，没有任何证据证明这些病例经历过产前暴露于异常的雄性激素水平中。接下来的问题是，出生后被当作女性养大的男性是喜欢男性还是女性？在7项调查中，答案都是后者（Bailey等，2016）。在这类研究中，通常有很多复杂的解释，但从表面上看，这些结果肯定与异性取向的发展在出生前就开始的观点相一致，根据推断，SSA也是如此。

总的来说，寻找非典型性产前激素暴露导致SSA或性别非典型性行为的证据，受到胎儿雄性激素浓度评估困难的限制。使用替代测量的结果容易不可靠，会出现不一致的结论，而且虽然罕见疾病似乎支持假设，但由于可能的社会影响，这些病例并不那么事实明确。还需要强调的是，所有这些研究都具有纯粹的相关性，而不是机械性；雄性激素如何通过遗传、表观遗传和/或神经效应的共同作用影响性特征和行为的发展，这一问题仍不清楚。至于产前暴露于异常水平的雄性激素中而带来的影响，很难得出确切的结论。然而，这些数据肯定与这一观点相一致，即性倾向在人类发展的早期就开始了。

10.4.6 性别/性别非典型性：神经病学

人类大脑在结构、功能和疾病易感性方面具有性别差异（Joel等，2015）。自20世纪90年代初以来，就有假说认为，有SSA倾向的个体的大脑可能是非典型性的，导致其受到同性的吸引，而且有少量研究已经探讨了大脑结构和功能差异，主要研究的是男性大脑。

从1990年开始，三项"臭名昭著"的研究使用了死后大脑解剖技术，报告称，同性恋男性与异性恋男性相比，在大脑的三个特定区域，即前连合、视交叉上核和下丘脑区被称为INAH3的区域，有显著的体积或面积测量差异（Swaab and Hofman，1990；Levay，1991；Allen and Gorski，1992）。然而，随着时间的推移，这些发现并没有站得住脚，因为它们存在不少局限性。这三项研究都调查了死于艾滋病的同性恋先证者。虽然研究者已经尝试控制疾病对大脑结构的可能影响，但研究者对药物治疗或生活方式（如吸毒）的影响关注度不够。研究者没有直接与先证者核实SSA，而是从医院记录中提取相关信息。试图复制这些结果的研究未能发现有SSA倾向和有OSA倾向的个体的这些大脑区域有任何显著差异（Byne等，2001；Lasco等，2002）。还应该注意的是，下丘脑中被称为INAH3的微小细胞簇被认为相当于之前提到的动物大脑中的SDN-POA细胞簇（Bailey等，2016）。INAH3细胞簇的大小只有一粒沙子那么大，所以只能通过大脑解剖来测量，这立即引发了使用死者身体组织所涉及的所有问题。

因此，毫不奇怪，一些研究者采用磁共振成像来绘制活体脑组织的结构。一项研究报告称，同性恋与异性恋男性的胼胝体地峡区体积存在显著差异（Witelson等，2008）。另一项研究测量了异性恋与同性恋男性和女性的灰质密度，只发现了一个非常显著差异：同性恋女性的左周皮层灰质密度降低（男性典型）（Ponseti等，2007）。这一区域与嗅觉处理有关，这使得研究者推测嗅觉线索可能与女性SSA的发展有关，但这仍然处于推测阶段。进一步的研究使用了各种脑扫描技术，报告了同性恋和异性恋的男性和女性大脑特定部位的明显差异（Savic and Lindström，2008；Burke等，2017）。

总之，性吸引的神经机制仍然非常不确定，因此简单说有SSA倾向的男性有女性的大脑是错误的，反之亦然。神经学研究的局限性在于样本量小，缺乏重复性，以及性吸引的测量方法不一致。大脑中与性吸引相关的区域并没有被明确界定（与语言和视觉等特征相反），因此该领域的研究结果仅仅是猜测。大脑性别分化的最终原因也需要进一步阐明；众所周知，基因和激素都会影响到神经发育，迄今为止，GWAS识别的与SSA相关的遗传变异（前面讨论过）可能会对这个问题提供一些有用的见解。

神经病学研究的另一个更重要的问题是，它们无法区分先天效应和后天效应。因为大脑是可塑的，新的神经回路在经历刺激后会不断形成，所以感受到SSA倾向、施行同性性行为和与不同群体的同伴交往，这些经历会对神经系统产生影响，这一说法是合理的。因此，我们不能说，这些差异是SSA的原因，因为反过来的因果关系也是成立的。

10.5　结论

讨论至此，我们可以看出，SSA有各种各样的假设原因。一些因果模型比其他模型得到了更多的实证支持，但还没有一个原因可以提供令人信服的解释。遗传变异似乎确实与此有关，但迄今为止所确定的基因对群体中SSA的总体变异贡献很小。根本没有"同性恋基因"。FBO效应得到了很好的支持，但目前还没有确凿的证据来解释这一观察结果。在女性中，几乎唯一的积极证据来自激素研究，激素研究表明女性暴露于较高的雄性激素水平会导致发育变化，从而喜欢女性，但这些数据需要谨慎对待。一些因果路径，如儿童虐待，可能对一小部分有SSA倾向的群体具有重要意义。但没有确凿的证据表明，男性和女性的SSA倾向是社会化、个人选择、糟糕的养育方式或拥有"性别错误"的大脑造成的。

因此，我们可以得出这样的结论：没有一种因果机制可以充分解释人类性吸引的方方面面。性吸引是极其复杂的特征，在不同的性别和文化中，不同时期的不同的影响似乎更为重要。并不是所有的同性恋男性都会携带相同的变异基因。并不是所有的女同性恋都男性化。人们生活的社会和文化环境是复杂的、不断变化的系统，包括他们的朋友和伴侣，以及他们自己的动机和愿望，在这个系统中，生物体本身与多重环境、社会和文化因素互相作用。因此，寻找SSA的原因是没有意义的——它不存在。这一消极结论很重要，因为许多人认为SSA的原因众所周知且不复杂，但事实并非如此。

第11章　我们是基因的奴隶吗？

到目前为止，我们的讨论为我们提供了一些背景资料，以解决本书的主要问题：我们是基因的奴隶吗？[1]答案显然取决于我们对"奴隶"的定义。这反过来又把我们带进了自由意志和决定论的领域，这个讨论已经进行了数千年，所以我们不可能在短短一章中解决这个问题。因此，我们选择了一个更适度的目标。是否存在一种对人类身份的理解，能够完全公正地对待遗传学的最新发现，同时又能体现深刻的人类自由意志？与此同时，有没有一种理解人类身份的方法，可以帮助我们了解遗传变异是如何影响人类行为差异的？我认为这两个问题的答案都是肯定的，这也是这一章的内容。在探寻答案的过程中，我每次提出的主张都是基于大量已出版的论文，并且我一如既往地为那些希望进一步研究的人提供了一些参考文献。

11.1　理解自由意志

作为一名生物学家，我认为"自由意志"是健康成年人表现出来的一种特征，就像他们有两只胳膊和两条腿一样。首先，它指的是所有人在做决定的过程中体验到的一种"由我决定"的普遍感觉，除非他们受到毒品的影响、患有使人衰弱的疾病或精神受损。事实上，人类学研究表明，世界各地的所有人，无论其文化、语言、历史或政治环境如何，都能分享这一令人信服的经历（Sarkissian等，2010；Chernyak等，2013）。他们的选择范围可能受到各种各样的限制，比如严酷的政治制度、社会习俗、不佳的健康状况等等，但"由我决定"的感觉仍然普遍存在。没有这种经历的人应该寻求心理帮助，因为他们可能会对自己和他人构成危险。我们这里指的不是那些在智力上否定自由意志的人——即使他们每天都体验自由意志——而是那些没有体验到自由意志的人。

我们知道，自由意志在幼儿时期开始发展，此时幼儿的道德责任较少。我们不要求他们对自己的行为承担法律责任。但研究表明，"由我决定"的感觉很早就开始了。在一些研究中，大人以第一人称或第三人称视角，给4~6岁儿童讲述可能或不可能的身体动作的故事（Kushnir等，2015）。然后幼儿会被问："他（你）是必须要做（结合身体动作）还是他（你）可以选择（替代动作）？"这里的替代选择要么是可能的要么是不可能的身体动作。绝大多数孩子回答说，他们可以选择做可能的身体动作，而不是不可能的身体动作。这些研究是在美国儿童中进行的，但在中国相同年龄范围的儿童样本中获得了类似的结果，这显示了跨文化的相关性（Wente等，2016）。选择与约束似乎是童年时期自由意志概念的关键组成部分，确实，在成人中也是如此。

当然，体验本身，即使是像"由我决定"的日常体验那样可靠和有说服力，也不能保证其本体论的真实性。更正式的说法是，我们将自由意志定义为"有意地在行为过程中做出选择的能力，这种能力使我们对自己的行为负责"。"有意"这个词在这里很重要。自由意志不是当我们把手从炽热的火焰上移开时的快速自动反应。自由意志留给我们时间去思考个人的行为可能产生的结果，即使这个思考时间可能很短。当自由意志行使时,人们常常将他们的信念、欲望和情感考虑在内,并根据这些方面选择遵循的行动方针(O'Connor,2000)。如果我们不考虑采取某种行动,我们可能就无法选择它。如果我们对一项行动没有任何愿望或最初的态度,我们也可能无法选择它。如果信念和欲望足够强烈,我们可能很难选择除了一种行动之外的任何行动。在某些情况下,这类情景可能会破坏自由(抢劫犯拿枪指着我的头会引发破坏自由的强烈欲望)。其他情况下,它们不会破坏自由:我看到我的孩子掉进河里,我被拯救她的欲望所压倒,于是跳了下去。不同的遗传变异可能通过影响信念、欲望和情感而促使我们做出不同的选择。只要情境或我们身体的现状影响了这些因素,原则上它们就会限制或削弱我们的选择能力。但是,当我们选择遵循一种行动方针而不是另一种行动方针时,是我们自身允许信念、欲望和情绪在行动中发挥作用。我可能想要吃蛋糕,我也有强烈的节食欲望,但最终还是我选择了将哪种欲望转化为行动。

自由意志是一个范围,从"最佳选择模式"到"最差选择模式",但无论哪个选择模式,都是由人类的大脑提供主要的相关数据。这又引出了"主动性"(agency)的概念。在特定环境中行使自由意志的是人类行动者(agent)。人类是有意的行动者,这一概念完全嵌入所有人文和社会科学,如社会学、人类学、经济学、政治科学、心理学——实际上还有历史学。这一概念同样植根于科学界的实践中。科学家们每次申请研究经费或进行实验时都表现出有意的行动。

一些科学家认为,由于思维的过程依赖于大脑的工作,而我们大脑中每秒发生的数万亿次物理事件都是由因果关系决定的,因此真正的自由意志是不可能的。这种信念似乎常常源于被称为"本体论上的简化论"的哲学,更通俗地被称为"只不过"理论。这种哲学的思想是,一旦系统被分解成碎片,系统的组成部分就提供了关于系统的最重要的知识。这个系统只不过是它的组成部分而已，因此就有了"只不过"这个短语。例如，大脑"只不过"是无数神经元和它们的无数连接。我们要将"只不过"理论从"方法论上的简化论"中仔细区分出来，"方法论上的简化论"是科学家每天研究的内容——如果你想知道某样东西是如何工作的，那么就把它分成小块。这是科学家每天使用的普通且非常成功的研究策略。问题是，如果这是你的日常工作（就像我做了40年那样），那么你很容易陷入"本体论上的简化论"的坏习惯，"本体论上的简化论"完全不同，是一种挂在"方法论上的简化论"外衣下的错误哲学。

那些倾向于"本体论上的简化论"的人有时会声称，人类行动者和自由意志的信仰代表了一种"民间心理学"，随着我们对大脑工作方式的科学知识的改进，我们需要摒弃这种信仰（Churchland，1981）。但我们没有必要朝这个方向前进。这里的重点是，没有人（但愿如此）不相信大脑的所有过程都遵循化学和物理法则这一假设。我们可以将这一假设称为"普通规律"（nomic regularity），即大脑的所有过程都以类似法则的方式运行。如果我们要研究像大脑这样复杂的系统，我们需要不同层面的科学解释——如最基础的层面，原子和分子的概念；其次是基因和细胞；然后是组织和器官；再下一个层面是生理系统，比如循环系统和神经系统；以及最高层面，如理性思维、有意行为和自由意志。这些"最高"层面的解释与"较低"层面的解释有关联，但这并不否认它们的真实性，所以没有必要将它们称为"民间心理学"。相反，它们是人类的基本特征，如（对大多数人来说）有两条胳膊和两条腿，或者（对大多数人来说）表现出合作行为。"本体论上的简化论"容易导致"非此即彼"的情形，而在现实中，"两者都"的情形能更好地解释数据。

因此，大脑中的因果关系显然是在有确定性的物理过程的层面上运行的，在这种情况下，"确定性"只是指一个物理事件导致另一个事件发生。但在复杂的系统中，不同类型的因果关系都可以用不同层面的原因解释，我们将在下文中进一步讨论。因此，事实证明，大脑工作的普遍规律根本不会破坏自由意志的实现（List，2019）。事实上，事实恰恰相反：如果真正的自由意志是可以实现的，那么大脑的普遍规律才是最重要的。大脑正常工作的障碍与精神疾病有关。

从原子和分子层面讨论"高阶"概念，比如自由意志、意向性、政治、失业或充满爱的人际关系，毫无意义。原因很简单，这些概念无法在这个层面上解释。这样做的结果只会导致哲学家眼中的"类别错误"（category error）。如果你想讨论失业问题，那么你需要政治、经济学和社会学使用的语言和知识；对分子和突触连接的理解，无论多么完整详尽，都无济于事。这些高阶概念具有"内在关联性"（aboutness），而这在较低的物理描述层面是完全缺失的（Searle，1983）。政治可能是关于谁将赢得下次选举，经济学可能是关于通货膨胀的原因，社会学是关于为什么某些群体常常以某种方式投票。如果你要调查自由意志和决定论，那么你需要将整个系统作为一个整体来看待，你需要拒绝"只不过"理论，因为大脑原子和分子的运作不能解释这些心理能力和意图，这些心理能力和意图是关于许多其他的事情的。

为了进一步证明这一观点，我们首先需要思考思维是如何从大脑中"浮现"出来的。在这个过程中，我们将绘制出一幅关于大脑如何工作的"宏大场景"，这将帮助我们了解遗传变异如何影响人类行为的变化——（在大多数情况下）不是以决定性的方式，而是以一种影响"欲望和情绪"的方式，而"欲望和情绪"又进而影响了我们的自由意志。[2]

11.2 思维来自大脑

哲学文献关于"涌现主义"（emergentism）有很多讨论，在此，我们将简要概括这一宏大领域。需要强调的是，讨论的目的不是解释大脑工作的原理，而是帮助我们理解复杂系统的不同层面需要不同类型的解释和理解。"涌现"（emergent）这个词在科学文献中经常使用，因为这一概念非常有用，有助于解释许多不同的研究领域正在发生的事情。例如，"emergent"一词在2019年的科学论文标题中至少出现了440次，大部分情况下（尽管并非总是如此）都具有我们在这里使用的该词的含义。

在哲学语境中，涌现主义主要有两种类型，第一种是弱的，第二种是强的。在所谓的弱涌现中，系统或物体的性质是由它的内在性质决定的，同时，很难仅仅根据对那些最终组成部分的观察来解释、预测或推导系统或物体的性质（Silberstein and McGeever, 1999）。在这种情况下，涌现的特性仅在描述层面上是新颖的。我们的日常生活中有无数这样的例子。钠和纯氯皆有毒，但这两种化学元素结合在一起形成的食盐则涌现出无害状态。考察氢和氧的化学结构也是无法预测水的湿的属性。"湿"的概念只有在存在着水的更广泛的环境中才有意义，比如说，我们的皮肤接触到水时。

血红蛋白是一种将氧气输送到我们身体各处的分子，它也具有此类涌现的特性，仅凭对其结构成分的观察是无法预测的。血红蛋白的功能具有涌现性质，只发生在特定的情况下，如需要氧气的生命体。对其组成部分本身的考察无助于理解为什么在进化过程中出现了这个特定的结构，而没有出现另一个结构，当然，除非研究将功能的合理化纳入考量之中。生物学家经常"自然而然"地做出结构-功能推断，以至于几乎没有人注意到，分子的涌现功能属性只有其在生命系统中"更高层面"的背景下才有意义。生命系统中的所有分子也是这样。我们注意到在每个例子中，人们甚至不能用原子和分子结构的语言来描述分子的高级功能。同样，DNA中编码的遗传信息是一种涌现的特性，只有将DNA这一概念置于活细胞环境中才有意义。实验室工作台上的纯DNA概念并不具有这种特性。

显而易见，在目前的讨论下，"强涌现"的主张更有意义。这个观点认为，复杂系统的涌现特征不能简化为其组成部分的任何内在因果能力，也不能简化为各部分之间的任何可简化关系，更高层面的涌现特性也不能仅从对其组成部分的考察中推断，即使在原则上也是如此（Silberstein and McGeever，1999）。这是大胆的主张，但碰巧的是，精神与大脑之间的关系为这种"强涌现"提供了公认的最佳范例。正如哲学家大卫·查默斯（David Chalmers）所言："我认为有一个明显的强涌现范例，那就是意识现象。"（Chalmers，2006）即使在原则上，强涌现的非推理因素也是最明显的。

假设玛丽决定去商店买一些面包。对玛丽大脑中的神经元网络进行检查，无论检查多么彻底，都无法推断出买面包的想法。当然，原则上，我们可以完整解读玛丽决定去购物的过程中大脑神经元活动，但购物的语言和概念属于作为个体的玛丽，而不是玛丽大脑的神经元和突触结构。正是这种涌现的现象为接下来的一切"设定了参数"。人类的大脑为我们所做的一切提供了框架，玛丽说"我的神经元让我去买面包"是没有道理的。是玛丽作为一个人决定要买一些面包的。

那么，强涌现意味着什么呢？一般认为，至少高阶涌现特性依赖于或"叠加"于系统的低阶特性，但与此同时，涌现特性与它们所叠加的特性不同。此时，高阶特性包括思维、意向性和决策。低阶特性指的是（但不限于）10^{11}个神经元以及它们的5×10^{14}个突触连接，这些神经元和突触连接构成了人类神经系统。神经科学家布朗（Brown）和保罗（Paul）

（2015）评论道："大脑皮层是复杂而庞大的神经元网络，拥有数以亿计的受经验调节的突触，非常适合通过动态的自我组织产生高层次的整体因果特性……"思维是在包括大脑在内的神经系统上产生的，它绝不独立于这个物理系统。按照这个观点，精神属性可以与物理属性区分开来，但同时精神属性也是物理对象的属性（Crane，2001）。

强涌现主义不仅意味着涌现特性（在本例中，指思维）叠加于较低的特性上，而且它的因果力与它叠加的因果力截然不同，有时这被视为将强涌现和"弱"涌现区别开来的"试金石"（Di Francesco，2010）。事实上，因果力是判断是否拥有一种独有特性的最佳标准。正如哲学家蒂姆·克雷恩（Tim Crane）所言："如果列出一个对象的因果力列表，只列出该对象较低层次特性的因果力，那么你就没有列出该对象的完整因果力列表。"（Crane，2001）这与涌现特性是从心理类别到较低类别的神经元网络的"下向因果性"的说法是一致的。在研究大脑的某些区域如何执行控制大脑功能的其他方面时，"下向因果性"这种语言在神经科学中很常见。然而，在目前的语境中，我们指的是行动者使用心理话语的语言所施加的下向因果性。在实践中，下向因果性是我们作为有意向的行动者的生活方式。"意向行动性"（Intentional agency）是一种涌现现象。我决定写这本书的第11章时，我打开笔记本电脑，开始浏览几十本书和多篇文章，然后开始敲击键盘。在这个过程中，我有意识的决定导致数以百万计的神经元和神经网络、数百块肌肉和身体新陈代谢协同工作，发生变化。

要想看到一个引人注目的自上而下因果关系的例子，只需抬头看看下一架飞过头顶的大型客机。这架飞机至少有两名飞行员。作为意向行动者，他们花了很长时间训练才成为飞行员（我们希望如此）。在这个特殊的日子里，他们自愿按照合同约定和航空公司的航班计划，决定将数百名乘客带到特定的目的地。他们思想的自上而下的因果关系不仅带来了他们自己的行动，而且还影响了一架巨大而复杂的机器（飞机），以及数百乘客的目标的实现，这些乘客又各自扮演着意向行动者。研究飞行员在这一涌现的因果关系层次上的行为是理解飞机为什么在你头顶上空的唯一途径——了解他们大脑所有突触连接对回答这个问题没有任何帮助。人类主动性造成的下向因果性才是合理的解释。但这是怎么做到的呢？

11.3 复杂性与因果关系

理解复杂系统中的因果关系本身就相当复杂。谁是因？谁是果？我们可以用一个简单的例子来说明这一点。试想一下，你的计算机在处理一些关于特定统计包的数据，其目的是计算两个数据集之间的显著差异。现在设想一下电子在计算机无数微处理器芯片上快速移动的过程。它们是随机地快速前进还是以一种受约束的、有目的的方式前进？显然是后者：设置统一输出参数的是软件加上输入数据，再加上硬件，在这个例子中，统一输出参数是"显著性"或"不具显著性"。"计算数学意义上的显著性"这一高级目标通过自上而下的因果过程实现，在这个过程中，电子以非常特殊的方式进行物理通道化，从而产生数万亿次的电子运动。在这种情况下，是目的论（teleology，"整个事情的目标"）控制了物理，而不是反过来——这是一种自上而下的因果关系。

那么，在这个复杂的系统中，谁是因？谁是果？很明显，人类用户是一个原因——如果没有人的意向性，就不会有计算机可以处理的数据输入。然后我们可以继续问："是软件包加上数据输入一起解决了数学问题，还是通过流经微处理器的数万亿电子解决了数学问题？"答案显然是两者兼而有之，这取决于问题提出的特定层次。因此，多重因果关系是复杂系统的一个典型特征。在这里，我们举计算机的例子，并不是因为大脑像计算机一样工作——它实际上与计算机非常不同——而是因为计算机是我们都使用的复杂系统，它很容易说明这一点。

我们再回到人的话题上来。亚利桑那大学伊斯梅尔教授（Ismael）思索了从复杂的人类神经元系统中出现的"我"的实际含义（Ismael，2015），比较了构成人体的许多复杂系统的"自我组织"（例如免疫系统或运动）与作为一种显著的人格特征的"自我管理"之间的差异。伊斯梅尔将人格的"我"比作"身体的组成部分在认知上和实践上的努力的集中化"，并用陪审团做比喻，陪审团可能包含不同的意见，但最终为法庭提供了统一的意见。"我"是一种活动，它将讨论集中在一起，用一个声音说话，不是表达的头脑中的不同意见，而是一个依赖语言的组织系统，将来自多个子系统的信息集成到一个单一的表达中。伊斯梅尔写道："从这个意义上讲，人类的思维将声音汇聚到一起。它不仅整合了感官信息，还明确地将自我定位于意向状态。"语言的特殊之处在于为我们提供了一种表达我们表征状态的方式。"我"不是被赋予的，而是达成的，它是通过锻造集中的声音来达成的。

因此，毫不奇怪，当神经科学家观察大脑时，他们看不到"我"，就像他们不能"发现"语言或自由意志一样。"我"是整体的整合属性，尽管我们目前可能不了解加密这一整合过程的精确神经系统。窥视大脑并期望找到一个"我"，就像是把计算机拆成零件，然后去寻找一个计算机解出来的一个数学方程一样。正是系统分析启发了这种"高阶"过程，而不是拆分计算机的物理部件。这就是为什么谈论思维时，我们谈论"自上而下的因果关系"是有意义的。正是神经系统整体的运作，与我们的环境相互作用，导致我们的意识体验出现"我"，进而产生人类的主动性。

多重因果关系是生物学因果解释的核心特征，尽管目前仍然没有得到普遍接受的因果关系理论。生物学中的多重因果关系被称为"因果民主"

（causal democracy）（Oyama，2000），这彰显了本书的主要主题，即基因组远非固定配方，而是重要原因的一个集合，这些因素交织在一起，形成了最终产品。"因果民主"这一术语可能会产生误导的地方在于，如果据此推断发展中的各种影响在因果关系上都是相当的，那就错了，事实并非如此（Okasha，2009）。

生物有机体中存在许多不同程度的因果关系。我们再回到玛丽去商店买面包这个例子上来。是什么导致了这种行为？可能是一系列远端和近端原因。就远端原因来看，进化生物学家可能会回应说，在过去几百万年的灵长类进化中，大脑大小增加了3倍是导致这种行为的原因之一——毕竟，商店和买面包都隐含着集体生活（尽管早期社会群体规模有限），集体生活是导致这种行为的关键因素。社会人类学家可能会找到更远端的原因，新石器时代开始时，狩猎采集者逐渐定居下来，生活在有组织的社群中，开始有组织地种植小麦、制作面包，开始常规家庭生活。就近端原因来看，社会学家可能会指出，玛丽的祖母非常偏爱新鲜出炉的棕色面包，而玛丽的母亲喜欢从商店买面包。玛丽的家庭背景显然是她倾向于将面包作为其食物的一个重要原因。当然，遗传学家则会指出，玛丽的基因组是她购买面包行为的一个重要原因，玛丽的基因组包含编码味觉感受器的基因和确保面包正常消化的酶，这些味觉感受器使面包美味，这些酶则能适当消化面包，从而为她提供营养。遗传学家也可能会指出，玛丽自受精后的发育过程涉及的许多因素都导致她最终成为一个喜欢面包的人。

同时，为了找出最接近的原因，生理学家会说，最明显的原因是玛丽感到饿了，晚餐需要吃点东西。但是，如果与玛丽本人交谈，问她是什么原因让她出去买面包，她会简单地告诉你她想买。事实上，就在前一天，她也同样感到饥饿，但当时却选择买炸鱼和薯条。玛丽还说，在她选择买面包的那天，直到她做出买面包这个选择的那一刻，她仍然可以选择炸鱼和薯条。玛丽也隐隐约约意识到，做出决定的最佳时间是在需要做出决定之前的片刻，根据这一定义，这时拥有做出最佳决定的最佳信息量。

我们注意到，事情不仅具有多重因果关系，而且每条因果链只有在特定时间维度和解释层面上才有意义。此外，各条因果链间互相补充，不存在竞争关系。人格是统一的，做决定的是人，而不是脱离身体的大脑。

我们还注意到，自由意志也有因果关系。那些不相信自由意志的人（有时称为"自由意志怀疑论者"）有时会假设，相信自由意志的人之所以能保持这样的立场，是因为他们不相信自己做出选择是有原因的。这里采用的立场与这种假设相反：决策过程中有多种原因——环境因素、历史因素、内部因素等等——然而行动者是它们最终形成决策的终极原因。她认为是她自己决定去商店买一些面包，我们不能认为玛丽的直觉判断是错误的。我们还记得上面介绍的"我"的概念，"我"是一个依赖于语言的组织系统，该组织系统将来自许多子系统的信息集成到一个单一的表达中。一旦这个"我"施加向下的因果关系，身体的其他部分就不得不跟随并承担这个决定的后果。

遗传变异作为"差异制造者"（difference makers）出现在这个因果故事中（Woodward，2003）。单个的基因或多个基因都不会引起人类行为。相反，在人类漫长的发育过程中，变异基因通过第3章所述的各种机制与许多其他成分互相作用，最终促使人类长大成人。在这个过程中，遗传变异导致了人类行为差异，这些差异可以从群体层面上测量和比较。接下来我们将讨论它到底是如何工作的。

11.4 遗传变异、自由意志和决定论

正如前面提到的，自由意志不是一种全有或全无的现象——我们的

"自由意志水平"取决于许多因素。可能有许多不同的外部约束制约着我们的自由,但在这里,我们关注更多的是内部约束,特别是遗传变异这一"差异制造者"。我们可以把基因对我们自由意志的影响看作一个光谱,两端分别是决定论和自由意志。决定论端的极点代表那些"自由意志水平"非常低甚至完全没有的情况,即基因决定论占主导地位的极端情况。从生物学而非哲学的角度来看,我们可以将这一极点定义为"硬决定论"——"鉴于我们特定的基因组,我们的生命实际上并不取决于我们,而是受限于特定的未来"。为了简化问题,我们将把两种类型的"硬基因决定论"合并为一种,尽管在现实中,这两种类型通常不同。在第一种类型中,基因缺陷不可避免地会导致某种疾病(除非在某些情况下,通过改变饮食来预防疾病),患者可以表达自己的个人自由意志,然而却在一定程度上受其疾病的限制。在第二种类型中,基因缺陷不可避免地导致了特定形式的大脑发育,在这种发育中,自由意志严重减少,甚至消失。

第1章中我们提到了果糖1,6-二磷酸酶缺乏症的婴儿,他们位于决定论端。如果这些婴儿不加以治疗,可能会在生命的早期发生抽搐和昏迷,最后死亡。但我们注意到,在这种情况下,基因决定论的结果是有条件的,因为一旦被诊断出来,对其治疗就很简单——从饮食中去除果糖。

对大多数人来说,最熟悉的是苯丙酮尿症(PKU)筛查,根据法律,所有婴儿出生时都必须进行苯丙酮尿症筛查。苯丙酮尿症是由基因缺陷引起的,导致身体不能正常分解氨基酸苯丙氨酸。如果不进行治疗,这种情况可能会导致严重的智力障碍、癫痫和精神障碍——当然会导致自由意志的急剧下降。同样地,其治疗方法也很简单:保持苯丙氨酸含量非常低的饮食即可。如果及早诊断,那在出生后不久,一切都会好起来。1953年,苯丙酮尿症的病因正式确定,20世纪60年代后,婴儿筛查项目开始引入苯丙酮尿症筛查。在此之前,苯丙酮尿症是精神障碍的主要原因,患者一生都将在精神病院度过。诺贝尔奖得主赛珍珠（Pearl Buck）有一个女儿叫卡罗尔（Carol）患有苯丙酮尿症，当时还未找到苯丙酮尿症的病因。赛珍珠出版了一本感人的书，描述了苯丙酮尿症对她女儿毁灭性的影响，名为《永远长不大的孩子》（*The Child Who Never Grew*）（Buck，1992）。

　　这些病症发生在生命伊始。那么那些发生在晚年的病症又怎么样呢？另一种类型的基因决定论可能正在起作用，阿尔茨海默病就是很好的例证。正如我们在第5章中提到的，拥有两个ApoE4基因拷贝会使患阿尔茨海默病的风险增加80%。一个人可能要到80岁才会患上阿尔茨海默病，但在80岁之前，他们的自由意志表达是完全正常的。然后，阿尔茨海默病开始发作，病人最终失去了他们的自我意识和人类身份——自由意志逐渐消融，程度或大或小。然而，即使有两个ApoE4基因拷贝，阿尔茨海默病也可能永远不会发生，特别是第4章提到的0.5%的冰岛和斯堪的纳维亚人群，他们拥有一种罕见的基因突变，显然阻止了疾病的发展。阿尔茨海默病很好地说明了我们目前使用"决定论"这个词的两种截然不同的方式：首先，ApoE4基因以决定性（尽管是不完全决定性）的方式强烈影响少数个体的疾病发展。其次，当疾病完全发展时，自由意志大大减少——甚至完全消失——这样决定论就占了主导地位。

　　当单基因缺陷导致大脑早期发育异常，进而致使成长过程中出现严重行为问题时，就会出现一种非常不同的基因决定论。想想第7章中我们讨论的荷兰家族，在这个家族中，完全缺乏MAOA酶与这个家族四代男性的攻击性和反社会行为高度相关。突变的MAOA基因导致了攻击行为吗？为了提供完全明确的答案，需要进行更多的家族研究，以显示MAOA基因突变导致酶产物完全缺失，但迄今为止的数据表明答案是"是的"。当然，突变基因与攻击性特征之间有一条很长的因果路径，这是一条在早期发育过程中建立的干扰路径，同样，我们对可能存在的主要环境因素知之甚少，但似乎突变基因作为关键的"差异制造者"，位于因果链的"顶端"。这些缺乏MAOA的失常个体很可能因为他们的攻击性行为而被告上法庭，他们的基因状况在判决时肯定应该被考虑在内。

在这种情况下，就像前面提到的其他单基因缺陷情况一样，"因果民主"一词似乎不太合适。的确，在每一种情况下，基因缺陷都会导致身体复杂的变化，而这些变化又在某种意义上导致了由此产生的病理状况，但在每一种情况下，有缺陷的基因才是问题的根源。

现在我们沿着决定论/自由意志的光谱继续前行，来看看精神分裂症。这时，我们显然处于非常不同的领域，不是单基因缺陷导致了这种病症，而是数以百计的遗传变体共同作用，促进了它的发展。此外，精神分裂症不能真正成为一种硬基因决定论，因为在大多数人中，它的遗传力约为50%，如果同卵双胞胎中的一个成员患上精神分裂症，那么他们的同卵双胞胎也有50%的概率患上这种综合征。所以很明显，环境的影响（虽然我们还不知道是什么影响），在疾病的发展中，与基因的影响一样重要。

沿着决定论/自由意志的光谱继续前行，我们会遇到严重抑郁症或双相情感障碍。此时，在绝大多数情况下，基因的影响小于精神分裂症，正如第5章所言，同卵双胞胎患重度抑郁症的概率只有25%，远低于患精神分裂症的50%。此外，我们已经发现了100多个与重度抑郁症相关的遗传变异，因此肯定没有一个基因处于因果链的顶端。但当重度抑郁症发生时，绝望的乌云笼罩着患者，那么自由意志水平肯定会大大降低——这绝对不是做出重要人生决定的好时机。当然，好消息是，现在有一些很棒的药物可以帮助患者克服抑郁，所以一旦有了医疗和治疗援助，重度抑郁也就不具有决定性了。

我们仍然在决定论/自由意志的光谱上，稳步地向自由意志主宰一切的极点移动，在这一极点，遗传变异与我们的决策完全无关，但我们还没有到那一步。在前进的过程中，我们遇到对食物、锻炼和体重的遗传影响（见第8章）。其中一些变异基因特别重要，因为它们不仅与高体重指数有关，而且开始向我们展示它们的影响如何在机制层面发挥作用。例如，许多基因似乎与下丘脑有关——下丘脑是调节食欲的关键大脑中枢。还有一些基因则与冒险行为相关。因此，这些基因很好地证明了基因可以提供"微小的推力"，从而影响我们的神经系统，使我们更有可能朝着特定的方向行动。但是这些影响并不是决定性的。请记住，即使是众所周知的FTO基因变异，也只占群体中BMI变异的1%左右（Frayling等，2007）。因此，如果你有两个FTO基因拷贝，你可能会倾向于（无意识地）吃得稍多，但你自己可以决定通过少吃多运动来抵消这种倾向。自由意志受到影响，但绝不被消解。

沿着决定论/自由意志的光谱继续前行，我们进入旅程中最广阔的区域。在这里，没有医学上的病态，也没有肥胖的问题——只是正常的人格和行为特征，这些特征构成了大部分人的日常生活。当我们在第6章中讨论了教育成就，而在第7章讨论人格时，我们在人类群体中观察到的人类身份的不同方面的变化与遗传变异绝不是毫无关系。人类身份和行为差异很大程度上来自人类早期发展，其中包括了大量基因和环境输入的相互交织过程。

在这里，区分"发生在我们身上的事情"和"我们使之发生的事情"（这些事情可能在这个过程中形成了习惯，但仍然是我们选择了它们。）可能会有所帮助。第一个类别可能包括人格特征和性取向。随着儿童的生长发育，非常清晰的个性特征出现了，这不是孩子的选择，而是他们早期发展的结果，包括产前和产后。这些特征不是静态的，在成年后可以或多或少地改变，但它们不是在童年时被选择的。不过无论是人格特征还是同性吸引，我们都不能说这些特征是"基因决定的"，因为变异基因只是发育过程中众多因素中的一个。

健康人群中存在着具有差异的其他行为特征，如政治激进主义、离婚、打篮球、看电视（或不看电视）、犯罪、上大学（或不上大学）等等，我们可以将其归因于自由意志，这没有错。至少在民主社会里，这些事情是我们选择去做的——它们不会"发生在我们身上"。但遗传变异仍然可以是"差异制造者"，因为它们可以促使人们倾向于以特定方式进行选择。如果不是这样，那么人们就会觉得它们在群体中的遗传力为零，而事实并非如此。个子高的人更有可能选择打篮球，然而也有很多个子矮的人选择打篮球。当然，上大学的决定会受到一个人的学习成绩的影响，但正如第6章所言，这肯定与遗传变异有关，尽管在分子水平上确定遗传变异的影响方式极其困难。但是仍然有许多聪明的人选择不上大学，即使机会明明就在眼前。性格差异显然会影响我们选择职业、选择结婚对象等等。我们可能会简单地说，鉴于我们特定的基因组，我们的生活更有可能有一个特定的未来。换句话说，从概率上看，有不同基因组的人倾向于过不同的人生，但这与遗传决定论无关。

那么，这一切是如何与大脑的工作方式相吻合的呢？如果有人接受基于随附性（supervenience）和强涌现性的自由意志模型，那么答案就非常简单了，至少在原则上，而不是在分子层面上。我们再举计算机的例子，这有助于说明复杂系统是如何工作的，而不是大脑如何工作。计算机正在计算大量输入数据的统计显著性。"统计显著性"的意义在环绕其电路的数万亿电子上引发出来。"根据数据输入解出数学问题"这一说法只在这个更高层次上有意义。它只有在电子高效旋转的情况下才能成功，而这反过来又取决于安装在计算机中的数学软件包。有些软件包比其他软件包更有效。因此，尽管"数据输入的数学显著性"这一概念在电子层面上完全不可见，但这个过程的发生完全依赖于软件包的工作方式。事实上，可能有另一种软件包使用相同的硬件,但效率更高——同样的数学目标只用了一半的时间就完成了。

现在让我们回到人类的大脑,以及光谱中决定论"减少自由意志"那一端。如果苯丙酮尿症很遗憾地没有及时被发现,幼儿时期扰乱了大脑正常发育的某些化学物质就带来了毒性作用,导致患者严重的智力残疾。孩子的认知能力的产生与大脑的分子和解剖学运作密切相关,由于这些"较低层面"的功能不正常,"较高层面"的功能也不正常了。在每个层面上,有缺陷的基因都是主要的"差异制造者"。用计算机来打比方的话,就是这个软件包有一个小故障。

光谱的另一端呢? 很显然,在另一端,自由意志不受限制,然而遗传变异也会对群体的行为特征产生影响——比如在第6章中讨论的教育成就的差异。据报道,有1271个SNPs与教育程度有关,最终的数字很可能有数千个。所以,成长中的年轻人的思维功能随着在分子和解剖层面上发生的数百万次事件(其中一些只是比其他的稍微有效一点,如在解决一些数学问题时)而引发。记忆保持和回忆在所有学科中都至关重要,并显示出正遗传力(Blokland等,2011)。多种基因相互作用是大脑高效完成这些任务的原因。再一次,人类的思维产生于复杂的系统,这些系统的运作方式略有不同。它们可以被改变、修改和加强——但有些人会发现一些学习任务比其他任务更容易。

本章一开始,我们提到,自由意志是由那些将信仰、欲望和情绪纳入考虑范围之内的人来行使的,并据此从中选择采取何种行动。动物和人类研究的大量数据表明,这些"欲望和情绪"可能是由特定的神经递质和其他大脑机制调节的,这些发现反过来可能有助于我们了解,遗传变异如何为同样的"推动"提供了不同的力量,从而使一种选择比另一种更可取。我们知道,双倍的FTO基因可能会使人比那些没有内在肥胖倾向的人对巧克力蛋糕多产生50%的欲望。研究发现，人为地提高实验对象的神经递质多巴胺水平，会导致他们在面临经济决策时愿意承担更大的风险（Rutledge等，2015）。其他研究发现多巴胺对大脑的影响受到个体间基因差异的影响，个体间基因差异调节了多巴胺对不同大脑功能的影响，如学习功能（Pearson-Fuhrhop等，2013）。还有数百个其他相关的研究结果。关键是，遗传变异对不同人的大脑在分子水平上运作方式的差异有很大的影响，特别是突触连接受到遗传变异的影响，因为突触连接将脉冲从一个脑细胞传递到另一个脑细胞，对大脑的运作方式至关重要。与此同时，成千上万的其他非基因输入也在分子水平上引起了变化——表观遗传变化、由于学习而加强的选择性突触连接、我们所吃的食物、我们所进行的运动（或缺乏运动），以及其他许多东西。如果你已经读完了这本书，那么我可以保证，在阅读过程中，你的大脑在分子水平上发生了微妙变化。

因此，行使自由意志的大脑不是随附于静态系统，而是随附于高度复杂的动态系统，从这个系统中产生的微小推力会影响我们的欲望和情绪，这可能会影响我们选择A而不是B。但是，遗传变异对给定人群做出选择的差异的影响，在大多数情况下，可能是绝对的零。学习外语的能力具有正遗传力，但对于你选择学习的语言，这种遗传力为零。教育成就的遗传力是正的，但选择大学的遗传力是零（假设你希望做出这样的选择）。正如我们已经注意到的，性格差异具有正遗传力，它可能会影响你嫁给谁或娶谁，但它只是众多因素中的一个。还有很多例子。

那么，我们是基因的奴隶吗？只有当患有由某一特定变异基因或多基因组引起的严重医学疾病时，我们才是基因的奴隶吗？除了这些罕见和不幸的情况，答案是"绝对不是"。到目前为止，我们讨论的所有研究结果都能很清楚地说明这一点。就自由意志而言，我们显然无法在一个简短的章节涵盖这一主题的大量文献,我们希望通过使用特定的模型,可以看到遗传信息如何在一个自然系统(我们)中表现出来,在这个系统中,自由意志是正常的结果,遗传信息在许多情况下会产生影响,但不会使我们对自己的选择失去道德责任。对于那些希望进一步了解本章所述自由意志观点的读者,我们可以提供很多有用的参考资料,如Mele(2014;2015)、Baggini(2015)、List(2019)等。

第12章　基因和人类身份

　　到目前为止我们所讨论的一切都清楚地表明，基因在我们人类身份中起着至关重要的作用。正是拥有特定的基因组，我们才成为解剖学意义上的现代人类，拥有特定类型的大脑，而大脑赋予我们惊人的认知能力，以处理科学、自由意志、道德责任以及反思那些超越科学的更广泛问题。如果没有存在于所有人群中的遗传变异，我们就不会有令人惊叹的多样性，而多样性是人类的一个显著方面，在我们的行为差异中起着或大或小的作用。

　　在本章中，我们将思考那些超出科学范畴的更广泛的问题。我们的目标不是研究现代遗传学应用中涉及的具体伦理挑战，而是更多地关注哲学和宗教框架，这些框架确实会导致伦理差异，但其对人类身份感的影响远远超过了伦理。我们可以把这些框架称为"形而上学世界观"，或者在本章中简单地称之为"世界观"。

　　科学家有时会贬损这种世界观，声称科学是唯一值得关注的可靠的知识形式，这种哲学被称为"科学主义"。碰巧的是，这种哲学不能用科学来证明是正确的。科学是断绝自己的哲学根基的经典例子。但无论如何，研究再深入一点，你就会发现，如果科学是唯一可靠的知识形式，那么没有一个人能够真正地正常生活。了解世界的方式有很多种，如果我们想让我们所处的复杂世界变得有条理，我们就需要所有这些方式。

我们还注意到，不同的世界观——有点像变异基因（纯粹以类比的方式）——对人们在深层次上的行为和思考方式产生了显著差异。如我们在第11章中提到的自上而下的因果关系。世界观并不代表抽象的哲学或神学思想（这些思想在现实世界中没有任何区别），但在人们做什么，以及如何与周围的世界打交道方面却具有强大的因果关系。当然，这并不一定意味着人们必须根据他们特定的世界观理性行事（通常情况也并非如此），但他们的世界观往往会提供相当大的推动力，推动人们朝着一个方向而不是另一个方向前进。

讨论至此，也许我们需要强调一下第9章得出的结论，即有微弱的遗传学证据表明，人们的宗教或政治认同水平可能受到遗传变异的影响。如前所述，有观点表明这种遗传力实际上为零，而且在任何情况下，没有证据表明人们实际所持的世界观受到遗传变异的影响。显然，文化、家庭、民族和历史因素都在解释观察到的世界观差异中发挥了作用。正如第1章所述，"文化的潜移默化"是形成关于遗传学的意识形态态度的强有力的过程，而世界观也可以以同样的方式被不假思索地吸收。然而，在我有生之年，我遇到了数百人，他们在一生中的某个时刻改变了自己的哲学、宗教或政治信仰和承诺。不同的世界观也可以提供一些在行动中行使自由意志的典型例子。环境决定论并不比基因决定论更为有效，当然一些相对罕见的例子除外。

囿于篇幅限制，本章不可能对比两种以上与人类身份相关的世界观。于是，我们将选择两种世界观的某些方面来谈。关于遗传学在人类身份中的作用这一话题，这些方面最终得出截然不同的结论。第一种是源于犹太人和基督教世界观的古老而强大的思想，第二种是源于通常被称为超人类主义的哲学的主要思想。我们的重点并不是个人的世界观（尽管在本章的最后，我应该澄清我自己的立场），而是要理解不同世界观所产生的自上而下的对人类身份的影响,这种影响甚至比我们基因的自下而上的影响更为重要。

12.1　按上帝形象创造的人类

整个人类无一例外都是按照上帝的形象创造的,这是犹太人和基督徒的信念,这一信念已经并将继续对人类身份产生强大的影响。历史上,这一信念对道德价值观、政治制度、废除奴隶制、医疗、教育,以及更广泛的人权正义的形成和塑造做出了巨大贡献(Wolterstorff,2008;Hart,2009;Witte and Alexander,2010;Gushee,2013;Spencer,2016;Holland,2019)。不管对神学是否感兴趣,没有人可以否认,至少在受到犹太-基督教世界观强烈影响的西方文化中,我们呼吸的文化空气中仍然保留着源自这一革命性意识形态的价值观。在我们看来,这可能不是"革命性的",但正如下文所言,这在当时是非常激进且相当政治化的想法。今天,就像指向宇宙大爆炸起源的宇宙背景辐射一样,按上帝形象创造的人类这一信念一直隐隐约约存在于我们意识中,至少从文化角度来看,它在提醒着我们人类人格的内在价值。

那么"按上帝形象创造"这个短语到底是什么意思呢?伟大的神学巨著已经探讨过这个主题了。在这里,我们将集中讨论这个主导了当代神学思想的特定问题。

以前,人们常常认为"上帝的形象"与一系列独特的人类能力有关,比如理性、语言和道德,人类的这些能力将人类与其他动物区分开来。这种说法逐渐不流行了,有两个原因。第一个原因是人类认识到,人类与其他动物之间的延续性比以前认识到的要大得多。第二个原因是,随着对古代近东文学的不断发现和研究,我们逐渐明白《圣经》作者是如何理解

"上帝的形象"这个术语的。

为了充分理解"上帝的形象",我们需要关注这个短语在原文中的使用方法。研究发现,这一短语承载的主要意义是地位、价值和被授予的责任(Clines,1968;Middleton,2005)。《圣经》中关于上帝的形象(*Imago Dei*)的描述,只有在上帝通过委托,赋予人类特定价值的情况下才有意义。

为了进一步挖掘这一点,我们可以看看这个短语在《圣经》中一系列经文中的使用方式,特别是《创世记》的前几章。这些经文与现代科学无关,因为代表现代科学的文本类型是在《创世记》最后版本出现之后的大约2000年后才开始出现的。这些经文显然有很多关于神学的内容。

在《创世记》前几章节中,关于"上帝的形象"的语言只有三种用法,其中第一次提到是在《创世记》第1章第26—28节:[1]

> 神说:"我们要照着我们的形象,按着我们的样式造人(adam),使他们管理海里的鱼,空中的鸟、地上的牲畜和全地,并地上所爬的一切昆虫。"神就照着自己的形象造人,乃是照着他的形象造男造女。神就赐福给他们,又对他们说:"要生养众多,遍满地面,治理这地;也要管理海里的鱼、空中的鸟,和地上各样行动的活物。"

《创世记》第一章就像一份宣言,描绘了"大图景",为理解《圣经》的其他章节提供了一整套钥匙,而按照上帝的形象创造人类的想法就是其中的一把钥匙。很明显,《创世记》第1章中,希伯来语"adam"一词指的是人类,从上下文可以清楚地看出。《创世记》第5章开始不断重复"上帝的形象"的概念,以强调男人和女人都是按照上帝的形象创造的,这进一步为世世代代的人类家庭相似性设定好了模式。《创世记》第

9章第6节将人的价值与按照上帝的形象所造的人的地位直接联系起来。

那么，这些章节的第一批读者是如何理解这些"上帝的形象"的呢？要想回答这个问题，就需要了解古代以色列的文化和宗教背景。多神论的美索不达米亚文明从公元前3000年的古苏美尔人一直延伸到公元前2000年和公元前1000年的巴比伦和亚述帝国，而一神论的以色列就生活在多神论的美索不达米亚文明的阴影下。那时社会分化严重，权力掌握在少数享有特权的人手中，社会结构由一系列强大的创世神话支撑。国王被认为是按照神的形象塑造的，这在公元前1640年至公元前196年的埃及文献中最为常见。与《创世记》第1章关系更紧密的是6篇已知的美索不达米亚文献，它们明确指出国王是按神的形象创造的，或与神相似。

因此，当《创世记》第1章的早期读者第一次接触到按照"上帝的形象"创造的人类这类说法时，他们很可能会认为，以前由众神分配给少数特权人的国王和祭司人员的角色，实际上是由创世者上帝委托给整个人类的。突然之间，美索不达米亚社会的整个统治和祭司结构都失去了合法性。一种创世秩序被另一种秩序所颠覆。人类被创造出来并不是为了侍奉上帝的，在《创世记》中，上帝创造了一个富饶的世界，满足人类的物质和精神需求，然后将世界交给他们照管。克莱斯（Clines）仔细研究《创世记》经文后认为，这一形象的功能是"代表了虽然其肉身不在，但确实是真实的或灵性在场的存在"（Clines，1968）。

我们从基督教的角度来看看上帝的形象，在《新约》中，基督被认为是上帝形象的完美化身。基督是"神荣耀所发的光辉，是神本体的真像"［《希伯来书》（1:3）］。正如保罗写给歌罗西教会的信中所言：基督"是那不能看见之神的像，是首生的，在一切被造的以先"。［《歌罗西书》（1：15）；在西方文化中，"首生的"指的是最高地位］。正是基督，通过他的生死和复活，使人类复原成上帝一直想要的那种人，恢复了

人类的被授权地位和权威的实际运作，使之达到上帝所设想。所以保罗在
1世纪的歌罗西教会里告诉基督徒们："你们已经脱去旧人和旧人的行
为，穿上了新人，这新人在知识上渐渐更新，正如造他主的形象。在此并
不分希腊人、犹太人、受割礼的、未受割礼的、化外人、西古提人、为奴
的、自主的，唯有基督是包括一切，又住在各人之内。"［《歌罗西书》
（3：9—11）］。保罗说，正是通过基督，"变成主的形状"更新和改造
自我真正成为可能，所有人都可以获得这一过程［《哥林多后书》（3：
18）和《罗马书》（8：29）］。我们注意到，保罗的"自我"指的是整
个人，而不是某些脱离肉体的人格部分。所有的人都是按照上帝的形象创
造的，因此每个人都有内在的价值：《新约》强调的是如何更新和改造这
个形象。对于那些在基督里找到新身份的人，保罗解释说，"我们既有属
土的形状"，在复活的时候，"将来也必有属天的形状"［《哥林多前
书》（15：49）］，此处，基督被视为"从天上来的人"。这是一条注定
要改变世界的信息（Holland，2019）。

12.2 与遗传学对话

有了这部分简短的神学总结，我们现在看看"上帝的形象"这一概
念——这只是纷繁复杂的犹太教－基督教世界观的一小部分——是如何从
四个方面影响遗传学的。

12.2.1 上帝的形象是完整的人

《创世记》经文向我们介绍了人类是按照上帝的形象创造的，这部
分引人注目的特点是叙述中纯粹的物质性和"朴实性"。人类，包括男人
和女人［《创世记》（1：27）］，是具体化的自我——这个主题在《圣

经》的其余部分继续并缓缓展开。人类不是精灵，也不是天使，而是由尘土构成的。神学家格哈德·冯·拉德（Gerhard von Rad）曾评论道，"一个人最好尽可能少地分离身体和精神；整个人都是按上帝的形象创造出来的"（Rad，1972）。在希伯来《圣经》中，与其说活着的身体"有一个灵魂"，不如说"它是一个灵魂"，正如柏拉图思想所言。

在《新约》中，肉体的复活成为主题（如《哥林多前书》第15章）。《新约》中提到永生时，它从来都不是指"灵魂的永生"。相反，在那些没有将永生概念加以包装的地方，它总是指肉体复活［如《哥林多前书》（15：50-54）］。关于"灵魂"在经文中的意义，研究者进行了广泛的讨论，可以在很多地方找到参考资料（Green，2004；2008）。

重要的一点是，最近神学上强调从整体上看待人类人格，这与在前几章中提出的科学观点非常一致。在人类发展过程中，基因组变异、环境影响和个人选择交织在一起，互相作用，促成了完整的人。这个完整的人按上帝的形象创造，对上帝做出回应，这对他们的福祉产生深远的影响，包括他们的健康（Koenig等，2012）、人际关系，以及他们投资时间和金钱做出的选择。这就是为什么人类行为遗传学很受人欢迎，因为基因组、大脑的突触结构、性别、身体的其他方面没有任何"无灵性"的东西。同样地，基因组变异也应该受到欢迎，这不仅因为从进化论的角度来看，如果没有基因组变异，我们就不存在，而且正如下一节将进一步讨论的那样，基因组变异是人类个体独特性的保证。

12.2.2　每个个体的价值和地位

与遗传学对话的第二方面紧跟着神学对"上帝的形象"在其历史背景下意义的讨论，并与每个人的价值和地位有关，而与他们的遗传情况无关。正如前文所述，早期对上帝形象的普遍解读认为，这幅形象包含一系列独特的人类品质，比如理性和智慧。当然，所有这些品质都是人类共有的属性，并都受到极大的推崇。然而，这种解释有其固有的伦理缺陷，即并非所有的人类都必然具有这些品质，比如由于严重的疾病，包括遗传疾病或事故。我们在此概述的对"上帝的形象"的理解，其伦理力量依赖于它植根于上帝创造的秩序。人类的价值不在于某些内在品质，而在于上帝的恩典，在于他赋予我们国王/祭司的地位，而这种地位是作为一个共同体赋予全人类的。当个体无法表达或实践这种功能时，人类的团结之心就要求我们关心和保护那些不如我们幸运的人。照顾者和接受照顾者同样反映了他们的地位，因为他们是按照上帝的形象造的。

人类按照上帝的形象被创造出来，当这一理念，如先前解释的那样，丢失或被扭曲时，遗传学会产生什么作用呢？我们将举例说明，这是一个令人不安的例子。希特勒的纲领性著作《我的奋斗》（*My Struggle*）一书，售出1000万册，对雅利安人的种族纯洁性有着前所未有的影响（Hitler等，1939）。在这本邪恶的书中，希特勒使用了"上帝的形象"的语言，并极度扭曲了其意义，他将雅利安种族称为"上帝创造的生物中的最高形象"，并以此作为反对种族间婚姻的基础。对希特勒来说，犹太人和吉卜赛人是与雅利安种族分开被创造的，因此当然不应该存在，而这是确保雅利安种族延续纯洁性的"最终解决方案"。同时，他还通过优生计划消除遗传性罪犯、精神病患者和残疾人，这是遗传学家在建立种族分类和对个别病例进行裁决方面时积极协助的任务。在希特勒的种族主义意识形态中，只有雅利安人是按照上帝的形象创造的。没有什么比歪曲伟大的真理更令人厌恶的了，《我的奋斗》呼应了美索不达米亚人的信念，即上帝的形象只赋予了一小部分精英。

"上帝的形象"这一思想框架可以保证每个人的价值和权利，而拒绝承认这一思想确实会带来某些后果，如道德上的不安。人类是按照"上帝的形象"创造的,这一信念并没有回答复杂的伦理问题。但它确实发挥了一道屏障的作用,防止人们对人类具有内在价值的认知受到侵蚀。世俗作家和宗教传统作家都注意到了这一事实。

12.2.3 征服基因组?

"上帝的形象"与遗传学之间对话的第三方面与赋予人类统治和征服地球的命令有关。现在我很清楚环保主义者和女权主义者对这项任务的批评,他们将当前的生态危机和对女性的压迫归咎于这种语言假定的人类中心主义和父权制。囿于篇幅限制,我们无法全面评价这些批判[2]。但是,无论"上帝的形象"的历史弊端如何,就《创世记》等相关章节而言,毫无疑问,它的含义对于整个人类,无论男女,都是解放性的,甚至是革命性的,前文已经概述过原因。人类是以上帝的形象被创造出来的,正如《圣经》所描述的那样,上帝的创造作品与当时其他创世史诗中的"通过战斗创造"的叙事非常不同。相反,我们读到的是安静的命令和邀请的语言,没有对抗。这一创造过程一直受到人们的盛赞。上帝不是战士,而是工匠。这就是上帝的形象,人类就是按照他的形象创造的。在《创世记》第2章中,我们看到人类被召唤去关心环境——请注意,是"关心"环境,而不是无限的统治。

因此,如果我们将关心视为按照上帝的形象创造的一项重要内容,那么这与人类基因组又有什么关系呢?显而易见,通过治疗基因疾病,我们对自己和他人的基因组承担责任,但有哪些限制呢?下一节将对此进行详细介绍。

12.2.4 庆祝世间多样性

"上帝的形象"与我们的遗传身份之间的第四个共鸣之处是世间的多

样性——上帝创造了男人和女人，神学家卡尔·巴特（Karl Barth）将男人和女人称为"上帝的形象的明确解释"（Barth等，1975）。在巴特看来，上帝在人类中的形象就是人与人的相互关系。这一形象描述了人与人以及人与上帝之间的"我－你"关系。我认为，大家会一致觉得巴特有些夸大了事实，但这里有一个重要的事实。这个形象不是静态的现状，不是一系列固定的人类特征，而是动态的、持续的发展过程，在这种关系中，上帝通过男人和女人平等合作的人类社会共同体赋予了责任（Grenz，2001）。"按照上帝的形象创造"的，是共同体中的人性，而不是原子化的个体。

我认为，这个神学框架与本书中所讲的生物故事很好地结合在了一起，这个故事关注的是多样性的发展，并保证了曾经或将要生活在这个星球上的每个人的独特性。并不是说克隆的人类彼此之间不能拥有富有成效的关系，而是在庞大的克隆人口中，"我－你"关系肯定具有挑战性，而且很可能不存在。事实上，正如前几章所强调的，个体之间存在的遗传多样性远比我们几年前想象的要丰富得多。我认为，这并不是一种威胁，在上帝的形象提供的保证人类价值和尊严的矩阵中，我们可以自由地庆祝这种多样性，庆祝它为多样的人格做出的巨大贡献。

12.3 超人类主义视角

在我们进行"比较和对比"之前，超人类主义文学中还有四个主题值得一提，以帮助我们了解，超人类主义这种世界观与犹太教－基督教的"上帝的形象"世界观相比，会在实践中对遗传学的应用造成什么不同。并非所有的超人类主义者都有这四个主题，但可能大多数超人类主义者都有。

第一个主题是从唯物主义、本体论还原论、非关系观角度看待人类人格，这是一种机械论观点，认为身体只是一种装置（O'Connell，2017）。我们现在生活在机器时代，任何能增加我们幸福感的技术投入都值得重视，但这些投入涉及物理、机械或化学操作。尽管一些超人类主义者表达了对整个社会更广泛的民主关切，但他们的愿景总体上是超个人主义的。总体来讲，超人类主义倾向于提高自我的能力和未来的幸福。

第二个主题，超人类主义贬低了当下人性，目的是使其与科技引领我们进入的美好未来形成鲜明对比。大卫·皮尔斯（David Pearce）是世界超人类协会（现称Humanity+）的联合创始人。在《享乐主义的必要性》（*The Hedonistic Imperative*）（1995）一书中，皮尔斯提到"我们遗传的病态的心理化学隔离区"，声称技术干预"将治愈由基因驱动的达尔文主义式的生命中所特有的各种精神障碍，后人类的子孙后代将认识到这一点"[3]。牛津大学的尼克·博斯特罗姆（Nick Bostrom）说："超人类主义者认为人类的本性是一个不断发展的过程，有一个半生不熟的开端，我们可以学习以理想的方式重塑它。"[4]

第三个主题自然始于第二个主题：对科学技术重塑人类未来能力的非凡信念。根据超人类主义者的说法，我们目前正处于所谓的机械时代，在这个时代，人类将用自己的大脑建造人工智能机器，最终人工智能机器将远远超过人类的能力。未来，将出现人脑接口，将人的大脑中的信息上传到超级计算机上，然后超级计算机能够自学并纠正自己的错误。这就是所谓的人工智能奇点，超级智能机器将变得自主，拥有自我意识，开创了所谓的"心智时代"，雷·库兹韦尔（Ray Kurzweil）和其他学者推广了这些思想。

这一神话愿景与第四个主题也密切相关，即为了彻底消灭死亡而消灭生物性的人性。智人将被赛博人（Homo cyberneticus）所取代。如何使生命延续，直到科学和技术使我们能够永生，这是雷·库兹韦尔所著的《超越——永生的九步》（*TRANSCEND-Nine Steps to Living Well Forever*）（Kurzweil，2010）一书的中心思想。在超人类主义者看来，只有超越的心智最终会存在，这是宇宙永恒的智慧。朱利奥·普里斯科（Giulio Prisco）是一位超人类主义者，曾是欧洲航天局的计算机科学家，他写道："人类要想实现拥有无限寿命、认知能力大大增强的梦想，就要将生物学抛诸脑后，进化到崭新的后生物学、神经机械学阶段。"当这种完美实现时，普里斯科写道，"我们将创造并成为神"（Prisco，2013）。

这个完美的未来是靠心智而不是身体实现的。正如曼彻斯特大学哲学家约翰·哈里斯（John Harris）所言："人类能力增强的秘诀就是不朽。"但超人类主义对未来的愿景非常柏拉图式，就像人们常说的："当实现数字化时，天上就会掉馅饼。"许多超人类主义者相信，总有一天，人们可以将人脑的内容上传到超级计算机上，到那时，心智将以数字格式表达出来，不再受身体的限制。目前，美国有三个人体冷冻中心，俄罗斯有一个人体冷冻中心。在冷冻中心，超人类主义者可以在液氮罐中被冷冻起来，直到人类拥有先进的技术，解冻并上传他们的大脑信息——全身冷冻需花费20万美元，头部冷冻仅需8万美元。用马克·奥康奈尔（Mark O'Connell）的话来说，冷冻中心就是"用来安置乐观主义者尸体的地方"。当然，这些观点完全是一派胡言，但吸引人的是这整个运动的二元论特征。纯粹的心智被提升到身体之上，作为终极的超越目标，而对身体的技术操纵仅仅成为达到那里的一种手段。

在将超人类主义这些狂野的计划视为完全幻想之前，我们有必要记住，超人类主义者的一些重要思想家对塑造我们每天使用的技术方面产生了重要影响，更不用说通过电影、应用程序和电脑游戏对文化产生的影响了。超人类主义在硅谷依然盛行。雷·库兹韦尔是谷歌的工程总监。谷歌前任首席执行官埃里克·施密特（Eric Schmidt）称："最终你会植入一个植入体，只要你思考一件事，它就会告诉你答案。"

同样值得注意的是，超人类主义者描绘了基督教思想的世俗化版本。事实上，"超人类"一词首次出现不是在科学或技术作品中，而是在亨利·弗朗西斯·凯里（Henry Francis Carey）于1814年翻译的《天堂》（*Paradiso*）一书中，这是但丁《神曲》的最后一卷。但丁已经完成了他的天堂之旅，当他正升入天堂时，他的肉体突然在那一刻复活了。但丁写道："语言无法描述这种超人类的变化。"

在今天的超人类主义看来，衰弱的人体中充满罪恶，注定要死亡。人工智能（AI）和智慧扮演了救世主的角色，拯救人类要靠技术。关于来世的信仰又称"末世论"，它关注通往来世的奇点。在来世，纯数字心智可以永生，这与基督教关于身体在未来会复活的观点截然不同。

12.4 截然不同的世界观如何影响遗传学？

也许你不赞同刚才提到的两种世界观。不管怎样——它们深深影响着世界各地的无数人，这里只是表明，当涉及对技术使用（如基因工程）做出伦理决策时，不同的世界观是如何得出不同结论的。无论我们拥有什么样的世界观，无论我们喜欢与否，我们的世界观就在那里，影响我们所做的决定，进而对人类行为产生影响。

对于目前正在讨论的这两种世界观，遗传学在治疗或增强人类的潜在应用方面存在着相似性和差异性。既然这是一本关于行为遗传学的书，那么问题来了：我们是否应该利用基因操纵来改善人类行为，为了我们所有人，使世界变得更安全？

12.4.1 治愈和增强

2019年，佛罗里达州的詹妮尔·斯蒂芬森（Jennelle Stephenson）通过基因工程治愈了镰状细胞贫血症。镰状细胞贫血症会阻止氧气正常输送到身体组织。[5]这是一种增强吗？[6]治愈指的是我们身体、心理和精神恢复到生病前的状态，或恢复到其他人普遍经历的状态。术语"增强"的定义有点棘手，这里我们将考虑四种类型：

A型增强可能在电影、科幻文学和电脑游戏中最为人所知。它指的是身体或精神上的增强远远超出了当今人类的典型特征。例如，2009年的美国史诗电影《阿凡达》（Avatar），故事发生在22世纪中期，科学家的"化身"由基因相匹配的人类进行操控。为了将科幻世界带入我们的身体，3000多名瑞典人选择将微型芯片植入他们的手中，这些芯片包含个人信息、信用卡号码和医疗记录。[7]他们一挥手就能买到火车票或打开安全门，这只是对未来的小小体验。这种类型的增强在超人类主义出版物中占有显著地位。

B型增强是指个人能力超过之前的能力，但仍保持在目前人类群体能力范围之内。一名残疾运动员可以使用假腿来提高跑步速度，但速度不会超过世界上跑步最快的运动员。

C型增强涉及预防疾病的技术过程。在某种程度上，这类增强众所周知，如接种疫苗，或每天服用他汀类药物以降低血液胆固醇，预防心脏病和中风。但是现在，像胚胎编辑（将在下一节讨论）这样的新技术提出了更棘手的问题，即我们的C型增强能走多远。

D型增强指的是许多宗教、心理和其他类型的运动，其目的是通过身体、精神或心智的信仰、仪式和锻炼来增强人的性格。由于我们目前对比世界观的目的涉及"上帝的形象"，这里值得强调的是，基督徒的目的是变得更像基督，变成他的形象，进而提高人的精神健康和人际关系。

说到治愈，尽管动机可能不同，但在实践中，那些主张"上帝的形象"世界观的人和那些主张超人类主义的人之间不太可能产生分歧。治愈是基督在人间的主要使命，上帝的爱表现为国度的成立——上帝统治万物〔《路加福音》（9：11），《马太福音》（14：14）〕。耶稣授权他的门徒"医治各样的病症"〔《马太福音》（10：1）〕，他们医治时，要宣讲"神的国临近你们了"〔《路加福音》（10：9）〕。从这个角度来看，基督徒跟随基督治愈心灵至今，他们正朝向上帝对他们肉体的统治最终完成的时刻。这肯定不是在现在的时代完成的，但是，基督徒相信，它肯定会在未来的时代、未来的王国完成。

如前所述，"上帝的形象"这一世界观的强有力的结果是，每个人的价值和地位都得到了保障，无论他们的基因组、肤色、种族、智力、教育能力或心理健康状况如何。从早期开始，照顾穷人和病人一直是基督教服务的重要方面。照顾旅行者和病人的地方被称为*xenodochia*，它来自古希腊语，意思是"陌生人的地方"。我们今天常常使用的"医院"（hospital）一词，来源于拉丁语单词*hospes*，意为客人或陌生人。4世纪初，随着基督教成为罗马帝国的国教，医院开始蓬勃发展，其中最早的一所医院是由安条克（现在土耳其东南部）的主教莱昂提乌斯（Leontius）于公元344—358年建立的。374年，法律规定杀婴者应受惩罚。到4世纪末，基督教医院已经建立，其中有一个被叫作Brephotropion的区域专门为孤儿设立。今天，全世界数以百计的医院冠以"圣"或其他字眼，这是在提醒人们，照顾穷人和弱势群体仍然是那些相信全人类因上帝的形象而受到重视，从而值得我们照顾和保护的人的主要动机。

但是，在使用基因工程进行治疗的过程中，我们应该走多远？什么时候治愈会变成增强？人人都认为治愈与增强之间的界限有点模糊。我们接种了疫苗，因此增强了免疫系统。一些人每天服用他汀类药物来降低血液中的胆固醇，以预防心脏病和中风，因此在医学上得到了加强。悉尼的一个研究小组使用袋鼠肌腱（其强度是人类肌腱的6倍）治疗人类韧带断裂，从而可能带来某种形式的增强。但这并不意味着治愈与增强之间的区别毫无意义。人们可能会因市区汽车的速度限制应该是20km/h还是30km/h而争论不休，但他们都同意，100km/h是不合适的。同样，在高速公路上，20km/h的速度也不合适。换句话说，二元区分仍然有用，即使它们之间的界限有些模糊。

随着DNA编辑新技术的发展，DNA编辑已经成为人们关注的焦点。2012年前，编辑细胞的DNA问题还在于如何精确地确定编辑发生的位置。随着一种名为CRISPR-Cas[8]的分子复合物的发现，2012—2015年，一系列阐述其多种用途的出版物面世了，DNA编辑技术发生了翻天覆地的变化。CRISPR-Cas和其他类似的分子工具一样，能够改变任何生物体（包括人类）的DNA，在DNA序列的任何特定位置都具有高度的特异性，从而能潜在地改变该生物体的特性。

在治疗方面，人类遗传工程目前有三类主要应用。在第一类中，免疫细胞经过基因改造，其免疫效果变得更有效了。第二类是针对之前已经提到的7000种遗传疾病，这些疾病通常非常少见，是由单个缺陷基因引起的。现在人类可以用一种功能基因来替代这一有缺陷的基因以治疗这种疾病，詹妮尔·斯蒂芬森治愈镰状细胞贫血症的例子只是许多例子中的一个。医生移除了詹妮尔的骨髓细胞，使用CRISP-Cas来纠正突变，使用愈合的细胞替换詹妮尔有缺陷的细胞。除了新技术之外，这种愈合与其他任何类型的疾病的愈合是相同的：这不是增强，因为詹妮尔的氧气输送现在已经恢复到了平均水平。但是，痊愈的只有病人，他们的后代可能仍然携带有缺陷的基因。

　　这一问题可能在人类遗传工程的第三类主要应用中得到解决，这类应用采用了CRISPR-Cas治疗以引发早期人类胚胎特定致病基因的突变。这些胚胎通过使用母亲的卵子和父亲的精子进行体外受精（IVF）产生。如果治愈后的胚胎被植入母体，成功分娩，那么其所有后代的这种疾病都将被治愈。

　　2018年11月，中国深圳南方科技大学的贺建奎博士戏剧性地宣称，遗传工程首次被用于改变人类生殖系。贺建奎宣布一对双胞胎出生，其中至少有一个双胞胎被删除了编码CCR5蛋白质的基因，而这种蛋白质是人类受免疫缺陷病毒（HIV）感染所必需的蛋白质。这项未在科学文献上发布过的工作一经宣布，就引起了广泛批评（Cyranoski，2018）。例如，它打破了国际道德规范；还有其他风险较小的预防儿童感染艾滋病毒的方法；CCR5可能还有其他功能，只是目前未知（Cyranoski，2019a）。用孩子做实验是错误的。但贺建奎的实验，至少在动机上，为A型医疗增强提供了明确的例子，因为它的目的是改变人类基因组，从而增强个人对艾滋病病毒感染的抵抗力。

　　其他国家也在尝试以这种方式编辑早期胚胎，一位来自莫斯科的科学家已经公布了他的尝试（Cyranoski，2019b）。显然，与胚胎并没有遗传疾病的贺建奎实验不同，莫斯科科学家的总体目标是最终将治愈的胚胎植入母亲体内，以生下一个没有家族遗传疾病的孩子。正如人们对贺建奎工作的反应一样，在对生殖系细胞编辑的法律禁令最终被解除前，确保安全性至关重要。事实上，暂停胚胎编辑的提议已被提出，以便人们有时间进一步反思伦理问题，并就安全问题开展工作（Lander等，2019），包括世卫组织在内的国际委员会计划监督未来的胚胎编辑（Reardon，2019）。但如果这项技术付诸实践，它将带来独特的C型增强，因为其目的是预防疾病。

此时，许多人可能会问，在另一种C型增强方法——植入前遗传诊断（PGD）已经存在的情况下，是否应该允许这样的胚胎编辑。我们知道，试管婴儿诊所对胚胎进行筛选，以确定会导致家族病的已知的突变，只有健康的胚胎才被植入母亲体内。要避免绝大多数遗传疾病，筛选这样的胚胎是可行的，那么，为了少数PGD可能无法实现的病例的利益，开发这样一种复杂、昂贵、有潜在风险的技术，比如胚胎编辑，真的值得吗？捐献健康的精子、卵子或胚胎也为防止孩子在出生时患上毁灭性的遗传疾病提供了行之有效的方法。此外，收养也是一种不错的选择。

但是，现在让我们想象一下，有一天CRISPR-Cas和相关技术确实开辟了一条道路，可以成功地治愈早期人类胚胎的特定突变，这些突变本会导致毁灭性的遗传疾病。这种成功的C型基因增强——有些人可能称之为"治愈"——是否会为超人类主义者渴望的A型基因增强开辟道路？那么超级聪明的人呢？比大多数人肌肉发达两倍的运动员或士兵呢？能克服在外太空飞行数百万英里的严酷考验的太空旅行者呢？这些问题可能并不像听起来那么疯狂。哈佛大学教授乔治·丘奇（George Church）已经鉴定出大约40个基因，这些基因可能有助于培养能够在太空旅行中更好生存的宇航员人种[9]。这是倒退吗？

毫无疑问，超人类主义者将急切地推动此类发展。"更好、更快、更强"是超人类主义的口号。两名美国超人类科学家布莱恩·毕晓普（Bryan Bishop）和马克斯·贝瑞（Max Berry）宣布，他们正在"创办一家专注于生产设计婴儿和人类生殖遗传工程的公司"。[10]布莱恩说，"实验室工作已经开始了"，"我们有了第一对夫妇客户"。在他们心目中，经过遗传工程改造的人类无须运动就能拥有更大的肌肉质量，拥有更长的寿命，并有着能够接受任何捐献者输血的血液类型。

但是，就我们在本书中所考虑的复杂行为特征而言，从生物学的角度来看，超人类主义者企图通过遗传工程制造行为特征产生巨大"进步"的人类的想法太天真了。到目前为止，从我们在这本书中所读到的一切来看，很明显，数百甚至数千种遗传变异促成了具有正遗传力的人类行为差异。基因组的绝对复杂性是它抵御干涉者的最佳防御手段。一个基因改变了，许多其他基因可能也会随之改变它们在系统中的功能，从而带来不可预知的后果。

我们最好记住，拥有任何一组特定的变体都会产生概率性的结果，而不是确定性的结果。治愈一个单基因突变的早期胚胎至少会有一定的结果，可以避免在幼儿期患上致命的疾病。但是，改变生殖系中100个与高智商个体相关的遗传变异，并不能保证以这种方式产生的后代一定具有高智商。正如我们所看到的，所有的复杂性状都追溯到早期发育过程，而在早期发育过程中，遗传信息只扮演了众多角色中的一个。

这种反思与美国另一家名为"基因组预测"的新兴公司有关，该公司为IVF诊所胚胎选择提供疾病的PGD筛查测试。根据筛选，将来会长得矮或非常笨的胚胎就不会被植入母亲体内。[11]这些预测是基于多基因评分，但如前所述，当涉及复杂的多基因特征时，这种评分只显示概率性。事实上，这家已经筹集了数百万美元风险投资的公司，在一份法律免责声明中表示，它不能保证由此出生的孩子的任何方面，而且它所作出的评估"不是一种诊断测试"。但很容易看出这类公司的发展方向。该公司的创始人之一徐道辉（Stephen Hsu）曾表示："准确的智商预测是可能的，如果未来5年内不能实现，那未来10年肯定会实现。"[12]但在一轮体外受精中，平均可能产生6个胚胎，所以筛选将仅限于这6个，因此，我们可以认为，任何一个胚胎的多基因教育程度得分都不太可能特别高。即使一个胚胎得分很高，我们也不要忘记，研究发现，与高学历相关的基因也会增加双相情感障碍的风险。

就胚胎编辑而言，超人类主义者想创造一个拥有更高智力的人类群体的愿望看起来同样难以实现。成功地改变人类胚胎中的一个遗传变异已经很困难了，要想以更高的概率（无法保证）生出高智商的人，需要改变成百上千个基因变体，就目前我们的技术发展而已，这纯粹属于幻想。

无论如何，你为什么要提高特定人群的智力呢？伟大的智慧也会带来极大的邪恶。如果遗传学改造的学生比"正常"学生在学校表现得更突出，这怎么会是公平的呢？这只会带来更大的社会不平等，我们现在已经有太多的不公平了。以提高个人能力为特定目标来开发技术，只会扩大人类作恶的能力。当人类企图控制自己的命运时，坏的后果总会发生。

对于当代生物学继续面对的棘手的伦理困境，"上帝的形象"并不能像"魔棒"一样，一挥就解决这一问题。然而，"上帝的形象"是总体框架，它往往推动结论朝着一个方向而不是另一个方向发展；当真正提出了可怕的建议时（如上文提到的希特勒的例子），它就不再起推动作用了——在这种情况下，它是绝对的障碍。

12.4.2　分道扬镳

到目前为止，很明显，当涉及人类能力增强的问题时，"上帝的形象"和超人类主义世界观会得出截然不同的结论。

从基督教的角度看"上帝的形象"——这是我个人最熟悉的形式，基督教的增强属于D型，专注于美德的增长，如善良、谦卑、博爱和慷慨。这种美德有助于人际关系的繁荣。这种繁荣发生在多样化的人类社会中，缺点和弱点使其成员必须相互依赖。基督教的增强是通过无数人不同的个性、激情、能力和信念来表达的——没有克隆出来的一致性的空间。这一切与超人类主义的愿景形成了鲜明的对比，超人类主义依靠机器和基因改造来实现个人的完美未来，对关系型共同体几乎没有关注。

　　然而，对神学感兴趣的超人类主义哲学家马克·沃克（Mark Walker）认为，我们可以通过遗传工程来改善道德伦理。沃克教授写道，"遗传学美德计划有明确的意义：如果我们能找到与亲和性相关的基因，并提高它们的出现频率，那么我们就可能会增加群体中关爱的美德，减少不关爱的恶习"（Walker，2018）。但是，在超人类主义的愿景与科学现实之间，似乎又一次出现了巨大的鸿沟。数以百计的遗传变异参与了群体中像亲和力这样复杂特征的变异。而且，我们真的想要改造出超级和蔼可亲、不会站起来与不公正抗争的人吗？最后的结果很可能是改造出"被动的"、超级无聊的人。

　　基督徒美德的关键在于，它们通过上帝的行为发展而来，圣灵存在于人们的日常工作中，自然而然产生了美德。养成良好的习惯则会带来良好的美德。因此，寻找美德的遗传学原因是范畴上的错误，因为美德的全部意义在于，它的发展是一个过程，涉及人类的努力，因为是基督徒与圣灵的互相配合，带来了人类生命的转变。是人拥有了美德，而美德是没有捷径的。

　　最终，是超人类主义与基督教信仰不同的末世论将他们的追随者引向截然不同的方向。对超人类主义者来说，人类不朽的未来体现在没有实体的数字化存在，而我们的生物躯体将不再重要。正如超人类主义者西蒙·扬（Simon Young）（2005）在《设计进化：超人类宣言》（*Designer Evolution: A Transhumanist Manifesto*）中断言的那样，"人类不可避免地走向超越的信念将替代人类衰落的信念——这将通过超级生物学来实现"。但当你想知道"超人类主义"中的"超级生物学"是什么含义时，它似乎指没有身体的纯粹的数字心智，这种存在真是无聊透。不管怎样，用神学家泰德·彼得斯（Peters，2018）的话来说，堕落的人类永恒的未来只是"给了腐败一个永恒的许可"。因此，我们对未来的信念确实会对现在产生影响。超人类主义者相信DIY数字化未来，拒绝有肉体的未来生活；与超人类主义相比，在基督教的愿景中，升华的肉体仍然是永恒的中心，它的拯救和治疗是上帝美妙的赠礼。这一反思似乎具有一定的讽刺意味，基督教以肉体为终点，而超人类主义则以数字灵魂为终点。在基督教的观点中，人的身份始终是肉体的身份。

12.5　结论

不难看出，把人类描绘成先天与后天的"混合体"，并不能真正展示出互相影响、构成我们每个人的数百个组成部分的复杂整合过程。这一复杂整合过程产生了具有真正自由意志的人，因此也产生了真正的道德责任。我们也看到，正是由于遗传多样性，才有了世界各地人群精彩的人类多样性。我们受到自己特定基因组的影响，拥有特定类型的个性和特征，这些特征推动我们以特定的方式行事。但只有在严重的遗传病理情况下，我们才真正成为基因的奴隶。

我们还看到，不同的世界观对人类决策的影响更大。我们不是世界观的奴隶，但它们确实对我们如何看待遗传学的应用产生了很大的影响，尤其是那些旨在提高人类能力的技术。那些希望通过遗传改造赋予某些人，而不是其他人，神一般能力的人可能会发现，从长远来看，这些能力会奴役而不是增强他们。真正的自由不在于此。

注释

第1章 基因困惑

1. 术语定义在246页。

2. 实际报告的数字在5000—10000之间。这是因为一些遗传疾病有不同的亚型，其数量取决于这些亚型是否被视为单独的疾病。

3. Moody, O. 15 January 2016, p. 1.

4. 4 December 2012. www.bbc.co.uk/news/health-20583113 (accessed 23 May 2019).

5. Webb, A. 25 May 2011. www.huffingtonpost.com/2011/01/15/british-study-linkssprea_n_809394.html (accessed 23 May 2019).

6. Didymus, J. 15 November 2011. http://digitaljournal.com/topic/caring+gene (accessed 23 May 2019).

7. Coghlan, A. 6 May 2011. www.newscientist.com/article/mg2102 8126.300-teensurvey-reveals-gene-for-happiness.html (accessed 23 May 2019).

8. McMahon, B. *The Times*, 9 March 2013, Body and Soul, p. 4.

9. *The Times*, 24 July 2015, p. 18.

10. Interview with Will Hodgkinson. *The Times*, 16 March 2013, Saturday Review, pp. 8–9.

11. Carmichael, M. DNA relax, have a drink. *Newsweek*, 5 December 2002, p. 11.

12. Stein, L. Bad genes. *US News & World Report*, 31 March 2003, p. 45.

13.《纽约时报》（2014年7月10日）对这本书极度批判，随后，130多名主要人口遗传学家在2014年8月8日的《纽约时报》发表公开信，信中写道："韦德暗指我们的发现证实了他的猜测。我们对此表示否认，我们的发现并没有证实他的猜测。"

14. Marriott, J. *The Times*, 26 April 2019.

15. Palmer, M. 8 September 2012. www.dailymail.co.uk/home/moslive/article-2199295/Brad-Pitt-talks-Angelina-Jolie-I-want-approval-Angie-force–I-want-proud-man.html(2012) (accessed 2 February 2020).

16. www.awdc.be/en/what-we-care-about (accessed 23 May 2019).

17. Mak, J. Security – it's in our DNA. Previously found at: http://blog.oxygencloud.com/2011/04/22/security-its-in-our-dna/ (2011).

18. *The Times*, 20 November 2014.

19. Devlin, H. *The Guardian*, 24 May 2019, p.1.

20. Regalado, A. 2017 was the year consumer DNA testing blew up. *MIT Technology Review*, 12 February 2018. www.technologyreview.com/2018/02/12/145676/2017-was-the-year-consumer-dna-testing-blew-up/ (accessed 24 May 2019).

21. www.mapmygene.com (accessed 25 May 2019).

22. Slutsken, H. https://edition.cnn.com/travel/article/airbus-a380-parts-together/index.html (accessed 30 May 2019).

第2章　基因信息及其流动

1. Data from the Gencode (www.gencodegenes.org/) and CHESS (http://ccb.jhu.edu/chess) databases (accessed 30 January 2020).

2. www.gencodegenes.org/human/stats.html (accessed 30 January 2020).

3. More detail can be found in Alexander (2017), pp. 66–86.

第3章　人类发展过程中的基因及环境

1. Gallagher, J. BBC News, 18 April 2011. www.bbc.co.uk/news/health-13119545(accessed 28 April 2020).

2. Hurley, D. *Discover*, 25 June 2015. www.discovermagazine.com/health/grandmasexperiences-leave-a-mark-on-your-genes (accessed 28 April 2020).

3. Costandi, M. *The Guardian*, 9 September 2011. www.theguardian.com/science/neurophilosophy/2011/sep/09/pregnant-911-survivors-transmitted-trauma (accessed 28 April 2020).

第4章　什么是行为遗传学？

1. For example: Ghosh, P. BBC News, 7 March 2013. www.bbc.co.uk/news/scienceenvironment-21687013 (accessed 28 April 2020).

2. https://ghr.nlm.nih.gov/primer/genomicresearch/snp，（accessed 28 April 2020）。该网站定期更新，所以在本书出版时，这些数字可能会更新。

3. 在某种意义上，这是一个统计声明，用统计方法确定37%，而不是36%、34%、30%甚至是5%。它是分布情况，说明有一定比例的共同等位基因可能在两个方向上以指数方式从50%下降，假设遵循孟德尔定律。

4. 本文作者建立了一个非常有用的网站https://match.ctglab.nl/#/home（accessed 16 April 2020），可以查看关于这些特征的任何数据。

5. 撰写本文时，该研究尚未经过同行评审并未发表，但可在网上查到，Wainschtein, P., Jain, D. P., Yengo, L., et al. 2019. Recovery of trait heritability from whole genome sequence data. *bioRxiv* https://doi.org/10.1101/588020.

第5章　基因与心理健康

1. www.med.unc.edu/pgc/ (accessed 8 August 2019).

2. 泛素蛋白连接酶E3A（Ubiquitin-protein ligase E3A.）。

3. Patched domain containing 1.

4. 应该强调的是，只在少数患有ASD的孩子身上观察到"过度攻击性"。

5. 该区域被称为丘脑网状核。

6. 应该指出的是，帕斯曼（Pasman）等2018年的论文在2019年进行了更新，并修订了标题："终身使用大麻者的GWAS研究揭示了新的风险位点，与精神病学特征出现遗传重叠，与精神分裂症倾向出现因果效应。"（Pasman等，2019）这是对该报原标题不准确的批评的回应。

7. 由于尼霍特（Nyholt）等人（2009）指出的原因，要完全隐藏这些基因变体并非易事。

8. Gill, F. Doomed to be unravelled by Alzheimer's? *Sunday Times*, 27 October 2019.

第6章 基因、教育和智力

1. www.texastribune.org/2019/11/06/texas-bobby-moore-death-row-life-in-prisonintellectual-disability/ (accessed 31 January 2020).

2. Alice Thomson. *The Times*, 14 August 2019, p. 21.

3. 一个叫凯文·格林（Kevin Green）的死刑犯在1991年的智商测试中获得了71分，这次测试是按1972年设立的正常值标准判定的，而如果按照1991年设立的正常值标准判定，他可能只获得了65分。格林在2000年被判有罪并被判处死刑后，他的律师提出上诉，认为法庭应该纠正这几年智商正常化值的波动。然而，格林的分数超过了弗吉尼亚州智力残疾智商临界值70，2008年，他被处死（Reardon，2014）。

4. Dr Duncan Astle, MRC Cognition and Brain Sciences Unit, Cambridge (personal communication).

5. Devlin, H. *The Guardian*, 24 May 2019. www.theguardian.com/society/2019/may/24/ivf-couples-could-be-able-to-choose-the-smartest-embryo (accessed 24 April 2020).

第7章 基因、人格和人格障碍

1. Hagerty, B. B., 1 July 2010. www.npr.org/templates/story/story.php? storyId=128043329&t=1566413740014 (accessed 21 August 2019).

2. www.cdc.gov/ncbddd/adhd/features/key-findings-adhd72013.html (accessed 20 August 2019).

3. Firth, N. *Mail Online*, 23 December 2010. www.dailymail.co.uk/sciencetech/article-1341100/The-violent-gene-Genetic-mutation-Finnish-men-makes-fight.html (accessed 28 April 2020).

4. Fang, J. ZDNet, 29 December 2010. www.zdnet.com/article/impulsive-it-may-be-a-genetic-mutation/ (accessed 28 April 2020).

5. Radford, T. *The Guardian*, 2 August 2020. www.theguardian.com/uk/2002/aug/02/childprotection.medicalscience (accessed 28 April 2020).

6. Das, N. OneIndia, 23 December 2010. www.oneindia.com/2010/12/23/drunkenragecould-be-in-yourgenes.html (accessed 28 April 2020).

7. A longer version may be found in Alexander, 2017, pp. 176–84.

8. 'Maori violence blamed on gene.' *The Dominion Post*, Wellington, 9 August 2006, Section A3.

9. www.prisonstudies.org/sites/default/files/resources/downloads/wppl_12.pdf; www.prisonstudies.org/news/more-1035-million-people-are-prison-around-world-newreport-shows (accessed 22 August 2019).

第8章　基因、食物、锻炼和体重

1. Mundasad, S. BBC News, 25 January 2019. www.bbc.co.uk/news/health-46976031(accessed 26 August 2019).

2. Taylor, R. *The Times*, 12 September 2019. www.thetimes.co.uk/article/40-of-primary-leavers-to-be-overweight-within-five-years-dd3537vqf (accessed 11 May 2020).

3. www.bbc.co.uk/news/health-48088391 (accessed 6 October 2019).

4. For example: www.nhs.uk/live-well/healthy-weight/bmi-calculator/.

5. 双能X射线吸收仪（DEXA或DXA）使用小剂量电离辐射来产生身体内部的图像。

第9章 基因、宗教信仰和政治认同

1. http://match.ctglab.nl/#/specific/age_groups (accessed 15 October 2019).

2. https://match.ctglab.nl/#/specific/age_groups (accessed 15 October 2019).

第10章 同性恋基因？遗传学和性取向

1. 本章为过去5年间不同文章的总结。最初的版本署名怀特韦（Whiteway）和亚历山大在2015年发表，同一篇文章的更长的版本和更广泛的引用集合发布在www.scienceandchristianbelief.org上。2017年论文修改版由亚历山大发表，本章涵盖更新后的论文信息。

2. 有关详细的讨论，请参阅本章较长（较早）的在线版本www.scienceandchristianbelief.org。

3. 维基百科文章"性取向的人口统计"（Demographics of sexual orientation）提供了有用的国际调查数据：https://en.wikipedia.org/wiki/Demographics_of_sexual_orientation（accessed 15 October 2019）。

4. For an example, see Jones, O. '"Gay gene" theories belong in the past – now we knowsexuality is far more fluid.' *The Guardian*, 30 August 2019.尽管标题如此，但作者非常反对认为性取向是个人"选择"的结果的观点。www.theguardian.com/commentisfree/2019/aug/30/gay-gene-theories-past-sexualityfluid（accessed 14 October 2019）。

5. Madwin, G. 1999. Myths about queer by choice people. www.queerbychoice.com/myths.html (accessed 11 May 2020).

6. Parris, M. 'Who's totally gay? There's no straight answer.' *The Times*, 21 April 2013. www.thetimes.co.uk/tto/opinion/columnists/matthewparris/

article3390885.ece (accessed 14 October, 2019).

7. 关于公众对吸引和行为之间的区别的困惑，参见2007年谢尔登等人在美国进行的一项调查的一些回答（2007）。

8. Dahir, M. 2001. Why are we gay? *The Advocate*, 17 July.

9. 值得重申的是，本章只讨论了SSA的原因，而不是同性行为。毫无疑问，性行为会受到同伴和父母态度以及法律和道德准则的强烈影响。社会化解释表明，性吸引和行为都受到这些因素的影响。

10. Jude, J. *Gay Gene Rising*, PrideInspired.com (2011); Sones Feinberg, L. *The Gay Gene Discovery*, GLB Publishers (2008).

11. 染色体绘制命名的惯例可参考www.nature.com/scitable/topicpage/chromosome-mapping-idiograms-302（accessed 1 May 2020）。

12. "双性人"一词在文献中被广泛使用，用来描述一个个体中存在男性和女性因素的一系列情况，包括性发育障碍（如雌雄同体性或染色体非整倍体），以及行为状况（如性别焦虑）。

第11章 我们是基因的奴隶吗？

1. 关于自由意志和基因决定论的更深入的讨论可参考亚历山大作品（2017）的第11章。

2. 在亚历山大的书（2017）中，脚注70提到关于自由意志和决定论的讨论，我使用了相当笨拙的首字母缩写"DAME"（双方面一元突现论）来整合这里所表达的观点。必须承认，在准备那一章时，我发现参与自由意志讨论的哲学家容易将"决定论"和"自由意志主义"对立，好像这两个概念是不相容的，这让我感到很困惑。我很想称自己为"相容自由主义者"，但考虑到我可能会被哲学家生吞活剥，我改变了主意。令我高兴的是，自那以后，哲学家克里斯蒂安·里斯特（Christian List）写了一本名为《自由意志为何真实存在》（*Why Free Will Is Real*）的书，在书中，他将自己的立场描述为"相容自由意志主义"或"自由意志涌现论"（List，2019，pp.9-10）。我喜欢这两个描述性的短语，我推荐里斯特教授的书，因为它对这一观点的辩护比我在这里写的更彻底。但无论如何，我尽量避免在正文中使用这些术语，因为我知道它们有时会让人分心。

第12章　基因和人类身份

1. New International Version Bible. 2011. Colorado Springs, CO: Biblica.

2. 林恩·怀特（1967）在"我们生态危机的历史根源"一文中提出，环境的滥用可以归咎于《创世记》中的"统治"语言，招来了很多批评，如鲍克姆（2011）、马洛（2009）和阿特菲尔德（1991）。确实，《创世记》第1章26节中的希伯来语"统治"一词，在《旧约》的其他地方常常被使用，指军事统治或政治权威（完全适合于王权的语言），但与此同时，《旧约》中的王权需要照顾弱者，帮助穷乏和受欺压的人［《诗篇》（72：12–13）］，并保护他们脱离强暴［《诗篇》（72：14）］。国王应该展示"真理、谦卑和公义"［《诗篇》（45:4）］。例如，先知以西结（Ezekiel）抨击以色列的国王的严厉和残酷统治，使用相同的希伯来语rada，和《创世记》第1章中用在人类身上一样的词，来提醒他们，他们应该是牧羊人照顾羊群［"瘦弱的，你们没有养壮；有病的，你们没有医治；受伤的，你们没有缠裹；被逐的，你们没有领回；失丧的，你们没有寻找。但用强暴严厉地辖制。"《以西结书》（34：4）］。因此，《创世记》第1章中对王权"统治"的描述与《创世记》第2章中对人类共同行动的描述是一致的，因为他们给动物命名并照顾世界。我们还应该记住，在历史背景下，古代近东地区要想"统治"世界，面临的挑战要比今天高收入国家遇到的挑战大得多。

3. Pearce, D. www.hedweb.com/hedethic/hedon1.htm

4. Bostrom, N. 2003. 'Transhumanist values', https://nickbostrom.com/ethics/values.html.

5. www.nhlbi.nih.gov/news/2019/sickle-cell-patients-recovery-after-gene-therapyheightens-hopes-cure (accessed 3 February 2020).

6. The ideas in this section have been published previously as D. R. Alexander, 'Healing, enhancement and the human future', Cambridge Paper, 2019. www.jubilee-centre.org/cambridge-papers/healing-enhancement-and-the-human-future-by-denis-alexan der#_ftn1 (accessed 6 May 2020).

7. Cyborg, B. *The Economist*, 2 August 2018. www.economist.com/europe/2018/08/02/why-swedes-are-inserting-microchips-into-their-bodies (accessed 3 February 2020).

8. CRISPR（发音为crisper）指成簇的规律间隔的短回文重复序列，Cas是与CRISPR相关的蛋白质。

9. Pontin, J. 2018. *Wired*. www.wired.com/story/ideas-jason-pontin-geneticengineering-for-mars/ (accessed 5 May 2020).

10. Regalado, A. *MIT Technology Review*, 1 February 2019. www.technologyreview.com/2019/02/01/239624/the-transhumanist-diy-designer-baby-funded-with-bitcoin/(accessed 11 May 2020).

11. Regalado, A. *MIT Technology Review*, 8 November 2019. www.technologyreview.com/2019/11/08/132018/polygenic-score-ivf-embryo-dna-tests-genomic-prediction-gattaca/(accessed 11 May 2020).

12. Devlin, H. *The Guardian*, 24 May 2019. www.theguardian.com/society/2019/may/24/ivf-couples-could-be-able-to-choose-the-smartest-embryo (accessed 3 February 2020).

术语定义

氨基酸：用来制造蛋白质的化学物质，通常有20多种不同的氨基酸。

性激素：男性和女性性别特征发育中需要的一组激素。

反密码子："遗传字母"（核苷酸）的三联体序列，与编码特定氨基酸的三联体密码子通过互补配对完全对应。

体重指数（BMI）：体重（千克）除以身高（米）的二次方（即 kg/m^2）。

染色体：一种DNA双螺旋分子，包含部分人类基因组和许多蛋白质。

密码子：编码特定氨基酸的DNA中"遗传字母"（核苷酸）的三联体序列。

近亲：与另一个人有相同的亲属关系。"近亲婚姻"指的是表亲之间的婚姻。

皮质醇：肾上腺皮质分泌的一种激素（化学信使），能引起身体的许多生理变化。

细胞质：细胞核（DNA所在的位置）外的细胞内容物。

多巴胺：参与许多不同的大脑功能的一种神经递质，包括唤醒和奖励动机行为。

DNA：脱氧核糖核酸的缩写，是编码基因的化学物质。

DNA序列：核苷酸（"遗传字母"）的序列，包括腺嘌呤（A），胸腺嘧啶（T），鸟嘌呤（G）和胞嘧啶（C），编码遗传信息。

酶：催化细胞内化学反应的蛋白质。

表观遗传：DNA或DNA周围蛋白质的化学修饰，以改变基因表达。

优生学：包括通过控制繁殖或直接通过基因改造工程来改变人类遗传的尝试。

外显子："表达序列"的简写，指的是用来制造信使RNA（mRNA）的蛋白质编码基因的DNA序列。

表达：信使核糖核酸（mRNA）的转录，也可以指基因作为蛋白质的表达。

基因：编码信息的DNA序列。

基因组：有机体的遗传物质。

全基因组关联研究（GWAS）：一种旨在发现DNA序列（如SNP）差异与特定性状之间的相关性的方法。

基因型：生物体的基因集合。

生殖细胞：将遗传信息传递给后代的细胞，如卵子和精子。

神经胶质细胞：为神经元提供支持和更新的脑细胞。

遗传力：某一性状在某一特定群体中的变异比例，可归因于该群体中的遗传变异。

杂合子：在染色体对的每一条染色体上携带同一基因的不同变体。

海马体：大脑两侧的两个脑叶，具有许多功能，包括学习、记忆和情感。

纯合子：在染色体对的两条染色体上携带同一基因的同一版本。

激素：在身体周围传递信息的化学信使。

杂交：两个不同实体的组合。

下丘脑：位于大脑底部的一个小区域，有许多重要的功能，如控制荷尔蒙释放和体温。

同卵双胞胎：来自同一胚胎的一对双胞胎，该胚胎在早期发育过程中分裂，产生两个基因相同的（纯合子）个体。

印记：由来自母亲或父亲的染色体的表观遗传修饰而造成的永久沉默。

Indel："插入－删除"的简写，指的是小片段DNA的插入或删除，通常涉及六个或更少的"遗传字母"。

内含子："基因内区域"（序列）的简写，这些区域被从信使RNA（mRNA）中"剪掉"，因此它们的序列不编码任何蛋白质。

IQ：代表"智商"，尽管它不是一种商。IQ是一种基于一系列测试的"心理认知分数"，它与年龄匹配的人群在一组特定测试中的特定分数的平均值相匹配。然后这个分数除以这个人的年龄，再乘以100就得到了智商分数。

溶酶体：细胞内负责分解化学废物的一小包酶。

信使核糖核酸（mRNA）：从DNA中转录出来的RNA，用于制造具有正确氨基酸序列的蛋白质的模板。

甲基化：甲基（CH_3）组转移到DNA中的胞嘧啶核苷上，启动子中发生甲基化时，将导致特定基因表达减少。

突变：导致DNA序列中的一个或多个核苷酸（"遗传字母"）发生变化的过程。

神经发生：通过细胞复制产生新的脑细胞。

神经元：一种脑细胞，它与其他神经元相连，形成信息处理的"突触网络"。

神经递质：把信息从一个神经元传递到另一个神经元，或从一个神经元传递到肌肉组织的化学物质。

异卵双胞胎：由两个同时受精的卵细胞产生的一对双胞胎，在怀孕期间共用同一个子宫（但有两个不同的胎盘），因此在基因上并不比其他兄弟姐妹更相似。

核苷酸：构成DNA结构的不同化学物质（"遗传字母"）：腺嘌呤（A）、胸腺嘧啶（T）、鸟嘌呤（G）和胞嘧啶（C）。

表现型：有机体可观察到的特点和特征。

血浆：移除细胞的血液。

多基因：涉及多个基因。

多态性：变异基因在特定人群中的存在。一般来讲，只有在至少1%的人群中出现这种变体时才会使用，但实际上，非正式的用法很常见。

先证者：患有某种遗传疾病的人，常常导致研究者研究整个家族。

启动子：一种DNA序列，它控制一个基因的表达水平。

蛋白质：一种由一系列不同氨基酸组成的化学物质，其精确的顺序决定了它的功能。

冗余：指使用多个三重密码子来编码相同的氨基酸。

核糖体：细胞内的一种分子复合物，由RNA和蛋白质组成，充当合成新蛋白质的迷你工厂。

RNA：一种类似DNA的化学物质，只不过它用尿嘧啶（U）代替胸腺嘧啶（T），而胸腺嘧啶主要用于传递DNA的信息。

血清素：中枢神经系统中的一种神经递质，具有许多不同的功能，包括奖赏、记忆、学习和认知。

沉默：通过表观遗传修饰关闭一个或多个基因。

SNP：单核苷酸多态性的缩写，发音为"snip"，指的是DNA序列中单个"遗传字母"的差异。

突触：两个神经元之间的连接点，一种叫作神经递质的化学物质穿过神经元之间的小间隙，传递信息。

转录：DNA信息被复制成信使RNA（mRNA）的过程。

转录因子：一种与特定DNA序列结合以增加或减少特定基因表达的蛋白质。

转移核糖核酸（tRNA）：一种结合特定氨基酸并在特定识别位点插入mRNA的RNA分子，使氨基酸在蛋白质制造过程中按正确的顺序排列。

超人类主义：一种国际哲学运动，主张通过发展和广泛使用先进技术来极大地提高人类智力和生理来改变人类状况。

翻译：信使RNA（mRNA）中的信息被"翻译"成蛋白质的特定氨基酸序列的过程。

受精卵：精子和卵子结合而成的细胞，即"受精的卵子"。

参考文献

Abdellaoui, A., Hugh-Jones, D., Yengo, L., et al. 2019. *Nat Hum Behav*, 3: 1332–42.

Adam, D. 2019. *Nature*, 574: 618–20.

Ainsworth, C. 2017. *Nature*, 550: S6–8.

Aivelo, T. & Uitto, A. 2015. *Nord Stud Sci Educ*, 11: 139–52.

Alanko, K., Santtila, P., Harlaar, N., et al. 2010. *Arch Sex Behav*, 39: 81–92.

Alexander, D., Assaf, M., Khudr, A., et al. 1985. *J Inherit Metab Dis*, 8: 174–7.

Alexander, D., Deeb, M. & Talj, F. 1986. *Hum Genet*, 73: 53–9.

Alexander, D., Dudin, G., Talj, F., et al. 1984. *Am J Hum Genet*, 36: 1001–14.

Alexander, D. R. 2017. *Genes, Determinism and God*, Cambridge: Cambridge University Press.

Alford, J. R., Funk, C. L. & Hibbing, J. R. 2005. *Am Polit Sci Rev*, 99: 153–67.

Allen, L. S. & Gorski, R. A. 1992. *Proc Natl Acad Sci U S A*, 89: 7199–202.

Andersen, J. P. & Blosnich, J. 2013. *PloS One*, 8: e54691.

Ang, S., van Dyne, L. & Tan, M. 2011. Cultural intelligence. In Sternberg, R. J. & Kaufman, S. B. (eds.) *The Cambridge Handbook of Intelligence*, Cambridge: Cambridge University Press, pp. 582–602.

Arceneaux, K., Johnson, M. & Maes, H. H. 2012. *Twin Res Hum Genet*, 15: 34–41.

Arseneault, L., Cannon, M., Poulton, R., et al. 2002. *BMJ*, 325: 1212–13.

Attfield, R. 1991. *The Ethics of Environmental Concern*, Athens, GA: University of Georgia Press.

Autism Spectrum Disorders Working Group of the Psychiatric Genomics Consortium. 2017. *Mol Autism*, 8: 21.

Baggini, J. 2015. *Freedom Regained: The Possibility of Free Will*, London: Granta.

Bagot, R. C., Zhang, T. Y., Wen, X., et al. 2012. *Proc Natl Acad Sci U S A*, 109: Suppl. 2, 17200–7.

Bailey, J. M. & Pillard, R. C. 1991. *Arch Gen Psychiatry*, 48: 1089–96.

Bailey, J. M., Pillard, R. C., Neale, M. C. & Agyei, Y. 1993. *Arch Gen Psychiatry*, 50: 217–23.

Bailey, J. M., Vasey, P. L., Diamond, L. M., et al. 2016. *Psychol Sci Public Interest*, 17: 45–101.

Balestri, M., Calati, R., Serretti, A. & de Ronchi, D., et al. 2014. *Int Clin Psychopharmacol*, 29: 1–15.

Balsam, K. F., Rothblum, E. D. & Beauchaine, T. P. 2005. *J Consult Clin Psychol*, 73: 477–87.

Balter, M. 2015. *Science*, 350: 148.

Barash, Y., Calarco, J. A., Gao, W., et al. 2010. *Nature*, 465: 53–9.

Baron-Cohen, S. 2010. *Prog Brain Res*, 186: 167–75.

Barth, K., Bromiley, G. W. & Torrance, T. F. 1975. *Church Dogmatics*, Edinburgh: T. & T. Clark.

Bazak, L., Haviv, A., Barak, M., et al. 2014. *Genome Res*, 24: 365–76.

Bateson, P. P. G. & Gluckman, P. D. 2011. *Plasticity, Robustness, Development and Evolution*, New York: Cambridge University Press.

Bauckham, R. 2011. *Living with Other Creatures: Green Exegesis and Theology*, Waco, TX: Baylor University Press.

Baumeister, R. F. & Brewer, L. E. 2012. *Soc Personal Psychol Compass*, 6: 736–45.

Baumeister, R. F., Masicampo, E. J. & Dewall, C. N. 2009. *Pers Soc Psychol Bull*, 35: 260–8.

Baumrind, D. 1993. *Child Dev*, 64: 1299–317.

Beiber, I., Dain, H. J., Dince, P. R., et al. 1962. *Homosexuality: A Psychoanalytic Study*, New York: Basic Books.

Bell, A. P., Weinberg, M. S. & Hammersmith, S. K. 1981. *Sexual Preference: Its Development in Men and Women*, Bloomington, IN: Indiana University Press.

Berenbaum, S. A. & Beltz, A. M. 2011. *Front Neuroendocrinol*, 32: 183–200.

Bevilacqua, L., Doly, S., Kaprio, J., et al. 2010. *Nature*, 468: 1061–6.

Bhandari, R. K., Sadler-Riggleman, I., Clement, T. M. & Skinner, M. K. 2011. *PLoS One*, 6: e19935.

Bipolar Disorder and Schizophrenia Working Group of the Psychiatric

Genomics Consortium. 2018. *Cell*, 173: 1705–15.e16.

Birch, E. 2012. *Nature*, 487: 441–2.

Bizer, G. Y., Krosnick, J. A., Holbrook, A. L., et al. 2004. *J Pers*, 72: 995–1027.

Blanchard, R. 2018. *Arch Sex Behav*, 47: 1–15.

Blokland, G. A., McMahon, K. L., Thompson, P. M., et al. 2011. *J Neurosci*, 31: 10882–90.

Bloss, C. S., Schork, N. J. & Topol, E. J. 2011. *N Engl J Med*, 364: 524–34.

Bogaert, A. F. 2006. *Proc Natl Acad Sci U S A*, 103: 10771–4.

Bogaert, A. F. & Skorska, M. 2011. *Front Neuroendocrinol*, 32: 247–54.

Boissel, S., Reish, O., Proulx, K., et al. 2009. *Am J Hum Genet*, 85: 106–11.

Boldrini, M., Fulmore, C. A., Tartt, A. N., et al. 2018. *Cell Stem Cell*, 22: 589–599 e5.

Bouchard, T. J., Jr. 2014. *Behav Genet*, 44: 549–77.

Bouchard, T. J., Jr, Lykken, D. T., McGue, M., Segal, N. L. & Tellegen, A. 1990. *Science*, 250: 223–8.

Bouchard, T. J., Jr, McGue, M., Lykken, D. & Tellegen, A. 1999. *Twin Res*, 2: 88–98.

Boyle, E. A., Li, Y. I. & Pritchard, J. K. 2017. *Cell*, 169: 1177–86.

Bradfield, J. P., Taal, H. R., Timpson, N. J., et al. 2012. *Nat Genet*, 44: 526–31.

Bradshaw, M. & Ellison, C. G. 2008. *J Sci Study Relig*, 47: 529–44.

Brakefield, T., Mednick, S., Wilson, H., et al. 2014. *Arch Sex Behav*, 43: 335–44.

Bromfield, J. J. E. A. 2014. *Proc Natl Acad Sci U S A*, 111: 2200–5.

Brown, W. S. & Paul, L. K. 2015. Brain connectivity and the emergence of capacities of personhood: reflections from callosal agenesis and autism. In Jeeves, M. (ed.) *The Emergence of Personhood – A Quantum Leap?* Grand Rapids, MI: Eerdmans, pp. 104–19.

Brunner, H., Nelen, M., Breakefield, X., Ropers, H. H. & van Oost, B. A. 1993a. *Science*, 262: 578–80.

Brunner, H. G., Nelen, M. R., van Zandvoort, P., et al. 1993b. X. *Am J Hum Genet*, 52: 1032–9.

Buchen, L. 2012. *Nature*, 490: 466–8.

Buck, P. S. 1992. *The Child Who Never Grew*, Rockville, MD: Woodbine House.

Burke, S. M., Manzouri, A. H. & Savic, I. 2017. *Sci Rep*, 7: 17954.

Burri, A., Cherkas, L., Spector, T. & Rahman, Q. 2011. *Plos One*, 6: e21982.

Burt, A. 2011. *Res Hum Dev*, 8: 192–210.

Byne, W., Tobet, S., Mattiace, L. A., et al. 2001. *Horm Behav*, 40: 86–92.

Callaway, E. 2012. *Nature*, 487: 153.

Carey, J. M. & Paulhus, D. L. 2013. *J. Pers*, 81: 130–41.

Carlberg, C., Seuter, S., Nurmi, T., et al. 2018. *J Steroid Biochem Mol Biol*, 180: 142–8.

Carmichael, L. 1925. *J Abnorm. Soc. Psychol*, 20: 245–60.

Carnell, S., Haworth, C. M., Plomin, R. & Wardle, J. 2008. *Int J Obes (Lond)*, 32: 1468–73.

Cases, O., Seif, I., Grimsby, J., et al. 1995. *Science*, 268: 1763–6.

Castera, J. E. A., Clément, P., Abrougui, M., et al. 2008. *Sci Edu Int*, 19: 163–84.

Cattane, N., Richetto, J. & Cattaneo, A. 2018. *Neurosci Biobehav Rev* (in press).

Chalmers, D. J. 2006. Strong and weak emergence. In Clayton, P. & Davies, P. (eds.) *The Re-Emergence of Emergence: The Emergentist Hypothesis from Science to Religion*, Oxford: Oxford University Press, pp. 244–56.

Charbonneau, M. R., Blanton, L. V., DiGiulio, D. B., et al. 2016. *Nature*, 535: 48–55.

Charney, E. & English, W. 2012. *Am Polit Sci Rev*, 106: 1–34.

Check, E. 2007. *Nature*, https://doi.org/ 10.1038/news070528-10.

Chernyak, N., Kushnir, T., Sullivan, K. M., et al. 2013. *Cogn Sci*, 37: 1343–55.

Christakis, N. A. & Fowler, J. H. 2007. *N Engl J Med*, 357: 370–9.

Christian, K. M., Song, H. & Ming, G. L. 2014. *Annu Rev Neurosci*, 37: 243–62.

Churchland, P. M. 1981. *J Philos*, 78: 67–90.

Clifton, E. D., Perry, J. R. B., Imamura, F., et al. 2018.*Commun Biol*, 1: 36.

Clines, D. J. A. 1968. *Tyndale Bull*, 19: 53–103.

Colvert, E., Tick, B., McEwen, F., et al. 2015. *JAMA Psychiatry*, 72: 415–23.

Comfort, N. 2018. *Nature*, 561: 461–3.

Comfort, N. 2019. *Nature*, 574: 167–70.

Costa, D. L., Yetter, N. & Desomer, H. 2018. *Proc Natl Acad Sci U S A*, 115: 11215–20.

Crane, T. 2001. The significance of emergence. In Gillet, C. & Loewer, B. (eds.) *Physicalism and Its Discontents*, Cambridge: Cambridge University Press, pp. 207–24.

Cranmer, S. J. & Dawes, C. T. 2012. *Twin Res Hum Genet*, 15: 52–9.

Critchlow, H. 2019. *The Science of Fate*, London: Hodder & Stoughton.

Cyranoski, D. 2018. *Nature*, 564: 13–14.

Cyranoski, D. 2019a. *Nature*, 566: 440–2.

Cyranoski, D. 2019b. *Nature*, 570: 145–6.

D'Onofrio, B. M., Eaves, L. J., Murrelle, L., Maes, H. H. & Spilka, B., 1999. *J Pers*, 67: 953–84.

Dahl, R. E., Allen, N. B., Wilbrecht, L., & Suleiman, A. B. 2018. *Nature*, 554: 441–50.

Dar-Nimrod, I., Cheung, B. Y., Ruby, M. B. & Heine, S. J. 2014. *Appetite*, 81: 269–76.

Dar-Nimrod, I., Zuckerman, M. & Duberstein, P. R. 2013. *Genet Med*, 15: 132–8.

Davidson, J. E. & Kemp, I. A. 2011. Contemporary models of intelligence. In Sternberg, R. & Kaufman, S. (eds.) *The Cambridge Handbook of Intelligence*, Cambridge: Cambridge University Press, pp. 58–84.

Dawood, K., Pillard, R. C., Horvath, C., Revelle, W. & Bailey, J.M. 2000. *Arch Sex Behav*, 29: 155–63.

Day, F. R., Ong, K. K. & Perry, J. R. B. 2018. *Nat Commun*, 9: 2457.

de Castro, J. M. 1999. *Physiol Behav*, 67: 249–58.

Deary, I. J. 2012. *Annu Rev Psychol*, 63: 453–82.

Debnath, R., Tang, A., Zeanah, C. H., Nelson, C. A. & Fox, N. A. 2019.

Dev Sci, 23: e12872.

Demontis, D., Walters, R. K., Martin, J., et al. 2019. *Nat Genet*, 51: 63–75.

Denno, D. W. 2013. *Hastings Law J*, 64: 1591–618.

Devlin, B., Daniels, M. & Roeder, K. 1997. *Nature*, 388: 468–71.

DeWeerdt, S. 2018. *Nature*, 555:S18–19.

Di Francesco, M. 2010. Two varieties of causal emergentism. In Corradini, A. & O'Connor, T. (eds.) *Emergence in Science and Philosophy*, London: Routledge, pp. 64–77.

Diamond, D. A., Burns, J. P., Huang, L., Rosoklija, I. & Retik, A. B. 2011. *J Urol*, 186: 1642–8.

Diamond, L. M. 2008. *Dev Psychol*, 44: 5–14.

Dome, P., Rihmer, Z. & Gonda, X. 2019. *Medicina (Kaunas)*, 55:E403.

Dougherty, M. J. 2009. *Am J Hum Genet*, 85: 6–12.

Draganski, B., Gaser, C., Busch, V., et al. 2004. *Nature*, 427: 311–12.

Drescher, J. 2008. *J Am Acad Psychoanal Dyn Psychiatry*, 36: 443–60.

Drew, L. 2018. *Nature*, 559:S2–3.

Duckworth, A. L. 2011. *Proc Natl Acad Sci U S A*, 108: 2639–40.

Dunham, I., Kundaje, A., Aldred, S. F., et al. 2012. *Nature*, 489: 57–74.

Duyme, M., Dumaret, A. C. & Tomkiewicz, S. 1999. *Proc Natl Acad Sci U S A*, 96: 8790–4.

Ebert, D. H. & Greenberg, M. E. 2013. *Nature*, 493: 327–37.

Ellis, L. & Blanchard, R. 2001. *Pers Individ Dif*, 30: 543–52.

Ellis, S. J. & Peel, E. 2011. *Fem Psychol*, 21: 198–204.

Eppig, C., Fincher, C. L. & Thornhill, R. 2010. *Proc Biol Sci*, 277: 3801–8.

Escher, J. & Robotti, S. 2019. *Environ Mol Mutagen*, 60: 445–54.

Escott-Price, V., Shoai, M., Pither, R., Williams, J. & Hardy, J. 2017. *Neurobiol Aging*, 49: 214.e7–11.

Eysenck, H. J. & Kamin, L. J. 1981. *The Intelligence Controversy*, New York: John Wiley & Sons.

Faraone, S. V. & Biederman, J. 2005. *J Atten Disord*, 9: 384–91.

Farooqi, I. S. 2005. *Best Pract Res Clin Endocrinol Metab*, 19: 359–74.

Farooqi, I. S., Bullmore, E., Keogh, J., et al. 2007. *Science*, 317: 1355.

Finn, E. S., Shen, X., Scheinost, D., et al. 2015. *Nat Neurosci*, 18: 1664–71.

Flynn, J. R. 2012. *Are We Getting Smarter?: Rising IQ in the Twenty-First Century*, New York: Cambridge University Press.

Fowler, J. H., Baker, L. A. & Dawes, C. T. 2008. *Am Polit Sci Rev*, 102: 233–48.

Fraga, M. F., Ballestar, E., Paz, M. F., et al. 2005. *Proc Natl Acad Sci U S A*, 102: 10604–9.

Francioli, L. C., Polak, P. P., Koren, A., et al. 2015. *Nat Genet* 47: 822–6.

Frayling, T. M., Timpson, N. J., Weedon, M. N., et al. 2007. *Science*, 316: 889–94.

Freeman, J. A. 2019. *Twin Res Hum Genet*, 22: 88–94.

Friedrichs, B., Igl, W., Larsson, H. and Larsson, J. O. 2012. *J Atten Disord*, 16: 13–22.

Friesen, A. & Ksiazkiewicz, A. 2015. *Polit Behav*, 37: 791–818.

Frisén, L., Nordenström, A., Falhammar, H., et al. 2009. *J Clin Endocrinol Metab*, 94: 3432–9.

Galupo, M. P., Mitchell, R. C. & Davis, K. S. 2018. *Arch Sex Behav*, 47:

1241–50.

Ganna, A., Verweij, K. J. H., Nivard, M. G., et al. 2019. *Science*, 365: eaat7693.

Gartrell, N. K., Bos, H. M. W. & Goldberg, N. G. 2011. *Arch Sex Behav*, 40: 1199–209.

Gates, G. J. 2011. *How Many People Are Lesbian, Gay, Bisexual and Transgender?* Los Angeles, CA: Williams Institute.

Gatz, M., Pedersen, N. L., Berg, S., et al. 1997. *J Gerontol A Biol Sci Med Sci*, 52: M117–25.

Geary, D. C. 2018. *Psychol Rev*, 125: 1028–50.

Geddes, L. 2019. *Nature*, 568: 444–5.

Gendrel, A. V. & Heard, E. 2014. *Annu Rev Cell Dev Biol*, 30: 561–80.

1000 Genomes Project Consortium. 2015. *Nature*, 526: 68–74.

Giau, V. V., Bagyinszky, E., Yang, Y. S., et al. 2019. *Sci Rep*, 9: 8368.

Gibbons, A. 2004. *Science*, 304: 818.

Gilbert, W. 1992. A vision of the grail. In Kevles, D. & Hood, L. (eds.) *The Code of Codes: Scientific and Social Issues in the Human Genome Project*, Cambridge, MA: Harvard University Press, pp. 83–97.

Goel, M. S., McCarthy, E. P., Phillips, R. S., et al. 2004. *JAMA*, 292: 2860–7.

Goldberg, L. R. 1990. *J Pers Soc Psychol*, 59: 1216–29.

Goodarzi, M. O. 2018. *Lancet Diabetes Endocrinol*, 6: 223–36.

Gordon, L., Joo, J. E., Powell, J. E., et al. 2012. *Genome Res*, 22: 1395–406.

Gottfredson, L. & Saklofske, D. H. 2009. *Can Psychol*, 50: 183–95.

Grarup, N., Moltke, I., Andersen, M. K., et al. 2018. *Nat Genet*, 50: 172–4.

Green, J. B. 2004. *What About the Soul?: Neuroscience and Christian Anthropology*, Edinburgh: Alban.

Green, J. B. 2008. *Body, Soul, and Human Life: The Nature of Humanity in the Bible*, Grand Rapids, MI: Baker Academic.

Green, R. C., Roberts, J. S., Cupples, L. A., et al. 2009. *N Engl J Med*, 361: 245–54.

Grenz, S. J. 2001. *The Social God and the Relational Self: A Trinitarian Theology of the Imago Dei*, Louisville, KY: Westminster John Knox Press.

Gushee, D. P. 2013. *The Sacredness of Human Life: Why an Ancient Biblical Vision Is Key to the World's Future*, Grand Rapids, MI: William B. Eerdmans Publishing Co.

Hamer, D. H. 2004. *The God Gene: How Faith Is Hardwired into Our Genes*, New York: Doubleday.

Hamer, D. H. & Copeland, P. 1994. *The Science of Desire: The Search for the Gay Gene and the Biology of Behaviour*, New York: Simon & Schuster.

Hamer, D. H., Hu, S., Magnuson, V. L., et al. 1993. Science, 261: 321–7.

Hart, D. B. 2009. *Atheist Delusions: The Christian Revolution and Its Fashionable Enemies*, New Haven, CT: Yale University Press.

Hatemi, P. K., Dawes, C. T., Frost-Keller, A., Settle, J. E. & Verhulst, B. 2011. *Biodemography Soc Biol*, 57: 67–87.

Hatemi, P. K., Funk, C. L., Medland, S. E., et al. 2009. *J Polit*, 71: 1141–56.

Hatemi, P. K. & McDermott, R. 2012. *Trends Genet*, 28: 525–33.

Hatemi, P. K., Medland, S. E., Klemmensen, R., et al. 2014. *Behav Genet*,

44: 282–94.

Hatemi, P. K., Medland, S. E., Morley, K. I., Heath, A. C. & Martin, N. G. 2007. *Behav Genet*, 37: 435–48.

Hatemi, P. K. & Verhulst, B. 2015. *PLoS One*, 10: e0118106.

Heijmans, B. T., Tobi, E. W., Stein, A. D., et al. 2008. *Proc Natl Acad Sci U S A*, 105: 17046–9.

Henley, C. L., Nunez, A. A. & Clemens, L. G. 2011. *Front Neuroendocrinol*, 32: 146–54.

Hines, M. 2011. *Front Neuroendocrinol*, 32: 170–82.

Hines, M., Ahmed, S. F. & Hughes, I. 2003. *Arch Sex Behav*, 32: 93–101.

Hitler, A. 1939. *Mein Kampf: Complete and Unabridged, Fully Annotated*, New York: Reynal & Hitchcock.

Holland, T. 2019. *Dominion: The Making of the Western Mind*, London: Little, Brown and Company.

Hooker, E. 1957. *J Proj Tech*, 21: 18–31.

Hopkin, M. 2008. *Nature*, https://doi.org/10.1038/news.2008.738.

Horder, H., Johansson, L., Guo, X., et al. 2018. *Neurology*, 90: e1298–305.

Howard, D. M., Adams, M. J., Clarke, T. K., et al. 2019. *Nat Neurosci*, 22: 343–52.

Howard, D. M., Adams, M. J., Shirali, M., et al. 2018. *Nat Commun*, 9: 1470.

Hu, Z., Scott, H. S., Qin, G., et al. 2015. *Sci Rep*, 5: 10940.

Hudziak, J. J., Albaugh, M. D., Ducharme, S., et al. 2014. *J Am Acad Child Adolesc Psychiatry*, 53: 1153–61.

Hunt, E. B. 2011. *Human Intelligence*, New York: Cambridge University

Press.

Iossifov, I., O'Roak, B. J., Sanders, S. J., et al. 2014. *Nature*, 515: 216–21.

Ismael, J. T. 2015. On being someone. In Mele, A. R. (ed.) *Surrounding Free Will*, Oxford: Oxford University Press, pp. 274–97.

Jacques, M., Hiam, D., Craig, J., et al. 2019. *Epigenetics*, 14: 633–48.

Jensen, S. K. G., Kumar, S., Xie, W., et al. 2019a. *Sci Rep*, 9: 3507.

Jensen, S. K. G., Tofail, F., Haque, R., et al. 2019b. *PLoS One*, 14:e0215304.

Joel, D., Berman, Z., Tavor, I., et al. 2015. *Proc Natl Acad Sci U S A*, 112: 15468–73.

Johansson, V., Kuja-Halkola, R., Cannon, T. D., et al. 2019. *Psychiatry Res*, 278: 180–7.

Johnson, E. C., Border, R., Melroy-Greif, W. E., et al. 2017. *Biol Psychiatry*, 82: 702–8.

Johnson, M. B., Kawasawa, Y. I., Mason, C. E., et al. 2009. *Neuron*, 62: 494–509.

Jordan, D. M., Frangakis, S. G., Golzio, C., et al. 2015. *Nature*, 524: 225–9.

Joseph, J. 2010. Genetic research in psychiatry and psychology: a critical overview. In Hood, K. E., Halpern, C. T., Greenberg, G. & Lerner, R. M. (eds.) *Handbook of Developmental Science, Behavior, and Genetics*. Chichester: Wiley-Blackwell, pp. 557–625.

Kandler, C., Bleidorn, W. & Riemann, R. 2012. *J Pers Soc Psychol*, 102: 633–45.

Kandler, C. & Riemann, R. 2013. *Behav Genet*, 43: 297–313.

Keller, E. F. 2010. *The Mirage of a Space between Nature and Nurture*, Durham, NC: Duke University Press.

Kelsoe, J. R. 2010. *Nature*, 468: 1049–50.

Kendall, K. M., Rees, E., Bracher-Smith, M., et al. 2019. *JAMA Psychiatry*, 76: 818–25.

Kendler, K. S., Gardner, C. O. & Prescott, C. A. 1997. *Am J Psychiat*, 154: 322–9.

Kendler, K. S., Thornton, L. M., Gilman, S. E. & Kessler, R. C. 2000. *Am J Psychiat*, 157: 1843–6.

Keskitalo, K., Silventoinen, K., Tuorila, H., et al. 2008. *Physiol Behav*, 93: 235–42.

Kessler, R. C., Berglund, P., Demler, O., et al. 2003. *JAMA*, 289: 3095–105.

Kheirbek, M. A. & Hen, R. 2014. *Sci Am*, 311: 62–7.

Kim, H. N., Kim, B. H., Cho, J., et al. 2015. *Genes Brain Behav*, 14: 345–56.

Kiraly, D. D. 2019. *Nature*, 574: 488–9.

Kitzinger, J. 2005. Constructing and deconstructing the "gay gene": media reporting of genetics, sexual diversity and "deviance". In Ellison, G. & Goodman, A., eds. *The Nature of Difference: Science, Society and Human Biology*, London: Taylor & Francis, pp. 99–118.

Klemmensen, R., Hatemi, P. K., Hobolt, S. B., Skytthe, A. & Nørgaard, A. S. 2012. *Twin Res Hum Genet*, 15: 15–20.

Klingberg, T. 2013. *The Learning Brain: Memory and Brain Development in Children*, New York: Oxford University Press.

Knopik, V. S., Maccani, M. A., Francazio, S. & McGeary, J. E. 2012. *Development and Psychopathology*, 24: 1377–90.

Knopik, V. S., Neiderhiser, J. M., Defries, J. C. & Plomin, R. 2017. *Behavioral Genetics*, 7th ed., New York: Worth Publishers, Macmillan Learning.

Koenig, H. G., King, D. E. & Carson, V. B. 2012. *Handbook of Religion and Health*, New York: Oxford University Press.

Kondrashov, A. 2012. *Nature*, 488: 467–8.

Kong, A., Frigge, M. L., Masson, G., et al. 2012. *Nature*, 488: 471–5.

Kong, A., Thorleifsson, G., Frigge, M. L., et al. 2018. *Science*, 359: 424–8.

Kowal, E. & Frederic, G. 2012. *Genom Soc Policy*, 8: 1.

Kukekova, A. V., Johnson, J. L., Xiang, X., et al. 2018. *Nat Ecol Evol*, 2: 1479–91.

Kurzweil, R. 2010. *TRANSCEND – Nine Steps to Living Well Forever*. Emmaus, PA: Rodale Press.

Kushnir, T., Gopnik, A., Chernyak, N., Seiver, E. & Wellman, H.M. 2015. *Cognition*, 138: 79–101.

Kyaga, S., Landen, M., Boman, M., et al. 2013. *J Psychiatr Res*, 47: 83–90.

Lacour, M., Quenez, O., Rovelet-Lecrux, A., et al. 2019. *J Alzheimers Dis*, 71: 227–243.

Lambert, J. 2019. *Nature*, 573: 14–15.

Lander, E. S., Baylis, F., Zhang, F., et al. 2019. *Nature*, 567: 165–8.

Lander, E. S., Linton, L. M., Birren, B., et al. 2001. *Nature*, 409: 860–921.

Langner, I., Garbe, E., Banaschewski, T. & Mikolajczyk, R. T. 2013. *PLoS One*, 8:e62177.

Långström, N., Rahman, Q., Carlström, E. & Lichtenstein, P. 2010. *Arch Sex Behav*, 39: 75–80.

Lasco, M. S., Jordan, T. J., Edgar, M. A., Petito, C. K. & Byne, W. 2002. *Brain Res*, 936: 95–8.

Lawrence, A. 2010. *Arch Sex Behav*, 39: 573–83.

Lea, R. & Chambers, G. 2007. *N Z Med J*, 120:U2441.

Ledford, H. 2010. *Nature*, 465, 16–17.

Ledford, H. 2015. *Nature*, 523: 268–9.

Lee, J. J., Wedow, R., Okbay, A., et al. 2018. *Nat Genet*, 50: 1112–21.

Legault, J., Fang, S. Y., Lan, Y. J., et al. 2019. *Brain Cogn*, 134: 90–102.

Lek, M., Karczewski, K. J., Minikel, E. V., et al. 2016. *Nature*, 536: 285–91.

LeVay, S. 1991. *Science*, 253: 1034–7.

Levy, S., Sutton, G., Ng, P. C., et al. 2007. *PLoS Biol*, 5:e254.

Lewis, G. B. 2009. *Policy Studies Journal*, 37: 669–93.

Lewis, T. L. & Maurer, D. 2005. *Dev Psychobiol*, 46: 163–83.

Lichtenstein, P., Yip, B. H., Bjork, C., et al. 2009. *Lancet*, 373: 234–9.

Lin, W. Y., Chan, C. C., Liu, Y. L., et al. 2019. *PLoS Genet*, 15:e1008277.

Linden, D. J. 2007. *The Accidental Mind*, London: Belknap.

Lippa, R. 2008. *Arch Sex Behav*, 37: 173–87.

Liscovitch-Brauer, N., Alon, S., Porath, H. T., et al. 2017. *Cell*, 169: 191–202.e11.

List, C. 2019. *Why Free Will Is Real*, Cambridge, MA: Harvard University Press.

Liu, L., Fan, Q., Zhang, F., et al. 2018. *Biomed Res Int*, 2018: 3848560.

Liu, Q., Yu, C., Gao, W., et al. 2015 *Twin Res Hum Genet*, 18: 571–80.

Lo, M. T., Hinds, D. A., Tung, J. Y., et al. 2017. *Nat Genet*, 49: 152–6.

Loehlin, J. C. 1992. *Genes and Environment in Personality Development*, London: Sage.

Loos, R. J. & Yeo, G. S. 2014. *Nat Rev Endocrinol*, 10: 51–61.

Lordier, L., Meskaldji, D. E., Grouiller, F., et al. 2019. *Proc Natl Acad Sci U S A*, 116: 12103–8.

Lourida, I., Hannon, E., Littlejohns, T. J., et al. 2019. *JAMA*, 322: 430–7.

Lu, R. B., Lee, J. F., Ko, H. C., et al. 2002. *Prog Neuropsychopharmacol Biol Psychiatry*, 26: 457–61.

Lubke, G. H., Hudziak, J. J., Derks, E. M., et al. 2009. *J Am Acad Child Adolesc Psychiatry*, 48: 1085–93.

Ludeke, S., Johnson, W. & Bouchard T. J., Jr. 2013. *Pers Individ Dif*, 55: 375–80.

Lutz, M. W., Sprague, D. & Chiba-Falek, O. 2019. *Alzheimers Dement*, 15: 1048–58.

Lutz, P. E. & Turecki, G. 2014. *Neuroscience*, 264: 142–56.

Lyon, M. F. 1961. *Nature*, 190: 372–3.

Maguire, E. A., Gadian, D. G., Johnsrude, I. S., et al. 2000. *Proc Natl Acad Sci U S A*, 97: 4398–403.

Mahmoudzadeh, M., Dehaene-Lambertz, G., Fournier, M., et al. 2013. *Proc Natl Acad Sci U S A*, 110: 4846–51.

Malis, C., Rasmussen, E. L., Poulsen, P., et al. 2005. *Obes Res*, 13: 2139–45.

Marlow, H. 2009. *Biblical Prophets and Contemporary Environmental*

Ethics: Re-Reading Amos, Hosea, and First Isaiah, New York: Oxford University Press.

Marshall, C. R., Howrigan, D. P., Merico, D., et al. 2017. *Nat Genet*, 49: 27–35.

Martin, E. M. & Fry, R. C. 2018. *Annu Rev Public Health*, 39: 309–333.

Maxmen, A. 2019. *Nature*, 574: 609–10.

McCaffery, J. M., Franz, C. E., Jacobson, K., et al. 2011. *Am J Clin Nutr*, 94: 404–9.

McGowan, P. O., Suderman, M., Sasaki, A., et al. 2011. *PLoS One*, 6:e14739.

McMahon, E., Wintermark, P. & Lahav, A. 2012. *Ann N Y Acad Sci*, 1252: 17–24.

Meaney, M. J. 2010. *Child Dev*, 81: 41–79.

Mele, R. M. 2014. *Free: Why Science Hasn't Disproved Free Will*, New York: Oxford University Press.

Mele, A. R. (ed.) 2015. *Surrounding Free Will*. Oxford: Oxford University Press.

Merriman, T. & Cameron, V. 2007. *N Z Med J*, 120:U2440.

Meyer-Bahlburg, H. L., Dolezal, C., Baker, S. & New, M.I. 2008. *Arch Sex Behav*, 37: 85–99.

Middleton, J. R. 2005. *The Liberating Image: The Imago Dei in Genesis 1*, Grand Rapids, MI: Brazos Press.

Miller, G., Zhu, G., Wright, M. J., Hansell, N. K. & Martin, N. G. 2012. *Twin Res Hum Genet*, 15: 97–106.

Mills, M. C. & Rahal, C. 2019. *Commun Biol*, 2: 9.

Mock, S. E. & Eibach, R. P. 2012. *Arch Sex Behav*, 41: 641–8.

Möller-Levet, C. S., Archer, S. N., Bucca, G., et al. 2013. *Proc Natl Acad Sci U S A*, 110: E1132–41.

Monk, C., Georgieff, M. K. & Osterholm, E. A. 2013. *J Child Psychol Psychiatry*, 54: 115–30.

Morell, V. 1993. *Science*, 260: 1722–3.

Moreno-Jiménez, E. P., Flor-Garcia, M., Terreros-Roncal, J., et al. 2019. *Nat Med*, 25: 554–60.

Moscarello, T., Murray, B., Reuter, C. M., et al. 2019. *Genet Med*, 21: 539–41.

Murdoch, S. 2007. *IQ: A Smart History of a Failed Idea*, Hoboken, NJ: J. Wiley & Sons.

Mustanski, B. S., Dupree, M. G., Nievergelt, C. M., et al. 2005. *Hum Genet*, 116: 272–8.

Naumova, O. Y., Lee, M., Koposov, R., et al. 2012. *Dev Psychopathol*, 24: 143–55.

Nelson, C. A., Fox, N. A. & Zeanah, C. H. 2013. *Sci Am*, 308: 62–7.

Neyer, F. J. 2002. *J Soc Pers Relat*, 19: 155–77.

Nikolas, M. A. & Burt, S. A. 2010. *J Abnorm Psychol*, 119: 1–17.

Nyholt, D. R., Yu, C. E. & Visscher, P. M. 2009. *Eur J Hum Genet*, 17: 147–9.

O'Connell, M. 2017. *To Be a Machine*, London: Granta.

O'Connor, T. 2000. *Persons and Causes the Metaphysics of Free Will*. New York: Oxford University Press.

O'Connor, T. G., Heron, J., Golding, J., et al. 2003. *J Child Psychol*

Psychiatry, 44: 1025–36.

Okasha, S. 2009. Causation in biology. In Beebee, H., Hitchcock, C. & Menzies, P. (eds.) *The Oxford Handbook of Causation*. New York: Oxford University Press, pp. 707–25.

Okbay, A., Beauchamp, J. P., Fontana, M. A., et al. 2016. *Nature*, 533: 539–42.

Ollikainen, M., Smith, K. R., Joo, E. J., et al. 2010. *Hum Mol Genet*, 19: 4176–88.

Ott, M., Corliss, H., Wypij, D., Rosario, M. & Austin, S. B. 2011. *Arch Sex Behav*, 40: 519–32.

Oyama, S. 2000. *Philos Sci (Proc)*, 67:S332–47.

Painter, R. C., Osmond, C., Gluckman, P., et al. 2008. *BJOG*, 115: 1243–9.

Palmer, E. E., Leffler, M., Rogers, C., et al. 2016. *Clin Genet*, 89: 120–7.

Palumbo, S., Mariotti, V., Iofrida, C., et al. 2018. *Front Behav Neurosci*, 12: 117.

Park, S. H., Guastella, A. J., Lynskey, M., et al. 2017. *Twin Res Hum Genet*, 20: 319–29.

Pascalis, O., de Vivies, X. D., Anzures, G., et al. 2011. *Wiley Interdiscip Rev Cogn Sci*, 2: 666–75.

Pasman, J. A., Verweij, K. J. H., Gerring, Z., et al. 2018. *Nat Neurosci*, 21: 1161–70.

Pasman, J. A., Verweij, K. J. H., Gerring, Z., et al. 2019. *Nat Neurosci*, 22: 1196.

Paul, D. B. 1995. *Controlling Human Heredity: 1865 to the Present*, Amherst, NY: Humanity Books.

Pearson, H. 2012. *Nature*, 484: 155 -8.

Pearson-Fuhrhop, K. M., Minton, B., Acevedo, D., Shahbaba, B. & Cramer, S. C. 2013. *PLoS One*, 8:e61197.

Pedersen, N. L., Plomin, R., McClearn, G. E. & Friberg, L. 1988. *J Pers Soc Psychol*, 55: 950–7.

Perbal, L. 2013. *Bioethics*, 27: 382–7.

Persky, S., Bouhlal, S., Goldring, M. R. & McBride, C. M. 2017. *Eat Behav*, 26: 93–8.

Peters, T. 2018. *Theol Sci*, 16: 353–62.

Petronis, A. 2010. *Nature*, 465: 721–7.

Pietschnig, J. & Voracek, M. 2015. *Perspect Psychol Sci*, 10: 282–306.

Piton, A., Poquet, H., Redin, C., et al. 2014. *Eur J Hum Genet*, 22: 776–83.

Plomin, R. 2018. *Blueprint: How DNA Makes Us Who We Are*, Cambridge, MA: The MIT Press.

Plomin, R., Coon, H., Carey, G., et al. 1991. *J Pers*, 59: 705–32.

Plomin, R., Defries, J. C., Knopik, V. S., et al. 2013a. *Behavioral Genetics: A Primer*, 6th ed., Duffield: Worth Publishers.

Plomin, R., Defries, J. C., McClearn, G. E., et al. 2008. *Behavioral Genetics*, 5th ed., Duffield: Worth Publishers.

Plomin, R., Haworth, C. M., Meaburn, E. L., et al. 2013. *Psychol Sci*, 24: 562–8.

Polderman, T. J., Benyamin, B., de Leeuw, C. A., et al. 2015. *Nat Genet*, 47: 702–9.

Polderman, T. J., Hoekstra, R. A., Posthuma, D., et al. 2014. *Transl Psychiatry*, 4:e435.

Ponseti, J., Siebner, H. R., Klöppel, S., et al. 2007. *PloS One*, 2:e762.

Porath, H. T., Hazan, E., Shpigler, H., et al. 2019. *Nat Commun*, 10: 1605.

Porsch, R. M., Middeldorp, C. M., Cherny, S. S., et al. 2016. *Am J Med Genet B Neuropsychiatr Genet*, 171: 697–707.

Power, R. A., Steinberg, S., Bjornsdottir, G., et al. 2015. *Nat Neurosci*, 18: 953–5.

Prata, D. P., Costa-Neves, B., Cosme, G. & Vassos, E. 2019. *J Psychiatr Res*, 114: 178–207.

Prisco, G. 2013. Transcendent engineering. In More, M. & Vita-More, N. (eds.) *The Transhumanist Reader*. Chichester: John Wiley & Sons, pp. 234–40.

Purcell, S. M., Moran, J. L., Fromer, M., et al. 2014. *Nature*, 506: 185–90.

Rad, G. V. 1972. *Genesis: A Commentary*, London: SCM.

Radick, G. 2016. *Nature*, 533: 293.

Rammos, A., Gonzalez, L. A. N., et al. 2019. *Neuropsychopharmacology*, 44: 1562–9.

Ranzenhofer, L. M., Mayer, L. E. S., Davis, H. A., et al. 2019. *Obesity (Silver Spring)*, 27: 1023–9.

Rautiainen, M. R., Paunio, T., Repo-Tiihonen, E., et al. 2016. *Transl Psychiatry*, 6:e883.

Reardon, S. 2014. *Nature*, 506: 284–6.

Reardon, S. 2018. *Nature*, 555: 567–8.

Reardon, S. 2019. *Nature*, 567: 444–5.

Reddon, H., Gueant, J. L. & Meyre, D. 2016. *Clin Sci (Lond)*, 130: 1571–97.

Rees, E., Walters, J. T., Georgieva, L., et al. 2014. *Br J Psychiatry*, 204:

108–14.

Rice, F., Harold, G. T., Boivin, J., et al. 2010. *Psychol Med*, 40: 335–45.

Rice, G., Anderson, C., Risch, N. & Ebers, G. 1999. *Science*, 284: 665–7.

Richmond, R. C., Simpkin, A. J., Woodward, G., et al. 2015. *Hum Mol Genet*, 24: 2201–17.

Rieger, G., Linsenmeier, J. W., Gygax, L., Garcia, S. & Bailey, J.M. 2010. *Arch Sex Behav*, 39: 124–40.

Rietveld, C. A., Medland, S. E., Derringer, J., et al. 2013. *Science*, 340: 1467–71.

Rigoni, D., Kühn, S., Gaudino, G., Sartori, G. & Brass, M. 2012. *Conscious* Cogn, 21: 1482–90.

Rigoni, D., Kühn, S., Giuseppe, S. & Brass, M. 2011. *Psychol Sci*, 22: 613–18.

Rødgaard, E.-M., Jensen, K., Vergnes, J.-N., Soulières, I. & Mottron, L. 2019. *JAMA Psychiatry*, 76: 1124–32.

Ronn, T., Volkov, P., Gillberg, L., et al. 2015. *Hum Mol Genet*, 24: 3792–813.

Roselli, C. E., Larkin, K., Resko, J. A., Stellflug, J. N. & Stormshak, F. 2004. *Endocrinology*, 145: 478–83.

Rutledge, R. B., Skandali, N., Dayan, P. & Dolan, R.J. 2015. *J Neurosci*, 35: 9811–22.

Rutter, M. 2006. *Genes and Behavior: Nature–Nurture Interplay Explained*, Malden, MA: Blackwell.

Salzberg, S. L. 2018. *BMC Biology*, 16: 94.

Sanchez-Roige, S., Fontanillas, P., Elson, S. L., et al. 2019. *J Neurosci*, 39:

2562–72.

Sandin, S., Lichtenstein, P., Kuja-Halkola, R., et al. 2017. *JAMA*, 318: 1182–4.

Sarkissian, H., Chatterjee, A., de Brigard, F., et al. 2010. *Mind Lang*, 25: 346–58.

Sauce, B. & Matzel, L. D. 2018. *Psychol Bull*, 144: 26–47.

Saudino, K. J., McGuire, S., Reiss, D., Hetherington, E. M. & Plomin, R. 1995. *J Pers Soc Psychol*, 68: 723–33.

Saudino, K. J., Wertz, A. E., Gagne, J. R. & Chawla, S. 2004. *J Pers Soc Psychol*, 87: 698–706.

Savage, J. E., Jansen, P. R., Stringer, S., et al. 2018. *Nat Genet*, 50: 912–19.

Savic, I. & Lindström, P. 2008. *Proc Natl Acad Sci U S A*, 105: 9403–8.

Savin-Williams, R. C. 2006. *Curr Dir Psychol Sci*, 15: 40–4.

Savin-Williams, R. C. 2009. How many gays are there? It depends. In Hope, D. A., ed. *Nebraska Symposium on Motivation*, Vol. 54. *Contemporary Perspectives on Lesbian, Gay, and Bisexual Identities*. New York: Springer, pp. 5–41.

Schizophrenia Working Group of the Psychiatric Genomics Consortium. 2014. *Nature*, 511: 421–7.

Schmitt, J. E., Raznahan, A., Clasen, L. S., et al. 2019. *Cereb Cortex* 29: 4743–52.

Schmitz, S. 1994. Personality and temperament. In Defries, J. C., Plomin, R. & Fulker, D. W. (eds.) *Nature and Nurture during Middle Childhood*. Oxford: Blackwell Publishing, pp. 120–40.

Schubert, A. L., Hagemann, D. & Frischkorn, G. T. 2017. *J Exp Psychol*

Gen, 146: 1498–512.

Schultz, M. D., He, Y., Whitaker, J. W., et al. 2015. *Nature*, 523: 212–16.

Schwartz, G., Kim, R. M., Kolundzija, A. B., Rieger, G. & Sanders, A. R. 2010. *Arch Sex Behav*, 39: 93–109.

Schwekendiek, D. 2009. *J Biosoc Sci*, 41: 51–5.

Searle, J. 1983. *Intentionality: An Essay in The Philosophy of Mind*, Cambridge: Cambridge University Press.

Segal, N. L. 2012. *Born Together – Reared Apart: The Landmark Minnesota Twin Study*, Cambridge, MA: Harvard University Press.

Sekar, A., Bialas, A. R., de Rivera, H., et al. 2016. *Nature*, 530: 177–83.

Sender, R., Fuchs, S. & Milo, R. 2016. *PLoS Biol*, 14:e1002533.

Shapiro, J. A. 2013. *Phys Life Rev* 10, 287–323.

Sheldon, J. P., Pfeffer, C. A., Jayaratne, T. E., Feldbaum, M. & Petty, E. M. 2007. *J Homosex*, 52: 111–50.

Sherman, R. M., Forman, J., Antonescu, V., et al. 2019. *Nat Genet*, 51: 30–5.

Siegelman, M. 1974. *Arch Sex Behav*, 3: 3–18.

Siegelman, M. 1981. *Arch Sex Behav*, 10: 505–13.

Silberstein, M. & McGeever, J. 1999. *Philos Q*, 49: 182–200.

Silventoinen, K., Jelenkovic, A., Sund, R., et al. 2016. *Am J Clin Nutr*, 104: 371–9.

Simonson, I. & Sela, A. 2011. *J Consum Res*, 37: 951–66.

Simpkin, A. J., Howe, L. D., Tilling, K., et al. 2017. *Int J Epidemiol*, 46: 549–58.

Singh, R. K., Kumar, P. & Mahalingam, K. 2017. *C R Biol*, 340: 87–108.

Singmann, P., Shem-Tov, D., Wahl, S., et al. 2015. *Epigenetics Chromatin*, 8: 43.

Šlamberová, R. 2012. *Physiol Res*, 61 Suppl 1:S123–35.

Smeland, O. B., Bahrami, S., Frei, O., et al. 2020. *Mol Psychiatry*, 25: 844–53 [erratum: *Mol Psychiatry*, 25: 914].

Smith-Woolley, E., Ayorech, Z., Dale, P. S., von Stumm, S. & Plomin, R. 2018. *Sci Rep*, 8: 14579.

Sniekers, S., Stringer, S., Watanabe, K., et al. 2017. *Nat Genet*, 49: 1107–12.

Sohn, E. 2018. *Nature*, 559:S18–19.

Sommerlad, A., Ruegger, J., Singh-Manoux, A., Lewis, G. & Livingston, G. 2018. *J Neurol Neurosurg Psychiatry*, 89: 231–8.

Spalding, K. L., Bergmann, O., Alkass, K., et al. 2013. *Cell*, 153: 1219–27.

Speakman, J. R., Loos, R. J. F., O'Rahilly, S., Hirschorn, J. N. & Allison, D. B. 2018. *Int J Obes (Lond)*, 42: 1524–31.

Spencer, N. 2016. *The Evolution of the West: How Christianity Has Shaped Our Values*, London: Society for Promoting Christian Knowledge.

Steensma, T. D., van der Ende, J., Verhulst, F. C. & Cohen-Kettenis, P. T. 2013. *J Sex Med*, 10: 2723–33.

Stillman, T. F. & Baumeister, R. F. 2010. *J Exp Soc Psychol*, 46: 951–60.

Stillman, T. F., Baumeister, R. F. & Mele, A. R. 2011. *Philos Psychol*, 24: 381–94.

Storrs, C. 2017. *Nature*, 547: 150–2.

Sturgis, P., Read, S., Hatemi, P., et al. 2010. *Polit Behav*, 32: 205–30.

Sugita, Y. 2008. *Proc Natl Acad Sci U S A*, 105: 394–8.

Sulakhe, D., d'Souza, M., Wang, S., et al. 2018. *Brief Bioinform* 20, 1754–68.

Sullivan, P. F., Kendler, K. S. & Neale, M. C. 2003. *Arch Gen Psychiatry*, 60: 1187–92.

Sung, J., Lee, K., Song, Y. M., et al. 2010. *Obesity (Silver Spring)*, 18: 1000–5.

Swaab, D. F. & Hofman, M. A. 1990. *Brain Research*, 537: 141–8.

Teh, A. L., Pan, H., Chen, L., et al. 2014. *Genome Res*, 24: 1064–74.

Tick, B., Bolton, P., Happé, F., Rutter, M. & Rijsdijk, F. 2016. *J Child Psychol Psychiatry*, 57: 585–95.

Tielbeek, J. J., Johansson, A., Polderman, T. J. C., et al. 2017. *JAMA Psychiatry*, 74: 1242–50.

Tobi, E. W., Lumey, L. H., Talens, R. P., et al. 2009. *Hum Mol Genet*, 18: 4046–53.

Torok, D. 2019. *Exp Suppl*, 111: 245–60.

Toulopoulou, T., Zhang, X., Cherny, S., et al. 2019. *Brain*, 142: 471–85.

Tran, S. S., Jun, H. I., Bahn, J. H., et al. 2019. *Nat Neurosci*, 22: 25–36.

Truett, K. R., Eaves, L. J., Meyer, J. M., Heath, A. C. & Martin, N. G. 1992. *Behav Genet*, 22: 43–62.

Turkheimer, E. 2011. *Res Hum Dev*, 8: 227–41.

Turkheimer, E. & Harden, K. P. 2014. Behavior genetic research methods: testing quasi-causal hypotheses using multivariate twin data. In Reis, H. T. & Judd, C. M. (eds.) *Handbook of Research Methods in Social and Personality Psychology*, 2nd ed., New York: Cambridge University Press, pp. 159–87.

Turkheimer, E., Pettersson, E. & Horn, E. E. 2014. *Annu Rev Psychol*, 65:

515–40.

Turnwald, B. P., Goyer, J. P., Boles, D. Z., et al. 2019. *Nat Hum Behav*, 3: 48–56.

Tyrrell, J., Wood, A. R., Ames, R. M., et al. 2017. *Int J Epidemiol*, 46: 559–75.

Ulbricht, R. J. & Emeson, R. B. 2014. *Bioessays* 36, 730–5.

Urbina, S. 2011. Tests of intelligence. In Sternberg, R. & Kaufman, S. (eds.) *The Cambridge Handbook of Intelligence*, Cambridge: Cambridge University Press, pp. 20–38.

Uslaner, E. M. & Brown, M. 2005. *Am Polit Res*, 33: 868–94.

Vadgama, N., Pittman, A., Simpson, M., et al. 2019. *Eur J Hum Genet*, 27: 1121–33.

Vagero, D., Pinger, P. R., Aronsson, V. & van den Burg, G. J. 2018. *Nat Commun*, 9: 5124.

Valdes-Socin, H., Rubio Almanza, M., Tomé Fernández-Ladreda, M., et al. 2014. *Front Endocrinol (Lausanne)*, 5: 109.

van der Klaauw, A. A. & Farooqi, I. S. 2015. Cell, 161: 119–32.

van Ijzendoorn, M. H., Juffer, F. & Poelhuis, C. W. 2005. *Psychol Bull*, 131: 301–16.

Vance, T., Maes, H. H. & Kendler, K. S. 2010. *J Nerv Ment Dis*, 198: 755–61.

Vanderlaan, D. P., Forrester, D. L., Petterson, L. J. & Vasey, P. L. 2013. *Arch Sex Behav*, 42: 353–9.

Vanderwert, R. E., Zeanah, C. H., Fox, N. A. & Nelson, C. A. 2016. *Dev Cogn Neurosci*, 17: 68–75.

Vassos, E., Collier, D. A. & Fazel, S. 2014. *Mol Psychiatry*, 19: 471–7.

Vatsa, N. & Jana, N. R. 2018. *Front Mol Neurosci*, 11: 448.

Veenendaal, M. V., Painter, R. C., de Rooij, S. R., et al. 2013. *BJOG*, 120: 548–53.

Verhulst, B., Eaves, L. J. & Hatemi, P. K. 2012. *Am J Pol Sci*, 56: 34–51.

Visscher, P. M., Hill, W. G. & Wray, N. R. 2008. *Nat Rev Genet*, 9: 255–66.

Visscher, P. M., Medland, S. E., Ferreira, M. A., et al. 2006. *PLoS Genet*, 2:e41.

Visscher, P. M., Wray, N. R., Zhang, Q., et al. 2017. *Am J Hum Genet*, 101: 5–22.

Vohs, K. D. & Schooler, J. W. 2008. *Psychol Sci*, 19: 49–54.

Voisin, S., Eynon, N., Yan, X., et al. 2015. *Acta Physiol (Oxf)*, 213: 39–59.

Voland, E. 2009. Evaluating the evolutionary status of religiosity and religiousness. In Voland, E. S. & Schiefenhövel, W. (eds.) *The Biological Evolution of Religious Mind and Behavior*. Berlin/Heidelberg: Springer, pp. 9–24.

Vukasovic, T. & Bratko, D. 2015. *Psychol Bull*, 141: 769–85.

Walker, B. 2013. *Wash Univ Law Rev*, 90: 1779–817.

Walker, M. 2018. *Theol Sci*, 16: 251–72.

Waller, N. G., Kojetin, B. A., Bouchard, T. J., Lykken, D. T. & Tellegen, A. 1990. *Psychol Sci*, 1: 138–42.

Wang, L., Liu, Q., Shen, H., et al. 2015. *Hum Brain Mapp*, 36: 862–71.

Wang, Y. & Kosinski, M. 2018. *J Pers Soc Psychol*, 114: 246–57.

Washburn, J. J., Romero, E. G., Welty, L. J., et al. 2007. *J Consult Clin Psychol*, 75: 221–31.

Wells, M. F., Wimmer, R. D., Schmitt, L. I., Feng, G. & Halassa, M. M. 2016. *Nature*, 532: 58–63.

Wente, A. O., Bridgers, S., Zhao, X., et al. 2016. *Child Dev*, 87: 666–76.

Werling, D. M., Brand, H., An, J. Y., et al. 2019. *Nat Genet*, 50: 727–36.

White, L. J. 1967. *Science*, 155: 1203–7.

Whiteway, E. & Alexander, D. R. 2015. *Sci Christ Belief*, 27: 17–40.

Wilkerson, W. S. 2009. *J Soc Philos*, 40: 97–116.

Wilson, H. & Widom, C. 2010. *Arch Sex Behav*, 39: 63–74.

Witelson, S. F., Kigar, D. L., Scamvougeras, A., et al. 2008. *Arch Sex Behav*, 37: 857–63.

Witte, J. & Alexander, F. S. (eds.) 2010. *Christianity and Human Rights: An Introduction*, Cambridge: Cambridge University Press.

Wojcik, G. L., Graff, M., Nishimura, K. K., et al. 2019. *Nature*, 570: 514–18.

Wolterstorff, N. 2008. *Justice: Rights and Wrongs*, Princeton, NJ: Princeton University Press.

Wong, C. C., Meaburn, E. L., Ronald, A., et al. 2013. *Mol Psychiatry*, 19: 495–503.

Wood, A. R., Esko, T., Yang, J., et al. 2014. *Nat Genet*, 46: 1173–86.

Woodward, J. 2003. *Making Things Happen: A Theory of Causal Explanation:* New York: Oxford University Press.

Wray, N. R., Ripke, S., Mattheisen, M., et al. 2018. *Nat Genet*, 50: 668–81.

Yang, L. & Colditz, G. A. 2015. *JAMA Intern Med*, 175: 1412–13.

Yi, J. J., Berrios, J., Newbern, J. M., et al. 2015. *Cell*, 162: 795–807.

Young, S. 2005. *Designer Evolution: A Transhumanist Manifesto*, Anherst,

NY: Prometheus.

Zheng, J., Erzurumluoglu, A. M., Elsworth, B. L., et al. 2017. *Bioinformatics*, 33: 272–9.

Zinnbauer, B. J., Pargament, K. I., Cole, B., et al. 1997. *J Sci Study Relig*, 36: 549–64.

Zoghbi, H. Y. & Bear, M. F. 2012. *Cold Spring Harb Perspect Biol*, 4:a009886.

Zucker, K., Mitchell, J., Bradley, S., et al. 2006. *Sex Roles*, 54: 469–83.

Zuckerman, P., Galen, L. W. & Pasquale, F. L. 2016. *The Nonreligious: Understanding Secular People and Societies*, New York: Oxford University Press.

图书在版编目（CIP）数据

我们是基因的奴隶吗？ / (英) 丹尼斯·亚历山大著;
仇全菊译. -- 杭州：浙江大学出版社，2022.9
书名原文: Are We Slaves to our Genes?
ISBN 978-7-308-22727-8

Ⅰ.①我… Ⅱ.①丹… ②仇… Ⅲ.①基因组—研究
Ⅳ.①Q343.2

中国版本图书馆CIP数据核字（2022）第101921号

我们是基因的奴隶吗？

（英）丹尼斯·亚历山大　著　仇全菊　译

责任编辑	谢　焕
责任校对	陈　欣
装帧设计	云水文化
出版发行	浙江大学出版社
	（杭州天目山路148号　邮政编码：310007）
	（网址：http://www.zjupress.com）
排　　版	浙江时代出版服务有限公司
印　　刷	杭州钱江彩色印务有限公司
开　　本	880mm×1230mm　1/32
印　　张	9.125
字　　数	234千
版 印 次	2022年9月第1版　2022年9月第1次印刷
书　　号	ISBN 978-7-308-22727-8
定　　价	65.00元

浙江大学出版社市场运营中心联系方式：　（0571）88925591；http://zjdxcbs.tmall.com

著作权合同登记号 图字：11—2022—230